Biologie für Gymnasien

NATURA

Oberstufe

Ökologie

von
Inge Kronberg

Ernst Klett Verlag
Stuttgart Düsseldorf Leipzig

2. Auflage
A 2 8 7 6 5 | 2005 2004 2003 2002

Alle Drucke dieser Auflage können im Unterricht nebeneinander benutzt werden, sie sind untereinander unverändert. Die letzte Zahl bezeichnet das Jahr dieses Druckes.

Internetadresse:
http://www.klett-verlag.de

Redaktion:
Dr. Angelika Bracht

Repro: Reprographia, Lahr.
Druck: Appl, Wemding.
Printed in Germany.

ISBN 3-12-042920-1

Autorin
Dr. Inge Kronberg; Fachautorin und Dozentin, Hohenwestedt

unter Mitarbeit von
Dr. Horst Bickel; Gymnasium Neuwerk, Mönchengladbach; Studienseminar Mönchengladbach
Roman Claus; Gymnasium Aspel, Rees
Roland Frank; Gottlieb-Daimler-Gymnasium, Stuttgart-Bad Cannstatt; Staatl. Seminar für Schulpädagogik (Gymnasien) Stuttgart I
Harald Gropengießer; Universität Hannover
Gert Haala; Konrad-Duden-Gymnasium, Wesel; Studienseminar Oberhausen
Bernhard Knauer; Hainberg-Gymnasium, Göttingen
Hans-Dieter Lichtner; Rats-Gymnasium, Stadthagen
Uschi Loth; Gymnasium der Gemeinde Neunkirchen
Dr. Jürgen Schweizer; Hegel-Gymnasium, Stuttgart-Vaihingen
Ulrich Sommermann; Gymnasium Münchberg
Gerhard Ströhla; Gymnasium Münchberg
Dr. Wolfgang Tischer; Gymnasium Sarstedt
Günther Wichert; Theodor-Heuss-Gymnasium, Dinslaken

Wissenschaftliche Fachberatung
Prof. Dr. Ulrich Kattmann; Carl von Ossietzky Universität, Oldenburg

Gestaltung des Bildteils
Prof. Jürgen Wirth; Fachhochschule Darmstadt (Fachbereich Gestaltung)
Mitarbeit: Matthias Balonier

Einbandgestaltung
Hitz und Mahn; unter Verwendung eines Fotos von Mauritius (Phototheque SD), Stuttgart

Bildnachweis
Siehe Seite 127

Regionale Fachberatung
Berlin: Hartmut Ulrich; Walter-Gropius-Gesamtschule, Berlin
Brandenburg: Torsten Leidel; Gymnasium, Kleinmachnow
Hamburg: Herbert Jelinek; Goethe-Gymnasium, Hamburg
Hessen: Wolf-Dieter Bojunga; Studienseminar III für das Lehramt am Gymnasium, Frankfurt
Mecklenburg-Vorpommern: Dr. Dietrich Aldefeld; Landesinstitut für Schule und Ausbildung, Schwerin
Niedersachsen: Hans-Werner Dobias; Lutherschule, Hannover
Nordrhein-Westfalen: Dr. Karl Peter Ohly; Oberstufenkolleg NRW an der Universität Bielefeld
Rheinland-Pfalz: Dr. Roland Klinger; Staatl. Gymnasium am kurfürstlichen Schloss, Mainz
Ekkehard Schmale; Konrad-Adenauer-Gymnasium, Westerburg
Saarland: Roman Paul; Landesinstitut für Pädagogik und Medien, Saarbrücken
Sachsen: Prof. Dr. Karl-Heinz Gehlhaar; Universität Leipzig
Sachsen-Anhalt: Josef Donat; Gymnasium Ballenstedt
Schleswig-Holstein: Eckard Fister; Ricarda-Huch-Schule, Kiel
Thüringen: Heidi Becker; Erstes Gymnasium am Anger, Jena

Inhaltsverzeichnis

1 Lebewesen und Umwelt 6
Vom Flaschengarten zur Biosphäre 6
Licht — Umweltfaktor für den Sauerklee 8
Licht — Umweltfaktor für Eintagsflügler 9
Lexikon: Licht und Wärme 10
Praktikum: Licht- und Wärmeexperimente 11
Umweltfaktor Temperatur 12
Materialien: Höhenzonierung der Alpen 13
Umweltfaktor Feuchtigkeit 14
Materialien: Pflanzengestalt und Standort 15
Lexikon: Bodenqualität als Standortfaktor 16
Umweltfaktor Salzgehalt 18
Praktikum: Salzpflanzen 19
Tiergeografische Regeln 20
Materialien: Die Hitzewüste — ein extremer Lebensraum 21
Variabilität und Anpassung 22
Konvergenz und Stellenäquivalenz 23
Ökologische Toleranz und ökologische Nische 24

2 Wechselbeziehungen zwischen Lebewesen 26
Konkurrenz 26
Materialien: Einnischung bei Reiher- und Löffelente 27
Materialien: Konkurrenz und Einnischung 28
Lexikon: Innerartliche Beziehungen 29
Parasitismus 30
Symbiose 31
Populationswachstum und Dichteregulation 32
Feind und Beute 34
Beutewechsel des Luchses in Neufundland 35
Populationswachstum bei Ernteschädlingen 36
Alternativen zur chemischen Schädlingsbekämpfung 37
Lexikon: Weitere Mittel der Schädlingsbekämpfung 38
Lexikon: Tarnung und Warnung 39
Stoffkreislauf — natürliches Recycling 40
Einbahnstraße der Energie 41
Produktivität von Ökosystemen 42

3 Ökosystem Wald 44
Abiotische und biotische Faktoren 44
Lexikon: Wechselbeziehungen im Wald 46
Materialien: Zersetzung der Waldstreu 47
Praktikum: Wald 48
Einergiefluss im Wald 50
Der Kreislauf des Kohlenstoffes 51
Sukzession und Klimax 52
Materialien: Der Wald im Wandel 53
Gefährdung des Waldes 54
Lexikon: Schadenswege 56
Materialien: Schadensbilder 57
Der tropische Regenwald 58
Lexikon: Wechselbeziehungen im tropischen Regenwald 60
Materialien: Konkurrenz um Licht und Mineralstoffe 61

4 Ökosystem See 62
Abiotische und biotische Faktoren 62
Praktikum: Gewässer 64
Plankton, Nekton und Pleuston 66
Lexikon: Wassereigenschaften 67
Lexikon: Wechselbeziehungen im See 68
Materialien: Räuber beeinflussen das Zooplankton 69
Der See im Jahreslauf 70
Der oligotrophe See 72
Der eutrophe See 73
Niedermoor und Hochmoor 74
Materialien: Renaturierung von Seen und Hochmooren 75

5 Ökosystem Fließgewässer 76
Abiotische und biotische Faktoren 76
Lexikon: Wechselbeziehungen im Fließgewässer 78
Materialien: Libellen am Fluss 79
Praktikum: Fließgewässer 80
Energiefluss im Nahrungsnetz eines Fließgewässers 82
Materialien: Das Sediment — ein Langzeitgedächtnis 83
Selbstreinigung und Abwasserbelastung 84
Materialien: Die Erft: Ein Fluss im Industriegebiet 86
Praktikum: Gewässer in der Stadt 87
Flussauen als Rückzugsraum 88
Renaturierung von Fließgewässern 89

6 Ökosystem Meer 90
Abiotische und biotische Faktoren 90
Lexikon: Wechselbeziehungen im Meer 92
Materialien: Konkurrenz und Toleranz 93
Nordsee: Nutzung und Belastung 94
Materialien: Phytoplankton und Eutrophierung 95
Biosphärenreservat Wattenmeer 96
Von der Weißdüne zur Braundüne 98
Materialien: Die Ostsee — ein Brackwassernebenmeer 99
Korallenriff: Farbige Vielfalt 100
Tiefsee: Leben in der Dunkelheit 101
Materialien: Das Leben im Spritzwasserbereich der Felsküsten 102

7 Mensch und Umwelt 104
Bevölkerungswachstum der Menschheit 104
Materialien: Bevölkerungsdichte und Energiekonsum 105
Von der Urlandschaft zur Agrarsteppe 106
Praktikum: Wiesen und Weiden 108
Fruchtbare Böden — gesunde Nahrung? 109
Lebensraum Großstadt 110
Praktikum: Mauern und Fassaden 111
Artenrückgang und Naturschutz 112
Globale Umweltprobleme: Luft 114
Materialien: Ozon 116
Lexikon: Umweltpolitik und Umweltrecht 117
Globale Umweltprobleme: Wasser 118
Globale Umweltprobleme: Boden 120
Materialien: Biomüllkompostierung 121
Umweltschutz geht jeden an 122
Materialien: Ökobilanzen 123

Register 124
Bildnachweis 127

Ökologie

1 Lebewesen und Umwelt 6

2 Wechselbeziehungen zwischen Lebewesen 26

3 Ökosystem Wald 44

4 Ökosystem See 62

5 Ökosystem Fließgewässer 76

6 Ökosystem Meer 90

7 Mensch und Umwelt 104

Alle Lebewesen auf der Erde sind voneinander abhängig und formen eine vielfach vernetzte Gemeinschaft, in der jede Art einen bestimmten Platz einnimmt. Die Pflanzen bilden die Verbindung zum All, indem sie das Sonnenlicht für den Aufbau energiereicher Moleküle nutzen. Diese Energie fließt den Tieren über die Nahrung zu. Symbolisiert man den Energiefluss durch das Feuer und fügt Erde, Luft und Wasser als Lebensräume hinzu, so erhält man die vier „Elemente" der Umwelt, die bereits durch den griechischen Philosophen EMPEDOKLES (500 – 430 v. Chr.) abgegrenzt wurden. Der Mensch sieht sich gerne im Zentrum des Gefüges, ist aber wie alle anderen Organismen eingefügt und abhängig.

Vom Flaschengarten zur Biosphäre

Biotop
Lebensraum

Biozönose
Lebensgemeinschaft

Wer sucht Seesterne im Bach, wer versucht, im Winter Erdbeeren zu ernten oder bei Tageslicht Fledermäuse zu beobachten? Ganz offenbar erwartet man bestimmte Tiere und Pflanzen nur an ganz bestimmten Orten und zu festgesetzten Tages- und Jahreszeiten. Das ergibt sich aus den mehr oder minder deutlichen Beziehungen der Lebewesen untereinander und zu ihrer Umwelt. Ökologen haben sich zum Ziel gesetzt, diese Beziehungen zu untersuchen und Gesetzmäßigkeiten herauszuarbeiten. Der Begriff *Ökologie* wurde von E. HAECKEL (1834 – 1919) geprägt, der damit die Lehre vom Haushalt der Natur bezeichnete. Das „Haus“ entspricht dem *Lebensraum* oder *Biotop* der Organismen, die „Hausbewohner“ bilden eine *Lebensgemeinschaft* oder *Biozönose*.

Ökologische Erkenntnisse lassen sich bereits an winzig kleinen Biozönosen gewinnen: Betrachtet man ein Moospolster durch die Lupe, so erblickt man eine Lebensgemeinschaft aus sehr kleinen, spezialisierten Tierformen, wie z. B. Bärtierchen, Milben und Springschwänzen, die zwischen den Moosblättchen leben (siehe Kasten). Moos und Moosfauna gedeihen lange Zeit in einem verschlossenen, ausreichend beleuchteten Glasgefäß, ohne dass man in irgendeiner Form eingreifen müsste. In so einem Flaschengarten stellt das Moos *(Erzeuger)* fotosynthetisch organisches Material bereit, welches teilweise von den Moosbewohnern *(Verbraucher)* aufgenommen wird. Abgestorbenes oder ausgeschiedenes Material wird von Bakterien und Pilzen *(Zersetzer)* im Boden umgewandelt, sodass die Mineralstoffe den Pflanzen wieder zur Verfügung stehen. Bei der Fotosynthese entsteht Sauerstoff, den Moos und Moosbewohner zur Atmung nutzen. Bei der Atmung wird Kohlenstoffdioxid wieder für die Fotosynthese frei. Die Erzeuger *(Produzenten)*, Verbraucher *(Konsumenten)* und Zersetzer *(Destruenten)* sind also voneinander abhängig.

Der Flaschengarten

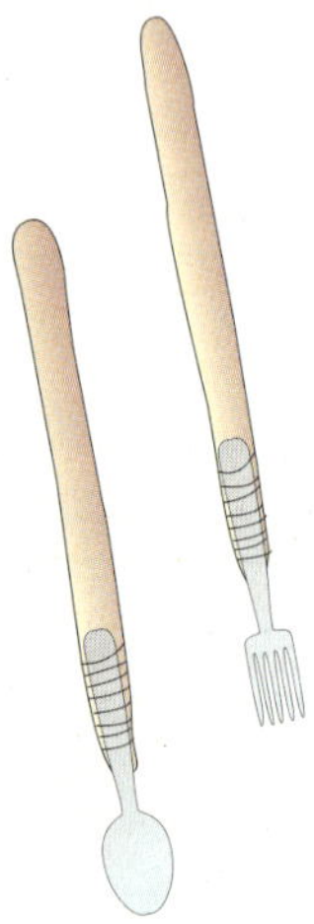

Füllen Sie in ein großes Glas von mindestens 3 Litern Inhalt so viel Holzkohle ein, dass der Boden gut bedeckt ist. Darauf kommt käufliche Blumenerde, bis das Glas $^1/_4$ gefüllt ist. Benutzen Sie beim Einfüllen der Erde einen Trichter aus gedrehtem Papier, damit die Glaswände weniger leicht verschmutzen. Bepflanzen Sie das Glas mit Moosen, Farnen oder anderen feuchtigkeitsliebenden, langsam wachsenden Pflanzen. Als Pflanzhilfe kann man sich lange Miniaturharken und -schaufeln aus Essbesteck selbst herstellen. Gießen Sie nun den Flaschengarten gut an und verschließen Sie ihn mit durchsichtiger Folie und Gummiband. Nur wenn die Glaswände beschlagen, sollte man die Flasche eine Weile öffnen. Das Glas muss hell stehen, aber nicht in der prallen Sonne. Die Pflanzen gedeihen jetzt viele Monate ohne weitere pflegende Eingriffe.

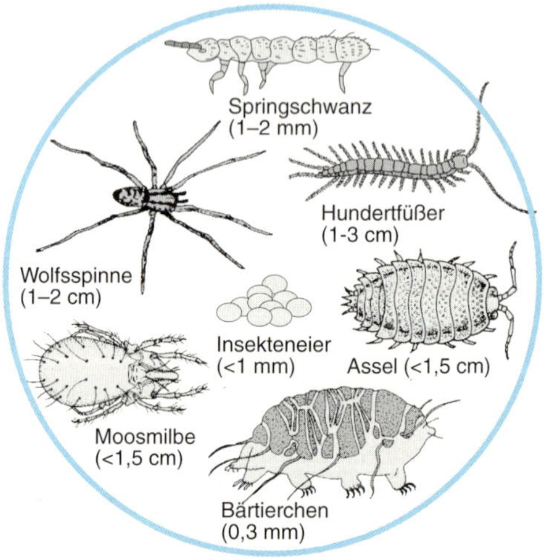

Darüber hinaus ist für das Leben der Moosbewohner die Frische und die Anzahl der Moosblättchen von großer Bedeutung, aber auch das Vorkommen räuberischer Spinnen. Das Gedeihen der Moospflänzchen wird von der Dichte der Pflanzen fressenden Tiere beeinflusst. Solche Lebensbedingungen, die unmittelbar auf die belebte Umwelt zurückzuführen sind, werden als *biotische Faktoren* bezeichnet.

Mit geeigneten Messinstrumenten kann man im Flaschengarten Luftfeuchte, Lichtintensität, Temperatur oder pH-Wert messen. Solche physikalischen und chemischen Bedingungen werden als *abiotische Umweltfaktoren* bezeichnet. Verdunstung, Abschattung und Stoffwechselaktivität der Moosgemeinschaft können die abiotischen Faktoren deutlich verändern. Die Unterteilung in abiotische und biotische Faktoren ist also eher künstlich, hat sich aber bei praktischen Untersuchungen als zweckmäßig erwiesen.

Biosphäre
Gesamtheit der Ökosysteme der Erde

Ökosystem
Wirkungsgefüge aus Biotop und Biozönose

Das Moos ist sowohl Lebensraum als auch Lebenspartner für die Moosbewohner. Biotop und Biozönose bilden ein nicht trennbares Wirkungsgefüge, ein sog. *Ökosystem*. Betrachtet man nur die einzelnen Bestandteile eines Ökosystems – beim Flaschengarten Moos und Moosfauna – hat man charakteristische Eigenschaften dieses Wirkungsgefüges noch nicht erfasst, denn ein System ist mehr als die Summe seiner Teile. Ein Beispiel für eine Systemeigenschaft ist die *Stabilität*. Darunter versteht man die Fähigkeit eines Ökosystems, Veränderungen der Umweltfaktoren zu überstehen.

Im Flaschengarten können größere Änderungen der Temperatur oder Lichtintensität das Moosökosystem in ein Schimmelpilzökosystem verwandeln. Selbst unter den ursprünglichen abiotischen Faktoren ist eine Rückkehr zum vorherigen Zustand nicht mehr möglich, d. h. das Moosökosystem ist instabil.

Modell
Vereinfachte Darstellung von Strukturen, Funktionen und Wechselwirkungen

Viele Erkenntnisse, die sich an so einfachen Ökosystemen wie dem Flaschengarten gewinnen lassen, halten einer Überprüfung an komplexeren Systemen stand, andere müssen verfeinert werden. Der Flaschengarten kann daher als *Modell* für andere Ökosysteme gelten.

Die Ökosysteme auf der Erde sind ungeheuer vielfältig: Es gibt Meeresökosysteme, wie das Wattenmeer oder die Felsküste mit ihren verschiedenen Zonen, Süßwasserökosysteme, wie Flüsse, Bäche und Seen, außerdem Landökosysteme, wie Wälder, Wiesen und Wüsten.

1 Planet Erde

Die Gesamtheit der Ökosysteme der Erde bildet die *Biosphäre*. Viele Ökosysteme sind scheinbar deutlich voneinander abgegrenzt: Gewässer besitzen eine Uferlinie, Meere eine Küstenlinie. Diese Linien können aber von vielen Organismen überschritten werden. Libellen und Eintagsflügler verlassen als Erwachsene den Lebensraum der Larven, Meeresvögel ziehen weit landeinwärts. Für die Strahlungsenergie des Sonnenlichts und stoffliche Komponenten, wie Wasser oder Gase, bilden diese Linien ohnehin keine Grenzen. Ökosysteme sind also *offene Systeme*.

Der Gedankenschritt, die Biosphäre selbst als überdimensionalen Flaschengarten aufzufassen, ist nicht mehr groß: Die Erde ist von der Atmosphäre wie von einer durchsichtigen Hülle umgeben und wird von Lebewesen bewohnt. Abiotische Faktoren, wie das Klima, werden durch die Lebewesen beeinflusst. Welches Ausmaß an Veränderungen der Umweltfaktoren verkraftet die Biosphäre, ohne dadurch instabil zu werden?

Aufgaben

① Nennen Sie Beispiele für die Umgestaltung eines Lebensraumes durch seine Besiedler.
② Stellt auch der Flaschengarten ein offenes Ökosystem dar?
③ Warum sind nur langsam wachsende Pflanzen für den Flaschengarten geeignet?

Licht — abiotischer Faktor für den Sauerklee

mit ausgebreiteten Blättern

mit abgeklappten Blättern

Waldsauerklee

In der *Autökologie* werden die Einflüsse der Umwelt auf eine einzelne Art betrachtet. Das Licht ist ein entscheidender abiotischer Faktor, denn unter Nutzung der Sonnenenergie bauen die Pflanzen energiereiche biochemische Verbindungen auf, die dann auch den Tieren als Nahrung dienen. Das Sonnenlicht durchdringt die Ökosysteme jedoch nicht immer gleichmäßig: Mit einem Belichtungsmesser kann man im Unterholz eines Waldes sehr unterschiedliche Lichtintensitäten messen (Abb. 1). An schattigen Plätzen im Wald wächst der Waldsauerklee, dessen dreizählige Blätter an Kleepflanzen erinnern. Die Pflanze ist immergrün, sodass die Blätter auch in den lichtarmen Wintermonaten Fotosynthese betreiben können.

Sauerklee blüht Ende April bis Anfang Mai, kurz bevor die Laubbäume des Waldes austreiben. Nach der Blütezeit bildet die Pflanze weitere Blätter, wodurch sich die assimilierende Oberfläche vergrößert. Um diese Jahreszeit scheint die Sonne täglich zwar länger, aber die Laub tragenden Bäume werfen auch stärkere Schatten.

Sauerkleepflanzen, die an besonders lichtarmen Standorten wachsen, haben oft größere Blätter als solche an mäßig schattigen Plätzen. Im Querschnitt zeigen alle Blätter den typischen Aufbau eines Schattenblattes: eine zarte Epidermis mit dünner Kutikula und einen hohen Chlorophyllanteil bei geringer Blattdicke. Setzt man die Pflanzen um, so haben die nachwachsenden Blätter eine für den neuen Standort angemessen Größe. Licht wirkt also verändernd *(modifizierend)* auf die Pflanzengestalt. Man spricht bei diesem lichtabhängigen Gestaltwandel von einer *Fotomorphose* (s. Randspalte).

Für eine maximale Fotosynthese genügen dem Sauerklee bereits geringe Lichtintensitäten von weniger als $^1/_{10}$ des vollen Sonnenlichtes (Abb. 2). Stärkeres Sonnenlicht fördert die Fotosynthese nicht, sondern stört den Wasserhaushalt der Feuchte bedürftigen Pflanzen. Bei zu hoher Lichtintensität klappt der Sauerklee seine Blätter nach unten ab — dadurch ändert sich der Einfallswinkel und die Lichtwirkung wird deutlich gemildert. Die Beweglichkeit der Blätter ist auf Gelenkpolster zurückzuführen: Wenn die obere Zellschicht dieser Blattgelenke einen höheren osmotischen Druck und damit ein größeres Volumen als die untere aufweist, senkt sich das Blatt, im umgekehrten Fall hebt es sich.

Der Sauerklee ist bezüglich Jahresrhythmik, Pflanzengestalt, Blattbau und Zellphysiologie an die Lichtverhältnisse im Wald angepasst.

Aufgaben

① Nennen Sie eine genetische Deutung der Fotomorphose beim Sauerklee.

② Stellen Sie die Merkmale von Schattenblatt und Sonnenblatt in einer Tabelle zusammen. Erklären Sie die Unterschiede.

③ Geben Sie eine ökologische Deutung der negativen Kurvenbereiche in Abb. 2 an.

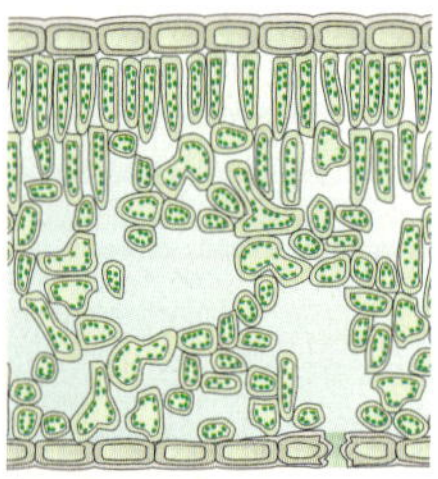

Sonnenblatt

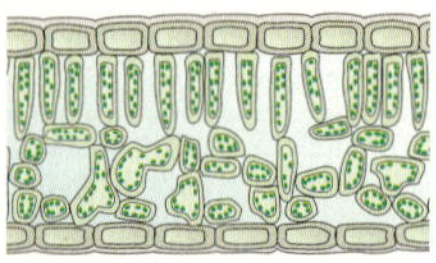

Schattenblatt

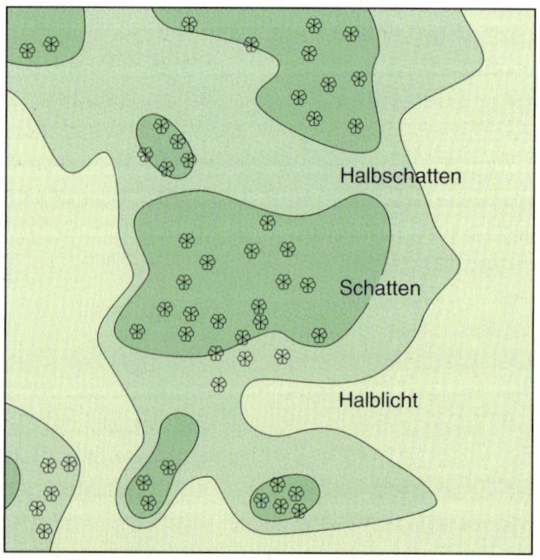

1 Lichtintensitäten auf dem Waldboden

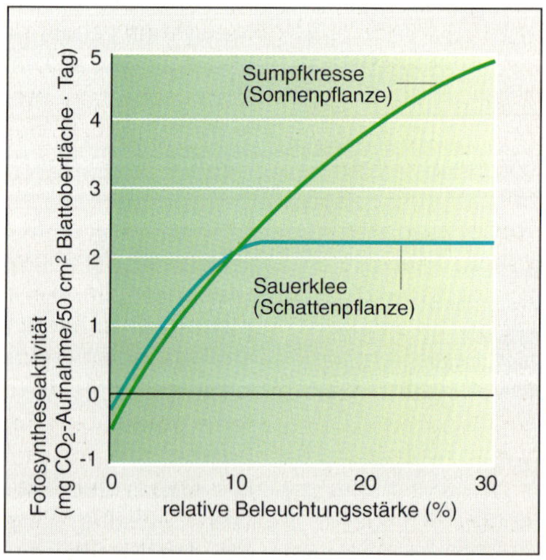

2 Fotosynthesekurven

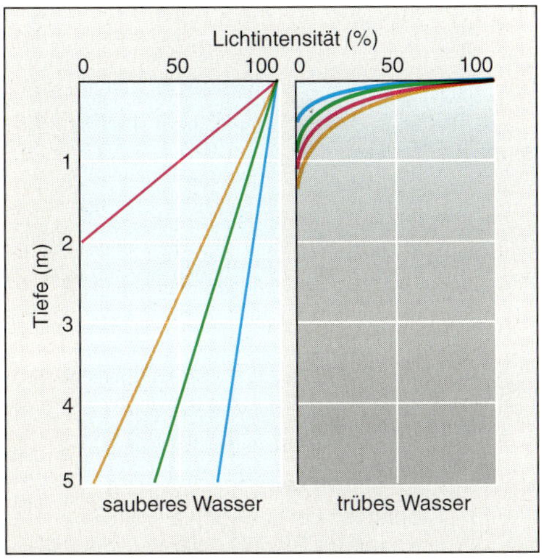

1 Wassertiefe und Spektralfarben

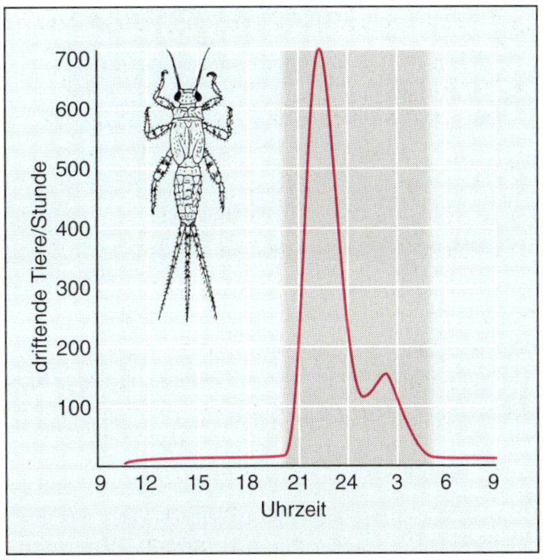

2 Tageszeitliche Drift von Eintagsflüglerlarven

Vollinsekt

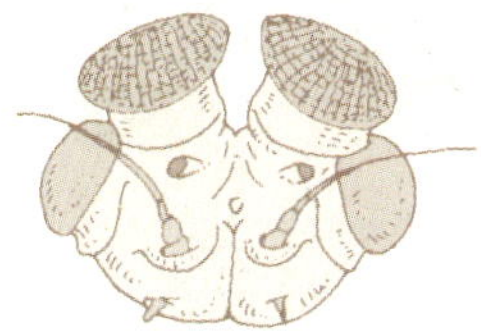

Kopf des männlichen Vollinsekts

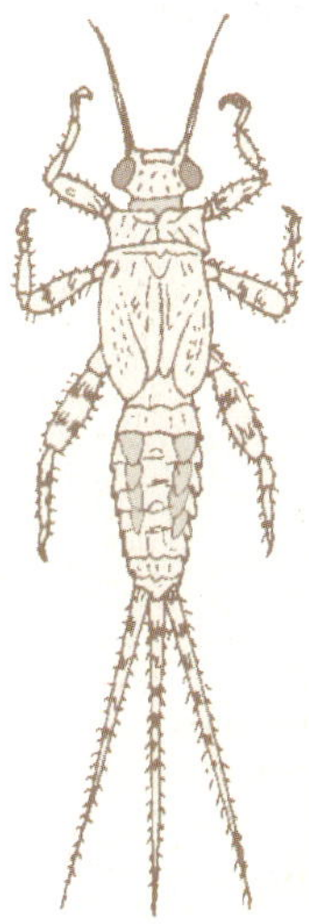

Eintagsflüglerlarve

Eintagsflügler

Licht – abiotischer Faktor für Eintagsflügler

Das Licht im Gewässer zeigt nicht nur Unterschiede in der Intensität, sondern auch in der spektralen Zusammensetzung. Ein Teil des Sonnenlichtes wird bereits an der Wasseroberfläche reflektiert. Im Wasser wird das langwellige Licht (rot, orange, gelb) in den oberen Schichten, das kurzwellige Licht (blau) in tieferen Schichten absorbiert. Daher fehlt das für die Fotosynthese wichtige Rotlicht in tieferen Zonen. In verschmutzten Gewässern streuen zusätzlich Schwebteilchen das Licht, und zwar das blaue Licht stärker als das rote. Unterhalb 1,20 m ist es im Beispiel schon absolut dunkel (Abb. 1).

Pflanzen können nur bis zu einer Wassertiefe gedeihen, in der die Lichtmenge zumindest für so viel Fotosynthese ausreicht, dass die energieabhängigen Prozesse versorgt werden. Infolgedessen stehen Tieren in größeren Wassertiefen lediglich abgestorbene Pflanzen bzw. andere Tiere zur Verfügung. Hier leben also vor allem Zersetzer und deren Konsumenten.

Neben der indirekten Wirkung über die Nahrung ist das Licht in der Tierwelt vor allem für die Orientierung bedeutungsvoll. Betrachtet man z. B. Eintagsflügler, umgangssprachlich oft Eintagsfliegen genannt, so fallen die auffallend großen Komplexaugen der Vollinsekten auf. Bei den Männchen einiger Arten sind sie im Oberkopfbereich so stark ausgeprägt, dass man von Turbanaugen spricht. Zusätzlich besitzen die Eintagsflügler noch drei hoch entwickelte Punktaugen (s. Randspalte).

Das nach oben gerichtete Blickfeld der Männchen erleichtert das Auffinden der Weibchen, die für die Paarung von unten angeflogen und ergriffen werden. Die Weibchen geben hunderte von Eiern in das Wasser ab. Die schlüpfenden Larven besitzen ein Paar Komplexaugen und drei Punktaugen. Sie ernähren sich von Pflanzen.

In Fließgewässern lassen sich die Eintagsflüglerlarven gelegentlich mit der Strömung treiben. Durch diese *Drift* kolonisieren sie flussabwärts gelegene Gebiete. Die stärkste Driftaktivität liegt in den Abendstunden, dabei scheint der Hell-Dunkel-Wechsel der entscheidende Zeitgeber zu sein (Abb. 2).

Gegen Ende der Larvalzeit streben die Larven in Massen zum Licht und schweben an der Wasseroberfläche, bis die Larvalhaut platzt. Die Flügel des schlüpfenden Insekts sind trüb und unbenetzbar, sodass es trocken aus dem Wasser gelangt. In der Ufervegetation häutet es sich noch einmal zum geschlechtsreifen Vollinsekt *(Imago)*. Für den Eintagsflügler hat das Licht also mehr die Bedeutung eines Informationsträgers als die eines Energieträgers.

Aufgaben

① Stellen Sie die Bedeutung des Lichtes für Sauerklee und Eintagsflügler gegenüber.

② Licht und Temperatur sind häufig gekoppelte Umweltfaktoren. Wie lässt sich die Auslösewirkung des Lichtes für die Driftbewegung überprüfen (Abb. 2)?

Lexikon
Lexikon
e**x**ikon
x**i**kon
i**k**on
k**o**n
o**n**

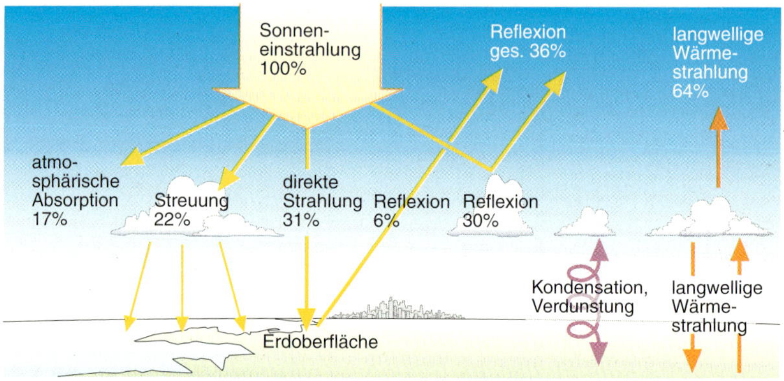

Licht und Wärme

Das einfallende Sonnenlicht erwärmt über Absorptionsvorgänge die Erde und bestimmt außerdem über die Wasserverdunstung der Ozeane maßgeblich den Wärmehaushalt (s. Abb. oben). Infolge der Krümmung der Erdoberfläche variiert die Strahlungsdichte von unter 350 kJ/cm^2 in polaren Regionen bis zu über 800 kJ/cm^2 in äquatorialen Bereichen. Licht ist nicht nur der wichtigste Energieträger für die Lebewesen der Erde, sondern auch ein entscheidender Informationsträger, der die Orientierung ermöglicht und viele rhythmische Aktivitäten steuert.

Tagesrhythmik

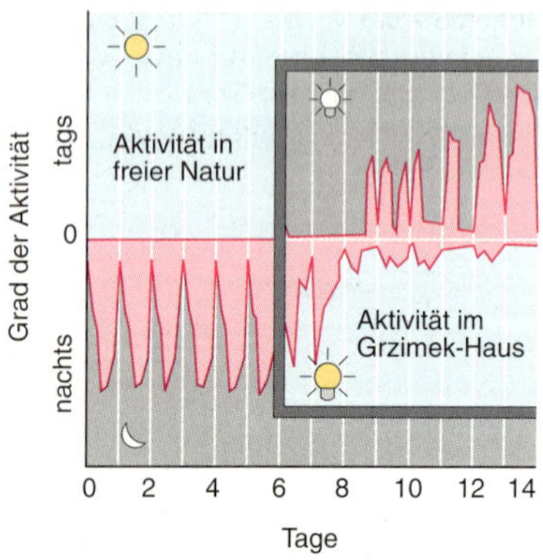

Essen, Arbeiten, Schlafen, . . . so wie beim Menschen folgen die Aktivitäten auch bei den Tieren einem bestimmten Tagesgang. Säugetiere besitzen eine „innere Uhr“, der Tagesrhythmus ist also weitgehend genetisch bedingt. Bei konstanten Umweltbedingungen (bei Dauerlicht) läuft diese Uhr jedoch nicht vollkommen exakt. Sie braucht bestimmte synchronisierende Umweltreize, die z. B. im Licht-Dunkel-Wechsel von Tag und Nacht gegeben sind. In der frühen Evolution der Säugetiere stellte die Nachtaktivität einen großen Vorteil dar: Sie konnten auf diese Weise der Konkurrenz und der Verfolgung durch wechselwarme Reptilien entgehen. Wirksame Wärmeregulation und das bei den Säugern hoch empfindliche Sinnesorgan Ohr machten das nachtaktive Verhalten möglich. Von den 18 heute lebenden Säugetierordnungen sind 12 überwiegend nachtaktiv. Im Grzimek-Haus des Frankfurter Zoos können die Besucher nachtaktive Säugetiere, wie Schleichkatzen, Buschbabys, Fledermäuse und Wüstenfüchse, auch tagsüber in voller Aktion beobachten. Ein Trick macht es möglich: Helle Beleuchtung bei Nacht und künstliches Mondlicht bei Tag stimmen die Zootiere nach einer Übergangszeit in ihrem Tagesrhythmus um.

Fotoperiodismus

Der Weihnachtsstern ist eine beliebte Topfpflanze mit unscheinbaren Wolfsmilchblüten, die von auffallend gefärbten Hochblättern umgeben sind. Er blüht im Dezember, bleibt im Folgejahr unter den Kunstlichtbedingungen unserer Wohnungen jedoch oft grün. Man kann den Weihnachtsstern zur Blüte anregen, indem man ihn ausreichend lange mit einer Pappschablone abdunkelt. Die Farbenpracht erscheint nämlich erst, sobald die Nächte länger als 15 Stunden sind und nicht durch Störlicht unterbrochen werden.

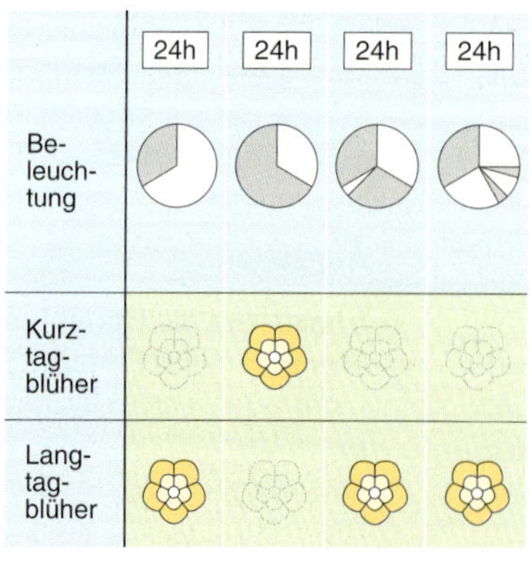

Kurzzeitige Dunkelheit während der Tagphasen hat dagegen keinen Einfluss auf das Blühen. Pflanzen, die wie der Weihnachtsstern blühen, wenn die Nächte länger werden, bezeichnet man als *Kurztagblüher*, solche die blühen, wenn die Nächte kürzer werden, als *Langtagblüher*. Für die biochemische Wahrnehmung des Hell-Dunkel-Wechsels wird das *Phytochromsystem* in den Blättern verantwortlich gemacht. Es induziert auch bei vielen anderen Pflanzen die Blütenbildung.

Algenzonierung im Meer

An den Meeresküsten lassen sich unterschiedlich gefärbte Algenzonen beobachten: Grünalgen wachsen vor allem in den höheren Zonen, im tieferen Bereich überwiegen rote und braune Algen. Wasser absorbiert einen Teil des Sonnenlichts, daher fehlt bereits in geringer Wassertiefe der rote, vom Chlorophyll absorbierte Wellenlängenbereich. Um hier Fotosynthese betreiben zu können, müssen rote und braune Hilfspigmente das blaue und grüne Licht absorbieren und dem Fotosystem zuführen. Sie bestimmen die Farbe der Rot- und Braunalgen. Viele Tiere, z. B. Krebse, aus diesen Wassertiefen besitzen keine Sinneszellen zur Wahrnehmung von Rot. Diese Farbe kommt in ihrem Lebensraum nicht vor. Sie sind rotblind.

Induktion der Samenkeimung

Auf frisch gepflügter Muttererde keimen nach kurzer Zeit Samen. Ein Teil davon schlummerte schon lange im Boden, denn bei den meisten Samen wird die Keimung erst dann ausgelöst, wenn sie in gequollenem Zustand ein Lichtblitz trifft. Auch hier ist das Phytochromsystem zuständig. Andere Samen keimen nur, wenn sie zeitweise Frosttemperaturen ausgesetzt waren. Das gilt zum Beispiel für viele Alpenpflanzen.

Licht- und Wärme-experimente

Experimente mit Keimlingen

Weichen Sie ca. 20 Erbsen zwei Stunden lang ein. Legen Sie sie dann auf feuchtes Fließpapier und lassen Sie die Keimlinge 4 bis 6 Tage wachsen. Sortieren Sie nun zehn etwa gleich entwickelte Keimlinge aus. Wickeln Sie davon jeweils fünf in ein doppelt gefaltetes, feuchtes Löschpapier, sodass die Wurzeln abwärts zeigen und die Sprosstriebe herausragen. Stecken Sie diese Röllchen aufrecht in Gläser und verwahren Sie ein Glas im Dunkeln, das andere im Licht. Öffnen Sie nach einer Woche die Rollen und vergleichen Sie die bei Licht und Dunkelheit gewachsenen Keimlinge.

Aufgaben

① Stellen Sie tabellarisch für im Licht und im Dunkeln gezogene Keimlinge Blatt- und Sprossfarbe, Anzahl der Blätter, Anzahl der Verzweigungsstellen, Länge der Triebe und Länge der Triebabschnitte zwischen zwei Verzweigungsstellen gegenüber.

② Zum Mikroskopieren fertigen Sie mit einer Rasierklinge dünne Schnitte von den Sprossen an und färben Sie die Festigungsgewebe mit Phloroglucin. Vergleichen Sie die Gewebe von im Licht und im Dunkeln gezogenen Keimlingen.

③ Wiederholen Sie den Versuch bei einer anderen Temperatur und vergleichen Sie die Ergebnisse! Wie beeinflusst Wärme die Entwicklung der Keimlinge?

④ Dunkelheit führt zu einem Gestaltwandel der Keimlinge, den man als *Etiolement* (Vergeilung) bezeichnet. Welche Vorteile hat das Etiolement für Pflanzen unter natürlichen Bedingungen?

⑤ Nennen Sie eine Kulturpflanze, bei der man das Etiolement züchterisch nutzt.

Experimente mit Kleinkrebsen

Kleinkrebse der Gattung *Daphnia* werden oft als Wasserflöhe bezeichnet und kommen in großer Zahl in mineralstoffreichen Seen vor. Sie sind außerdem ein beliebtes Aquarienfischfutter und daher leicht zu beschaffen. In einem großen Gefäß mit Teichwasser lassen sie sich halten.

Lichtexperiment:
Fertigen Sie eine Lichtblende für einen Overheadprojektor. Schneiden Sie dazu von einer Pergamentpapierrolle Papierstücke folgender Länge ab: 1 x 20 cm, 1 x 16 cm, 2 x 12 cm, 4 x 8 cm und 8 x 4 cm. Legen Sie, ausgehend von dem längsten Streifen, diese Papierstücke so übereinander, dass eine abgestufte Lichtblende aus einer einfachen, doppelten, 4fachen, 8fachen und 16fachen Lage Pergamentpapier von jeweils 4 cm Breite entsteht. Stellen Sie darauf ein etwa 25 cm langes, durchsichtiges Glasbecken mit 40 großen Daphnien. Schalten Sie nun im mäßig verdunkelten Raum den Projektor für 45 Sekunden ein und protokollieren Sie arbeitsteilig die Anzahl der Tiere in den einzelnen Helligkeitsstufen. Wiederholen Sie das Experiment einige Male, rühren Sie das Wasser zwischen zwei Versuchen vorsichtig um, damit Temperaturunterschiede ausgeglichen werden und die Krebse wieder gleichmäßig verteilt sind.

Wärmeexperiment:
Stellen Sie zwei hohe Bechergläser mit einem Fassungsvermögen von etwa $^1/_2$ Liter bereit. Füllen Sie eines davon als Kontrollgefäß mit Wasser von Zimmertemperatur. In das andere geben Sie 35 °C warmes Wasser und setzen es 3 – 4 cm tief in eine Wanne, die eine Kältemischung aus Eis und Salz enthält. In dem Becherglas stellt sich nach kurzer Zeit ein Temperaturgefälle ein. Inzwischen geben Sie 40 große Daphnien in ein kleines Gefäß mit Wasser, das Sie langsam auf 30 °C erwärmen, um einen Temperaturschock der Krebse zu vermeiden. Geben Sie nun diese Krebse in das Versuchsglas und 40 andere Krebse in das Kontrollglas.

Aufgaben

① Stellen Sie das Ergebnis des Lichtexperiments grafisch dar.

② Beobachten und vergleichen Sie das Verhalten der Wasserflöhe im Wärmeexperiment in den nächsten Minuten. Bestimmen Sie die Temperatur des Wassers, bei der sich die meisten Daphnien sammeln.

Isolation durch Fell und Gefieder

Stopfen Sie einen englumigen Standzylinder gleichmäßig fest mit etwa 20 g Federn aus, während Sie in dessen Mitte ein Reagenzglas halten. In das Reagenzglas dürfen dabei keine Federn gelangen. Verfahren Sie entsprechend mit einem zweiten Reagenzglas und einem weitlumigen Standzylinder, indem Sie hier die gleiche Menge Federn sehr locker stopfen. Stecken Sie jeweils ein Thermometer in die Reagenzgläser und füllen Sie sie über einen Trichter mit Wasser von etwa 40 °C. Die Federn dürfen dabei nicht nass werden. Geben Sie die so bestückten Standzylinder in ein großes Gefäß mit Eiswasser. Eventuell müssen Sie sie dazu mit einem Stativ und Klammern fixieren.

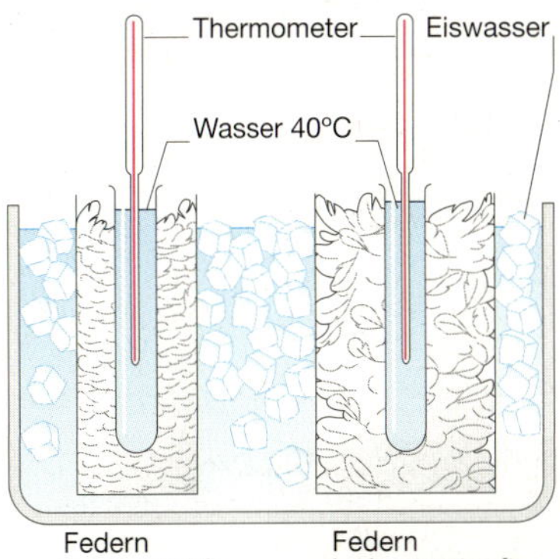

Aufgaben

① Protokollieren Sie über 15 Minuten den Temperaturverlauf in den beiden Reagenzgläsern.

② Wiederholen Sie den Versuch mit einem Umgebungswasser von 50 °C.

③ Für welche ökologische Beobachtung hat dieser Versuch Modellcharakter?

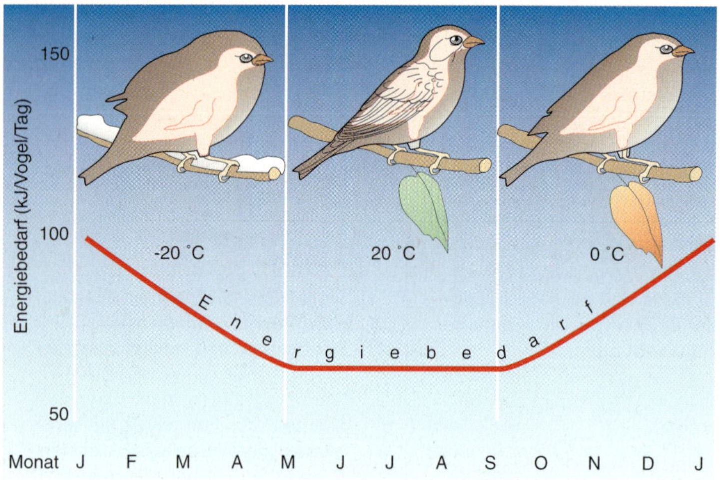

1 Energiebedarf und Federisolation beim Haussperling

Umweltfaktor Temperatur

Reaktionsgeschwindigkeit-Temperatur-Regel (RGT-Regel)
Eine Temperaturerhöhung von 10 °C beschleunigt die Stoffwechselvorgänge um etwa das 2fache.

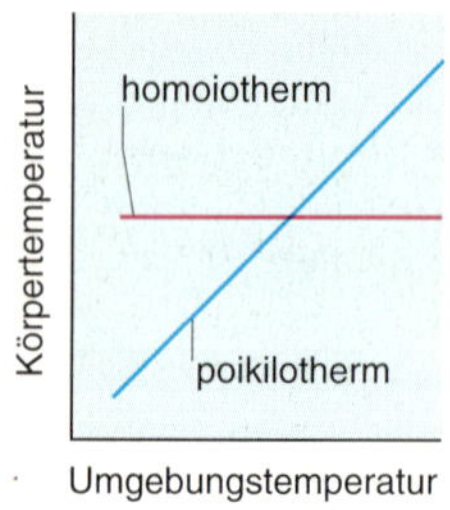

Bärenspinner

Der größte Futterbedarf des Haussperlings fällt in die kalten Wintermonate (Abb. 1). Die Körpertemperatur (38 – 41 °C) bleibt im Winter unverändert. Der erhöhte Energiebedarf ist auf Muskelarbeit zurückführen, die weniger der Bewegung als der Aufwärmung dient. Das Federkleid ist aufgeplustert und isoliert den warmen Körper. Die konstante Körpertemperatur optimiert zwar die enzymatischen Stoffwechselreaktionen (RGT-Regel, s. Randspalte), es erfordert jedoch einen hohen Energieaufwand, die Körpertemperatur konstant zu halten. Wenn eine winterliche Nahrungsversorgung vor Ort nicht mehr ausreichend gewährleistet ist, nehmen daher viele Vogelarten als Zugvögel große Wanderungen in Kauf.

Wie die Vögel zählen auch die Säugetiere zu den *gleichwarmen* oder *homoiothermen* Tieren. Bei ihnen übernimmt das Fell und das weiße Unterhautfettgewebe die Isolation. Die Wärmebildung durch Muskelarbeit ist auch uns Menschen als „Zittern" bekannt. Bei Winterschläfern und Embryonen gibt es zusätzlich ein auf Wärmebildung spezialisiertes, mitochondrienreiches Gewebe: das *braune Fettgewebe. Winterschläfer,* wie Hamster, Igel und Murmeltiere, senken ihre Körpertemperatur während des Winterschlafes auf ein Zehntel des Sommerwertes. Atem- und Herzschlagfrequenz sinken entsprechend. Bären, Dachse und Eichhörnchen überdauern den Winter bei verminderter Stoffwechselaktivität, aber unveränderter Körpertemperatur. In dieser *Winterruhe* leben sie von Fettpolstern oder Vorräten.

Bei vielen Wassertieren (Fische, Amphibien, Wirbellose) steigen und fallen Körpertemperatur und Aktivität mit der Außentemperatur, sie sind *wechselwarm* oder *poikilotherm.* Wassertiere, die durch die Haut atmen, brauchen zum Gasaustausch eine große, durchlässige Oberfläche. Ihr Körper ist nicht isoliert. Ihre Verbreitung ist meist auf entsprechend temperierte Regionen begrenzt. Poikilotherme Landtiere, wie Reptilien und Insekten, müssen mit großen tages- und jahreszeitlichen Schwankungen der Körpertemperatur leben. Ein ausgeprägter thermischer Sinn leitet sie zu geeigneten Kleinlebensräumen. Durch ausgedehnte Sonnenbäder können sie ihre Körpertemperatur über eine äußere Wärmequelle erhöhen. Im Winter verharren wechselwarme Tiere in einer stoffwechselarmen *Winterstarre*, andere überwintern im weniger kälteempfindlichen Ei- oder Puppenstadium. Hohe Außentemperaturen können in *Hitzestarre* überstanden werden.

Aufgaben

① Vergleichen Sie die Körpertemperaturkurve der Haselmaus (Abb. 2) mit dem allgemeinen Thermoregulationsschema (s. Randspalte).
② Viele Nachtfalter haben einen behaarten Körper (s. Randspalte). Vor dem Abflug zittern die Flügel stark. Erklären Sie die Beobachtung.
③ Hunde hecheln bei Hitze. Welche Folgen hat das für ihre Körpertemperatur?
④ Pflanzen sind in ihrem Stoffwechsel ebenfalls von der Temperatur abhängig. Wie überdauern sie die kalte Jahreszeit?

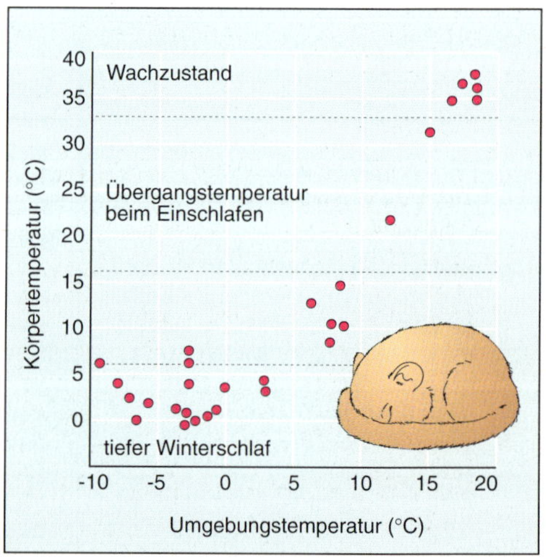

2 Winterschlaf der Haselmaus

Höhenzonierung der Alpen

Mit 1100 km Länge und 150–200 km Breite sind die Alpen das größte Gebirge Europas. Faltungen und Überschiebungen in Kreide und Tertiär (vor 130–70 Millionen Jahren) bestimmten die Struktur- und Gesteinsvielfalt. Die Gletscherströme der Eiszeit weiteten und vertieften Täler und Pässe und hinterließen am Alpenrand tiefe Talseen. Steigt man bis zur Gebirgsspitze hinauf, spürt man, dass es allmählich kälter, feuchter, sonniger und windiger wird. Alle 1000 m fällt die Temperatur um ca. 5–7 °C, die jährliche Niederschlagsmenge steigt um ca. 700 mm und die UV-Strahlung ist in 3000 m Höhe 50 % stärker als im Tal. Für die Pflanzen verkürzt sich die jährliche Wachstumszeit je 100 m um ein bis zwei Wochen. Die Vegetation verwandelt sich langsam und lässt charakteristische Stufen oder *Zonen* erkennen, die von Pflanzen und Tieren bewohnt werden, die bestens an die Umweltbedingungen angepasst und teilweise typisch für die Alpenlandschaft sind. Wegen ihrer Beweglichkeit ist die Bindung der Tiere an bestimmte Zonen aber nicht so eng wie die der Pflanzen.

Aufgaben

① Fertigen Sie eine Tabelle an, in der die abiotischen Bedingungen (Temperatur, Niederschlagsmenge, jährliche Wachstumsperiode) den einzelnen Vegetationszonen zugeordnet sind. Gehen Sie dabei von 15 °C, 600 mm Niederschlag und 250 Tagen Wachstumsperiode in 0 m Höhe aus.

② Inwieweit sind die Tiere an die abiotischen Bedingungen angepasst? Kann man sie bestimmten Zonen zuordnen?

Gletscherfloh:
Springschwanz (Urinsekt), 2,5 mm
N: vor allem verwehter Pollen von der Schneeoberfläche
F: sprungfähig durch Sprunggabel am Hinterleib
Ü: noch bei 0 °C aktiv, kann in Eis einfrieren und unbeschadet wieder auftauen, bevorzugte Temperatur 1-2 °C
V: schnelle Generationenfolge, mehrere hundert Nachkommen

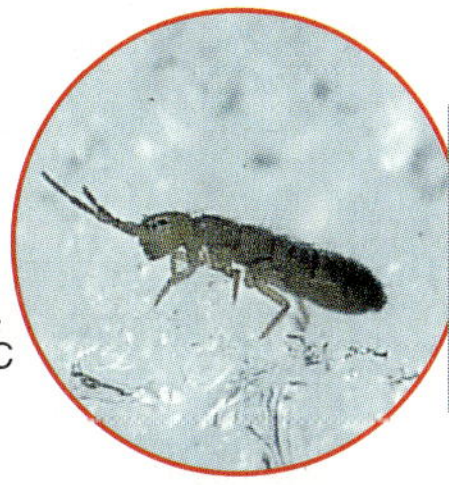

Alpendohle:
Rabenartige (Singvogel), 40 cm
N: Allesfresser, auch Küchenabfälle
F: fliegt vom Gipfel bis in die Täler
Ü: zieht talwärts
V: brütet gesellig in Ritzen von Felswänden und Gebäuden

Gämse:
Hornträger (Paarhufer), 1,25 m
N: Gras, Flechten, Moose, Zweige
F: klettern, Hinterläufe länger als Vorderläufe, paarige Haupthufe mit gummiartigen Sohlen und harten Kanten, gegeneinander verstellbar
Ü: winteraktiv, dunkles, langes Winterfell mit feiner Unterwolle
V: 1 Kitz im Mai/Juni, immer eng bei der Geiß

Murmeltier:
Hörnchenartige (Nagetier), 50-60 cm
N: Kräuter, Gräser
F: laufen, graben
Ü: über 6 Monate Winterschlaf. Wohnkessel 1,5 m tief in der Erde
V: 2-7 nackte Junge, Aufzucht im heugepolsterten Wohnkessel der Kolonie

Apollo:
Ritterfalter (Schmetterling), 65-75 mm
N: z.B. Hauswurz (Raupe), Distel (Falter)
F: langsamer Flug
Ü: Eier überwintern
V: eine Generation jährlich, Falter schlüpfen von Juli - September

Nival
Schneestufe, ganzjährig von Schnee und Eis bedeckt. Nur Flechten, Moose.

Subnival
Polsterpflanzenstufe, aufgelockerte Pflanzendecke, stellenweise nackter Fels

Alpin
Zwergstrauch- und Grasheidenstufe, keine Bäume, geschlossene Pflanzendecke durch Heidegewächse und Gräser

Subalpin
Krummholzstufe
Lärchen, Legföhren, Grünerlen, intensive landwirtschaftliche Nutzung (Almen)

Montan
Bergwaldstufe, Mischwälder, Seen und Bäche, ab 1000 m fast nur Nadelbäume, vor allem Fichten

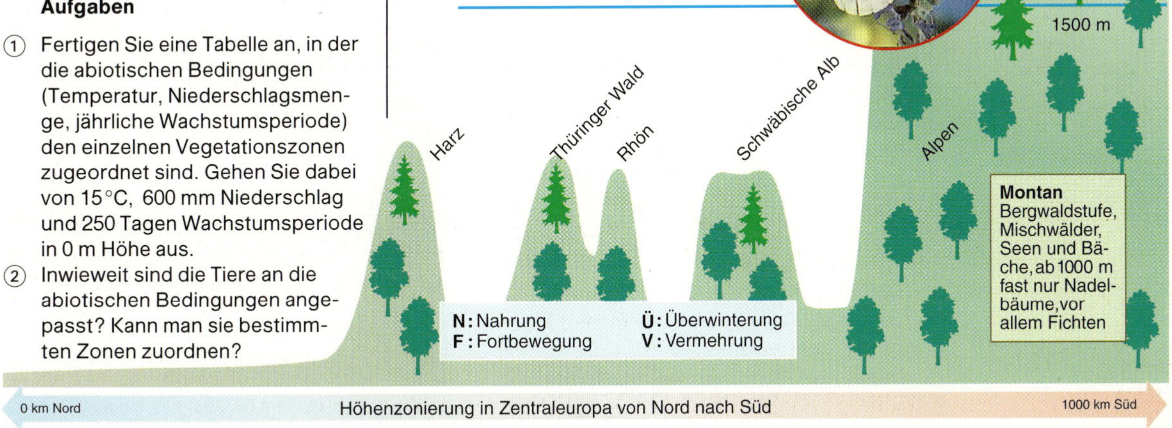

N: Nahrung **Ü:** Überwinterung
F: Fortbewegung **V:** Vermehrung

Höhenzonierung in Zentraleuropa von Nord nach Süd

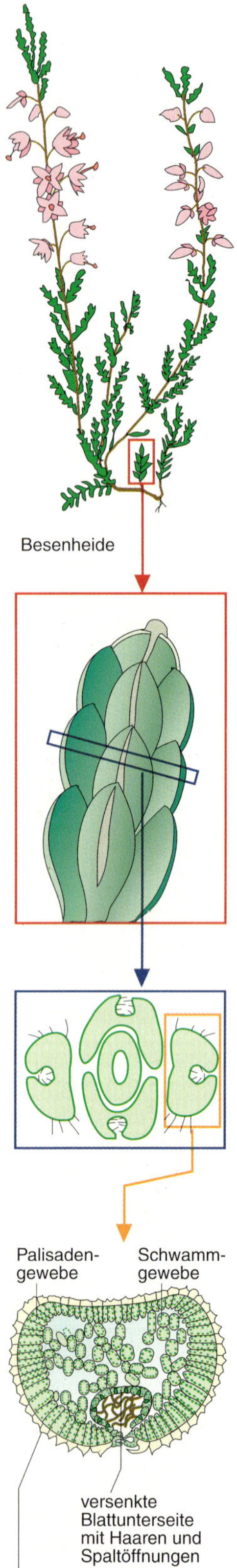

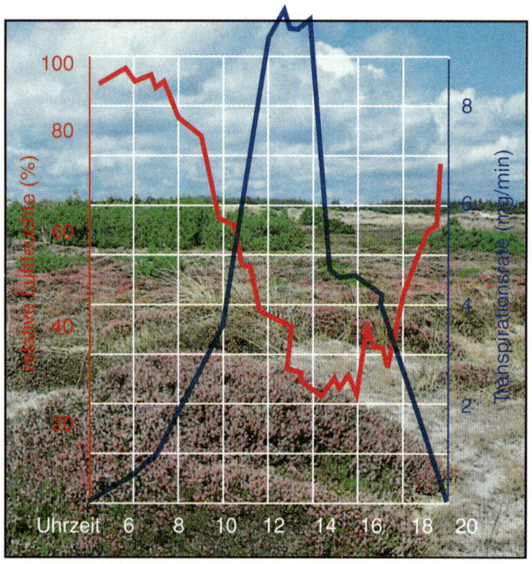

1 Heidelandschaft: Luftfeuchte und Transpiration

Umweltfaktor Feuchtigkeit

„Heide" ist nicht nur der Name einer beliebten Blütenpflanze, sondern gleichzeitig der eines ganzen Landschaftstyps: Während der Blütezeit können Heidepflanzen große Flächen rosaviolett färben. Die meisten Heidestandorte zeichnen sich durch sandige Böden und geringe Luftfeuchte aus (Abb. 1). An diese Bedingungen ist der Wasserhaushalt der Heidepflanzen in idealer Weise angepasst.

Eine häufige Heideart unserer Breiten ist die von Juli bis September blühende Besenheide *(Calluna vulgaris)*. Sie hat besonders fein verzweigte Wurzeln, sodass sie auch geringe Wassermengen erschließen kann. Die saftarmen, stark verholzten Sprosse ermöglichen selbst bei starker Trockenheit eine aufrechte Haltung der 20 – 30 cm hohen, mehrjährigen Zwergsträucher. Die Blättchen sind klein und immergrün. Dadurch wird ihre verdunstende Oberfläche verringert und eine ganzjährige Fotosynthese möglich. Die spaltöffnungsfreie Blattoberseite ist so stark vergrößert, dass sie die Blattunterseite umwölbt und deren Spaltöffnungen in einen von Epidermishaaren durchwachsenen Hohlraum versenkt. In diesen Stillluftsräumen erfolgt der Gasaustausch ohne große Transpirationsverluste (s. Randspalte).

Die Wasserversorgung bestimmt auffallend Gestalt und Struktur vieler Pflanzen: Je trockener der Standort, umso größer ist der Anteil der Festigungsgewebe und die Verzweigung und Eindringtiefe der Wurzeln (s. Seite 15).

Stoffwechselprozesse finden in wässriger Lösung statt, daher ist Wasser für alle Organismen lebenswichtig. Bei Moosen und Flechten folgt der Wasserhaushalt den äußeren Feuchtigkeitsbedingungen, sie sind *poikilohydrisch* (wechselfeucht) und können nur an feuchten Standorten aktiv sein. Die meisten Gefäßpflanzen (Farne, Samenpflanzen) sind *homoiohydrisch* (gleichfeucht) und regulieren ihre Wasserbilanz. Die Wurzel sorgt im Allgemeinen für die Wasseraufnahme, der Spross für die Weiterleitung. Durch die Wasserverdunstung an den Blättern wird der Wassertransport und damit auch die Mineralstoffversorgung in Gang gehalten. Die Kutikula der Blätter vermindert die Transpiration, während Spaltöffnungen auf der Blattunterseite Wasserabgabe und Gasaustausch regulieren. Anzahl und Weite der Spaltöffnungen beeinflussen daher sowohl die Transpiration als auch die Fotosyntheserate. Im Tagesgang steigt die Transpiration mit der Fotosyntheserate bis zum Mittag an und sinkt abends wieder ab (Abb. 1). An trockenen, heißen Standorten können die Spaltöffnungen mittags vorübergehend geschlossen werden. So werden zu große Wasserverluste vermieden. Die Sonneneinwirkung kann zu einer Überhitzung der Pflanze führen. Hier stellt die Transpiration bei ausreichender Wasserversorgung eine wirksame Kühlung dar.

Aufgabe

① Viele Pflanzen des tropischen Regenwaldes besitzen Drüsen, über die sie aktiv Wassertröpfchen ausscheiden. Welche Funktion erfüllt diese *„Guttation"*?

2 Guttation bei einer tropischen Pflanze

Pflanzengestalt und Standort

Gewässer und Land unterscheiden sich erheblich in den abiotischen Faktoren. Das spiegelt sich auch in der typischen Gestalt von Samenpflanzen wieder.

Aufgaben

① Stellen Sie abiotische Faktoren im Gewässer und an Land gegenüber.

② Der Blattabwurf erleichtert das Überleben an periodisch trockenen Standorten. Erläutern Sie.

③ Vergleichen Sie das Wurzelsystem von Hydrophyten und Xerophyten.

④ Welche Wirkung haben Blätter mit lebenden Haaren auf den Wasserhaushalt?

⑤ Wo haben sukkulente (Wasser speichernde) Pflanzen Vorteile gegenüber skleromorphen (hartblättrigen) Pflanzen?

⑥ Wie wirken sich Dichte und Lage der Spaltöffnungen bei den einzelnen Gestaltstypen auf Wasserhaushalt und Gasaustausch aus?

Beispiel					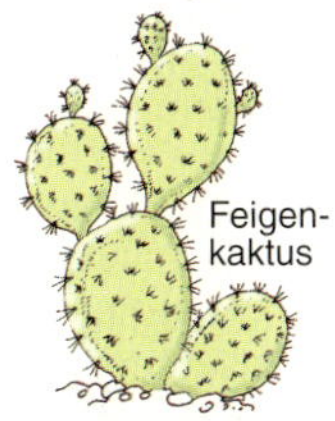
Standort	Gewässer	nasser Boden, feuchte Luft (Flachmoor, Ufer)	periodisch trocken oder winterkalt	trocken (Wüste, Steppe, Trockenrasen)	trocken (Wüste, Halbwüste)
Vorherrschender Gestaltstyp	Hydrophyten Wasserpflanzen	Hygrophyten Feuchtpflanzen	Mesophyten	Xerophyten, Trockenpflanzen sklero-xeromorph	sukkulent
Blätter	große Schwimmblätter, große Interzellularen; Spaltöffnungen nur auf der Blattoberseite (1) Unterwasserblätter feinzipfelig oder bandartig, Kutikula fehlend, Blätter wenigschichtig oder reich an Interzellularen. Spaltöffnungen oft fehlend (2)	große, oft dünne, Laubblätter, Spaltöffnungen oft herausgehoben, große Interzellularen (transpirationsfördernde Einrichtungen)	meist weiche Blätter, Blattabwurf in Trockenzeit (z.B. Winter); Spaltöffnungen an der Oberfläche der Blattunterseite	Blattabwurf oder kleine, überdauernde, harte Blätter; viele schnell schließende, oft versenkte Spaltöffnungen, verdickte Epidermis und Kutikula (transpirationseinschränkende Einrichtungen)	dicke, Wasser speichernde Blätter (Blattsukkulenz); Blätter als Dornen umgebildet, oft versenkte Spaltöffnungen
	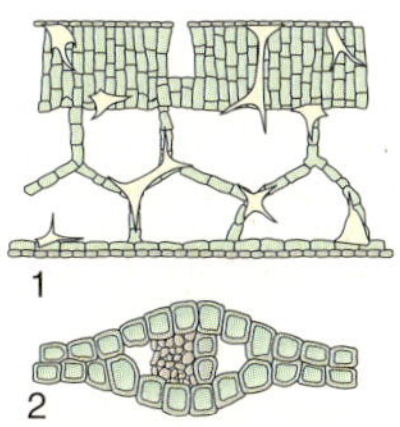	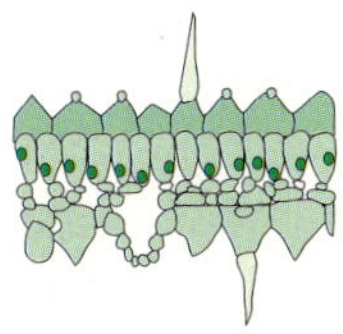	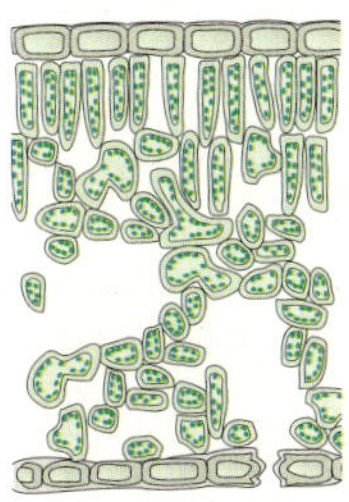	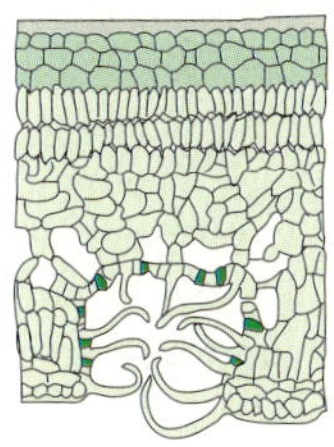	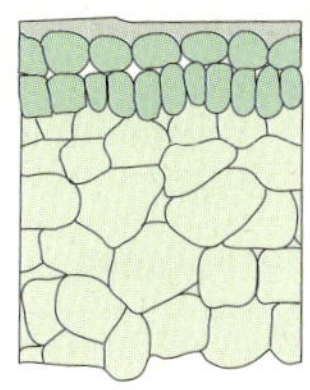
Spaltöffnungen pro Flächeneinheit	wenige	viele	mäßig viele	sehr viele	sehr wenige
Sprossachse/ Leitbündel	zart, Reduktion der Leitgefäße, Luftkanäle	zarte, oft hohle Stängel, weite zarte Gefäße	derb; mit verdickter Rinde, wenn überdauernd; starke Leitbündel	fest, mit gut ausgebildeten Leitbündeln, starke Gefäße	Wasser speichernde Sprossachse (Stammsukkulenz) bei Formen mit reduzierten Blättern
Leitbündel pro Flächeneinheit	wenige	wenige	mäßig viele	sehr viele	wenige
Wurzelsystem	schwach oder fehlend	schwach ausgebildet, niedrige osmotische Werte	stark ausgebildet, oft auch Speicherorgan (z.B. Wurzelstock)	sehr gut entwickelt, hohe osmotische Werte	weit ausladend, flachgründig, zuweilen Wasser speichernd (Wurzelsukkulenz), hohe osmotische Werte

Lexikon
Lexikon
exikon
xikon
ikon
kon
on

Bodenqualität als Standortfaktor

Als „Boden" bezeichnet man den lockeren, von der Erdoberfläche bis zum Gestein reichenden Teil der Erdkruste. Er wird durch Verwitterung und Humusbildung ständig umgestaltet. Boden besteht aus mineralischen und organischen Bestandteilen sowie aus Wasser und Luft. Der Boden ist ein Rohstoffspeicher und somit einbezogen in die Stoffkreisläufe. Er filtert, puffert und speichert das Wasser, er liefert Mineralstoffe für die Produzenten und beeinflusst den Wärmehaushalt der Erde. Außerdem leben in einem Liter „Muttererde" bis zu einer Milliarde Organismen, wie Bakterien, Pilze, Würmer, Spinnentiere und Insekten. Der Lebensraum Boden wird *Pedosphäre* genannt. Er umfasst komplexe Ökosysteme, in denen abiotische und biotische Faktoren untrennbar verknüpft sind. Für die Ökosysteme auf dem Land ist die Bodenqualität ein Umweltfaktor, der die Zusammensetzung der Tier- und Pflanzengemeinschaft wesentlich mitbestimmt.

Bodenbildung

Ausgangspunkt für die anorganische Bodenbildung sind die Mineralien der Gesteine, die durch Verwitterung (z. B. Frost-, Salzsprengung, Oxidation, Auswaschung) mehr oder minder zerlegt oder gelöst werden. Das Stoffgemisch der organischen Bodenbestandteile bezeichnet man als *Humus*. Dieser wird durch lebende Bodenorganismen gebildet. Zuerst erfolgt ein stufenweiser Abbau der pflanzlichen und tierischen Substanz bis zu den anorganische Endprodukten, dann der Aufbau von Huminstoffen und eine Durchmischung mit Mineralstoffen. Diese *Verrottung* findet nur bei guter Luftversorgung statt, bei Sauerstoffmangel führen anaerobe Prozesse zur *Fäulnis*.

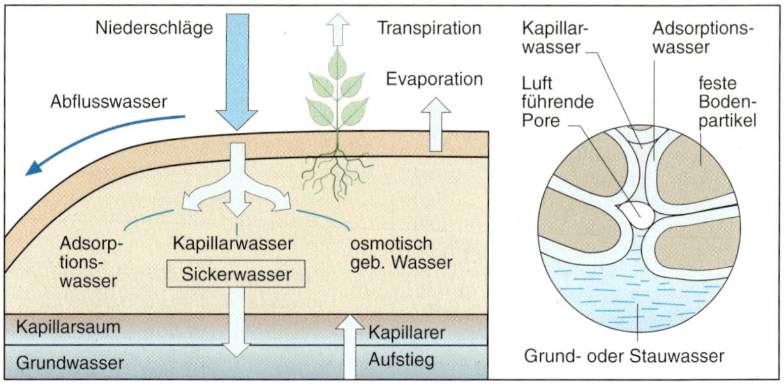

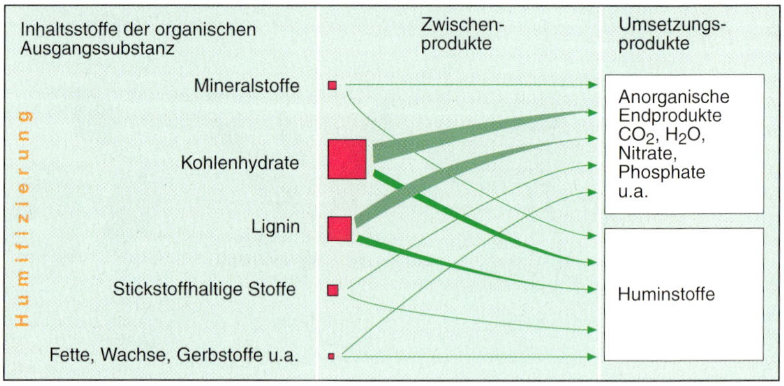

Bodenschichtung

Der Boden ist z. B. bei der Braunerde (s. Abb.) von einer lockeren Streuschicht aus unterschiedlich stark zersetzten Pflanzenresten bedeckt. Der Oberboden *(A-Horizont)* unter der Streuschicht ist durch Huminstoffe dunkel gefärbt, Wurzeln durchziehen diesen Bereich. Ausgewaschene Stoffe reichern sich im humusfreien Unterboden *(B-Horizont)* an. Der Untergrund *(C-Horizont)* besteht aus wenig verwittertem, kaum durchwurzeltem Gestein.

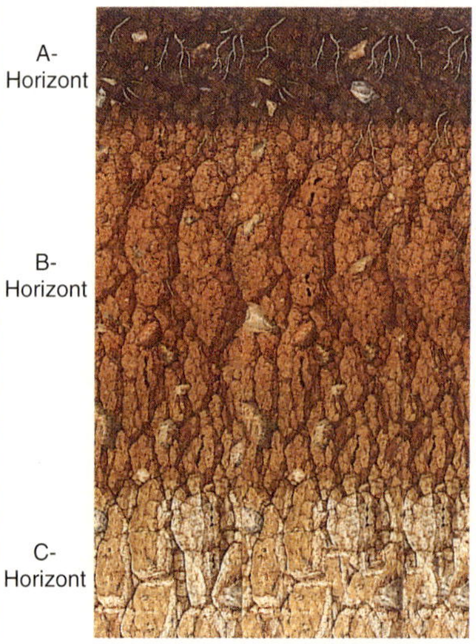

Bodenart

Die anorganischen Verwitterungsbestandteile werden je nach Korngröße in Ton (unter 0,002 mm), Schluff (0,002 – 0,06 mm), Sand (0,06 – 0,2 mm) und Kies (über 0,2 mm) unterteilt. Ihre prozentualen Anteile am Unterboden bestimmen die Bodenart. Je kleiner die Bodenpartikel sind, desto kleiner sind auch die Zwischenräume *(Poren)*, desto fester wird das Bodenwasser gehalten und desto schlechter ist die Durchlüftung. Lehm ist z. B. ein sehr Wasser stauender, tonhaltiger Boden mit Schluffbeimengungen. In Sandböden dringt Niederschlagswasser viel tiefer als in Lehmböden ein.

Bodenteile	Oberfläche in m^2/g
Sand	0,1
Schluff	0,1
Ton	600 – 800
Organische Substanz	800 – 1000

Bodenwasser

Wasser gelangt mit den Niederschlägen, durch Uferfiltration, gelegentlich auch als Wasserdampf über die Luft in den Boden (s. Abb.). Das *Sickerwasser* fließt durch die lockeren Bodenschichten zum *Grundwasser*. Es kann nur bei gehemmtem Abfluss als *Stauwasser* wieder höhere Bodenschichten erreichen. Das *Haftwasser* wird von vornherein entgegen der Schwerkraft an der Oberfläche der Bodenpartikel *(Adsorptionswasser)* oder in den feinen Bodenporen (als *Kapillarwasser*) festgehalten. Das Bodenwasser versorgt die Pflanzen mit Wasser, transportiert die Mineralstoffe, ermöglicht den Stoffwechsel der Mikroorganismen und beeinflusst außerdem Verwitterung, Humusanreicherung und Bodenverlagerung.

Bodenluft

Bodenluft steuert die im Boden ablaufenden Oxidationspozesse und ermöglicht die Atmung der Pflanzenwurzeln und der aeroben Mikroorganismen und Zersetzer. Weil die fotosynthetische Aktivität im Boden gering ist, ist Bodenluft anders als atmosphärische Luft zusammengesetzt (Angaben in Vol %):

	O_2	CO_2	N_2
Atm. Luft	20,95	0,03	79,0
Bodenluft	$< 20{,}6$	$> 0{,}2$	um 79,0

Die Sauerstoffversorgung ist in lockeren Böden besonders günstig.

Bodengefüge und Krümelbildung

Gibt man gelöschten Kalk zu einer Wasser-Ton-Suspension, so bilden die positiven Ca^{2+}-Ionen mit den negativ geladenen Tonteilchen Aggregate. Die verklebten Tonteilchen flocken aus. Im Boden führen ähnliche Prozesse das zur Bildung von 1 mm bis 1 cm großen Bodenkrümeln, die aus locker verklebten mineralischen und organischen Bestandteilen bestehen und Luft- und Wasserporen umschließen. Krümeliger Boden ermöglicht wegen der guten Durchlüftung und Wasserbindung eine gute Durchwurzelung, die Bedingungen für die Humusbildung durch Bodenorganismen sind optimal. Daher finden Pflanzen auf krümeligem Boden ideale Wachstumsbedingungen vor. Humusarmen Sand- und Schluffböden fehlt dagegen diese biologische Hohlraumbildung. Reine Tonböden neigen zur Verfestigung und zum Wasserstau, bei Trockenheit treten Risse auf.

Austauschkapazität

Tonminerale und Huminstoffe tragen negative Ladungen, die Kationen (z. B. NH^{4+}, K^+, Ca^{2+}, Mg^{2+}) locker binden können. Durch diese *„Sorption"* werden Mineralstoffe vom Regen weniger leicht ausgewaschen. Mineralstoffkationen können von den Wurzelhaaren der Pflanze gegen H_3O^+-Ionen ausgetauscht werden. Die Austauschkapazität des Bodens ist eine wichtige Voraussetzung für seine Fruchtbarkeit.

Bodenzeiger für pH-Wert und Mineralstoffgehalt

Alpenrosen sind typische Pflanzen in den Gebirgsregionen oberhalb der Waldgrenze. Die Behaarte Alpenrose findet man auf Kalkgesteinsböden, die Rostrote Alpenrose dagegen auf Silikatgestein. Die Standorte unterscheiden sich deutlich im pH-Wert, welcher im Gebirge vor allem durch den Kalkgehalt des Bodens bestimmt wird (siehe Abb.).

Kalkhaltige Böden sind gut gegen Versauerung abgepuffert, da sie Humussäuren neutralisieren. Durch Ausflockung der Bodentone wird der Boden krümelig, gut durchlüftet und kann Mineralstoffe besser binden. Auf solchen Böden haben viele Pflanzen Wachstumsmöglichkeiten. In sauren Böden fehlt die Krümelbildung, Mineralstoffe sind weniger fest gebunden und werden bei Regen leichter ausgewaschen. Hier gedeihen oft nur Standortspezialisten wie die Heidepflanzen. Saure Böden sind artenarm. Das Vorkommen bestimmter Pflanzenarten *(Zeigerarten)* lässt oft Rückschlüsse auf den pH-Wert und die Beschaffenheit des Bodens zu (s. Abb). Die pH-Werte landwirtschaftlich genutzter Flächen liegen zwischen 5,5 und 8,0.

Zeigerpflanzen für den Boden-pH-Wert

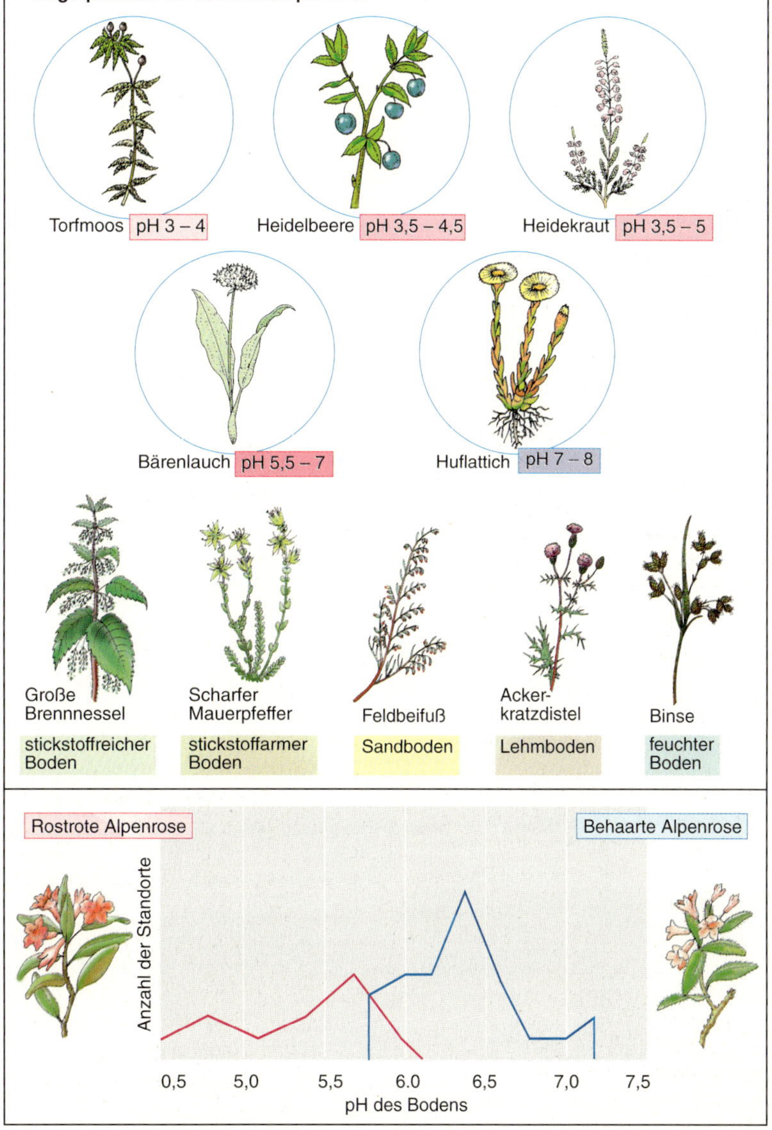

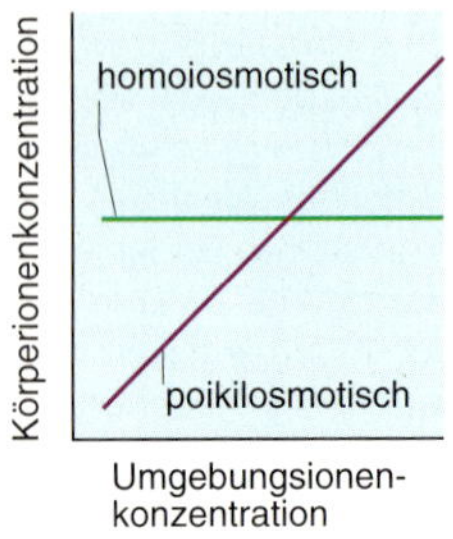

Umweltfaktor Salzgehalt

Damit eine Pflanze Wasser und Mineralstoffe aufnehmen kann, darf der osmotische Wert des Bodenwassers den der Wurzelzellen nicht übertreffen. Bei normalen Böden liegen die osmotischen Werte unter 300 kPa. Werte über 3 000 kPa kommen an Meeresküsten und Salzlagerstätten des Binnenlandes vor. Auf Salzböden ist die Wasseraufnahme durch die Wurzel deutlich erschwert. Natrium- und Chloridionen wirken sich auch auf die Enzymaktivität des Protoplasmas aus. Nur spezialisierte Pflanzen, die *Halophyten*, können auf Salzböden gedeihen (s. Seite 19).

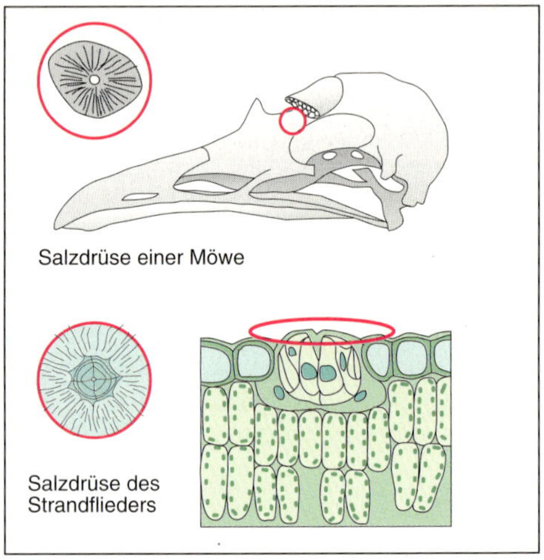

1 Salzdrüsen

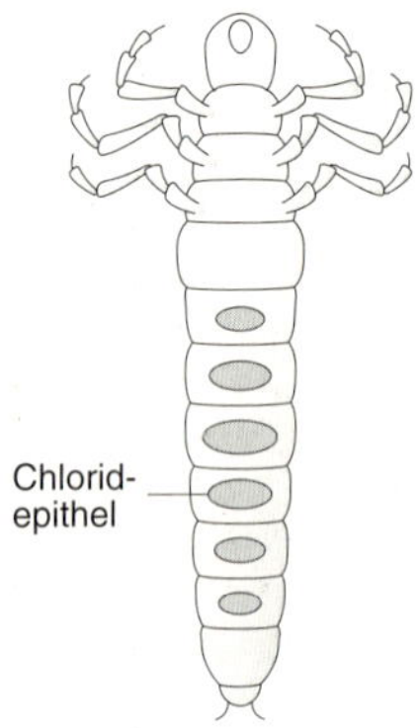

Der Salzgehalt der Meere geht hauptsächlich auf den Kochsalzgehalt zurück. Die Ionenkonzentration wirkt sich osmotisch auf die lebende Zelle aus: Bei höheren Umgebungssalzgehalten wird der Zelle Wasser entzogen, bei niedrigeren strömt Wasser ein. Tiere nehmen mit der Nahrung ständig Salze auf und geben sie teilweise mit Kot und Urin wieder ab. Bei vielen Hohltieren, Ringelwürmern, Stachelhäutern, Weichtieren und Krebsen folgt die Ionenkonzentration im Körperinneren der der Umgebung. Sie sind überwiegend *poikilosmotisch* und daher auf eine etwa gleich bleibende Umgebungs-Ionenkonzentration angewiesen. Bei *homoiosmotischen* Tieren bleibt die innere Ionenkonzentration durch Osmoregulation gleich, sie kann niedriger *(hypotonisch)* oder höher *(hypertonisch)* als die Ionenkonzentration der Umgebung eingestellt sein. Ist die innere Ionenkonzentration niedriger als die äußere, muss das ausströmende Wasser durch Trinken oder über die Haut ständig ergänzt werden. Überschüssige Salze werden aktiv, z. B. über spezialisierte Drüsen, abgegeben. Solche Salzdrüsen finden sich bei Möwen (Abb. 1), deren Nahrung einen hohen Salzgehalt aufweist. Die Grundfunktion der Salzdrüse besteht darin, dem Blutsystem Natrium- und Chloridionen zu entziehen und in das Drüseninnere zu befördern. Der Drüseninhalt entleert sich dann über die Nasenöffnungen und tropft hoch konzentriert (bis zu 10 % NaCl) am Schnabelende ab. Ist die innere Ionenkonzentration, wie bei Fröschen, höher als außen, muss das einströmende Wasser ständig ausgeschieden und Salz zurückgehalten werden. Diese Aufgabe wird bei Wirbeltieren von der Niere übernommen.

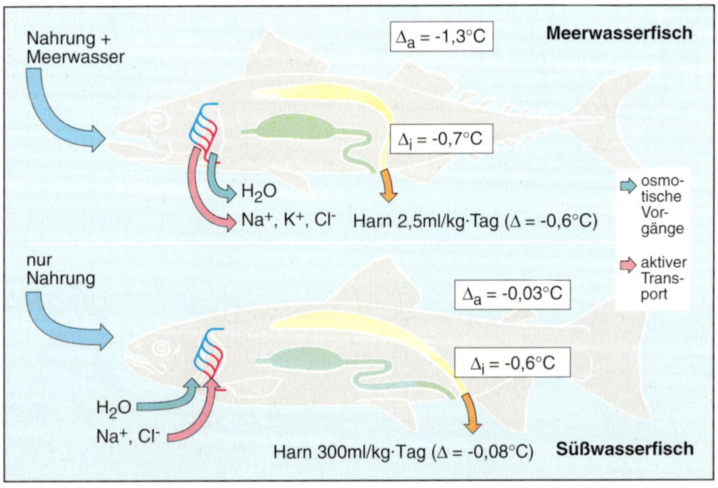

2 Salz- und Wasserhaushalt von Süßwasser- und Salzwasserknochenfischen

Aufgaben

① Der Gefrierpunkt von Wasser wird durch gelöste Salze erniedrigt. Die Gefrierpunktserniedrigung (Δ_i: im Körperinneren, Δ_a: in der Umgebung) ist ein Maß für die Ionenkonzentration (Abb. 2). Beschreiben Sie die Osmoregulation bei Süßwasser- und Meerwasserknochenfischen.

② Die Larven vieler Köcherflügler besitzen Chloridepithelien auf der Bauchseite des Hinterleibs (s. Randspalte). Dieses spezialisierte Gewebe dient der Ionenabsorption. Die Larven scheiden hypotonischen Harn aus. Auf welche relative Ionenkonzentration im Lebensraum lässt das schließen?

③ Im Brackwasser von Flussmündungen schwellen Seesterne an. Erklären Sie.

Salzpflanzen

Halophyten sind den hohen Salzgehalten ihrer Standorte auf verschiedene Weise angepasst:

a) *Salzspeicherer* reichern Salz an und erhöhen so die osmotischen Werte ihrer Zellen. Solange die Salzkonzentration des Zellsaftes die des Bodens übertrifft, kann die Pflanze Wasser aufnehmen. Schädigende Salzkonzentrationen im Zellsaft regulieren die Pflanzen folgendermaßen:
Salzsukkulenten sammeln größere Mengen Wasser in dickfleischigen Blättern oder Sprossen, ohne die Transpiration einzuschränken.
Salzausscheider geben überschüssige Salze durch spezielle Drüsen oder durch den Abwurf von Pflanzenteilen ab, die mit Salz angereichert wurden.

b) *Salzausschließer* verhindern bereits in der Wurzel die Aufnahme des Salzes. Die hohen Bodensaugspannungen gleichen sie durch eine erhöhte Zuckerkonzentration im Zellsaft aus.

Pflanzenmaterial

Pflücken Sie Pflanzen von einem Salzstandort und zum Vergleich von einer Feuchtwiese. Beachten Sie dabei die Auflagen des Naturschutzes. Entnehmen Sie eine Bodenprobe von etwa $^1/_2$ Liter. Salzpflanzen findet man nicht nur am Meer oder bei Solequellen, sondern in Gebieten mit Streusalzeinsatz oft auch am Straßenrand. Strandflieder und Strandnelke sind beliebte Gartenpflanzen, Blumengeschäfte bieten sie als Trockenblumen an.

Salzgehalt und Salzverträglichkeit

Waschen Sie die Pflanzen vorsichtig, um oberflächliches Salz zu entfernen und trocknen Sie die Bodenprobe bei 100 °C mindestens 4 Stunden. Stellen Sie nun Salzwasser her, indem Sie 35 g iodfreies Kochsalz oder Meersalz in 1 Liter Wasser lösen. Das Wasser wird in Gläser gefüllt, die Pflanzen hineingestellt und an einem hellen Platz verwahrt. Als Kontrolle dienen gleichartige Pflanzen in Leitungswasser.

Überprüfen Sie das Aussehen der Pflanzen nach einigen Stunden. Testen Sie den Geschmack der Blattoberfläche mit der Zunge. Tauchen Sie dann die Pflanze mehrmals in ein Becherglas mit deionisiertem Wasser. Messen Sie die Leitfähigkeit und vergleichen Sie das Ergebnis mit dem Salzwasser und dem deionisierten Wasser. Testen Sie auf gleiche Weise den Zellsaft, indem Sie die Pflanzen zuvor in einem Mörser zerkleinern (Zucker leitet den elektrischen Strom nicht). Schütteln Sie nun 20 g trockenen Boden mehrfach mit 100 ml deionisiertem Wasser. Filtrieren Sie das Wasser und bestimmen Sie seine Leitfähigkeit. Berücksichtigen Sie bei der Ermittlung des Salzgehalts die Verdünnung (1 : 5).

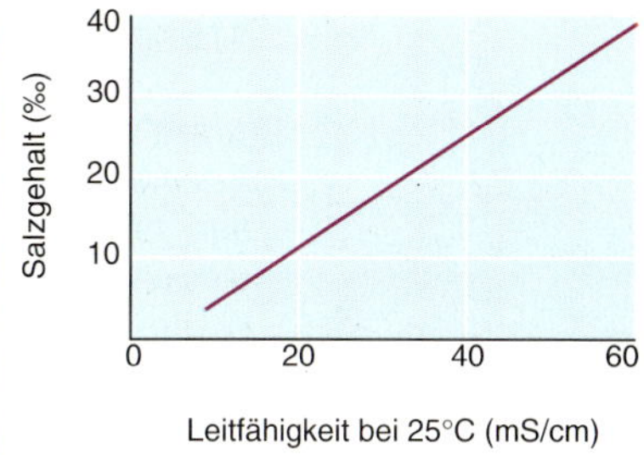

Mikroskopische Untersuchungen

Geben Sie einen Tropfen Alleskleber auf das Blatt einer Pflanze, verteilen Sie ihn dünn mit dem Finger und drücken Sie ihn dabei leicht ein. Sobald die Klebehaut getrocknet ist, lösen Sie kleine Stücke davon mit der Pinzette, geben sie mit einem Tropfen Wasser auf einen Objektträger und versehen das Ganze für die mikroskopische Untersuchung mit einem Deckgläschen.

Auswertung

① Wodurch unterscheiden sich Feuchtwiesenpflanzen und Salzpflanzen bei Verwahrung in Salzwasser?
② Ermitteln Sie, welche der untersuchten Pflanzen Salzdrüsen besitzen und wo sich diese befinden. Welche Oberflächenstrukturen lassen sich außerdem erkennen?
③ Sind die untersuchten Salzpflanzen Salzausscheider, Salzsukkulenten oder Salzausschließer?
④ Wie kann man klären, ob die untersuchten Halophyten hohe Salzkonzentrationen benötigen oder ob sie sie nur besser vertragen als andere Pflanzen?
⑤ In der Wüste gibt es ebenfalls sukkulente Pflanzen. Was unterscheidet ihren Standort und Bau von dem der Salzpflanzen?

Queller (Salicornia europaea) · Andel (Puccinella maritima) · Schlickgras (Spartina X townsendii) · Strandflieder (Limonium vulgare) · Strandgrasnelke (Armeria maritima)

Tiergeografische Regeln

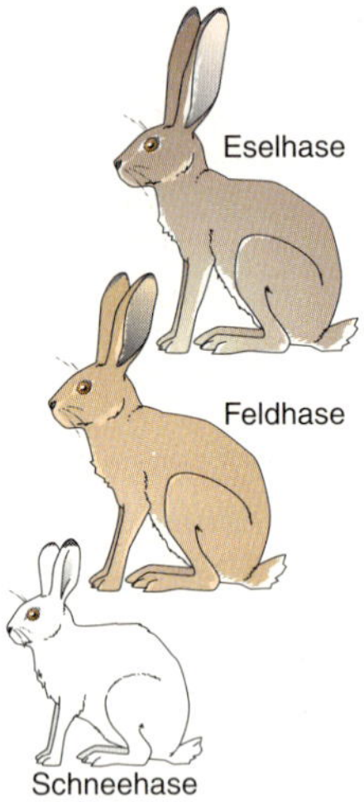

„Jack rabbit“ nennen die Amerikaner den Eselhasen, der wegen seiner selbst für Hasen großen Ohren auffällt. Eselhasen besiedeln die großen Ebenen und Wüsten im Westen der USA und in Mexiko. Die Tagesstunden verbringen sie im Schatten der Kräuter und Gräser. Der amerikanische Biologe J. A. ALLEN (1838 – 1921) konnte nachweisen, dass ihre langen, gut mit Kapillargefäßen durchzogenen Ohren zur Wärmeregulation beitragen: Sobald die Umgebungstemperatur nur etwas geringer als die Körpertemperatur ist, stellen die Hasen ihre Ohren auf und können über erweiterte Blutgefäße Wärme abgeben. Andere Wüstensäugetiere fallen ebenfalls durch große Ohren auf.

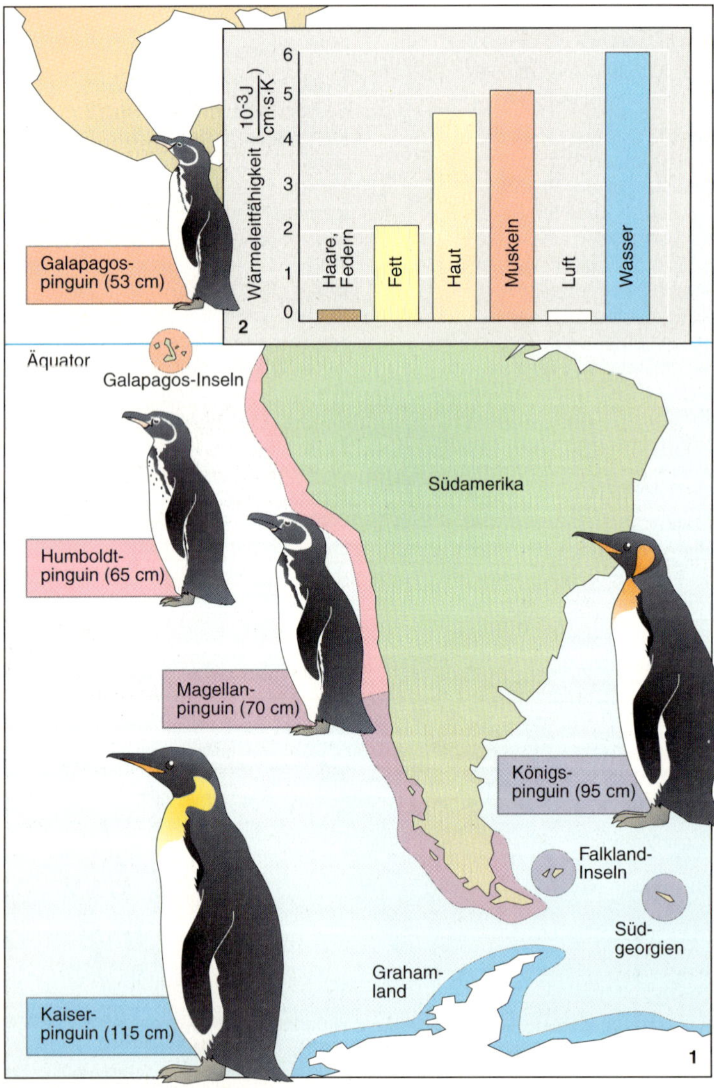

1 Vorkommen und Größe verschiedener Pinguine

Umgekehrt haben verwandte Arten in kalten Klimaten, wie beispielsweise der Schneehase, vergleichsweise kleine Ohren (s. Randspalte). Diese tiergeografische Beobachtung wurde zur *Allen-Regel* erweitert: Abstehende Körperteile, wie Ohren und Schwänze, von Homoiothermen sind in kalten Gebieten bei verwandten Arten oder Rassen meist kleiner entwickelt als in wärmeren Klimazonen.

Große Ohren haben aber noch weitere Vorteile: Der nachtaktive Wüstenfuchs ortet seine Beute in der Dunkelheit durch sein gutes Gehör, die großen Ohren wirken als Hörrohr. Die Wärmeregulation scheint demgegenüber untergeordnet: Tagsüber verbirgt er sich in Sandbauten, vor den kalten Nächten schützt ein dichtes Fell. Körperanhänge geben vor allem deshalb leicht Wärme ab, weil sie im Vergleich zum Volumen eine große Oberfläche besitzen. Auch kleine Tiere haben eine relativ große Oberfläche und kühlen daher schneller aus. Sie sind in kalten Regionen gegenüber größeren Arten benachteiligt. Diese Beobachtung findet eine Verallgemeinerung in der *Bergmann-Regel*: Bei homoiothermen Tieren nimmt die Größe nahe verwandter Arten oder Rassen von den warmen Zonen zu den Polen hin zu.

Der *Galapagospinguin* vom Äquator ist mit 53 cm deutlich kleiner als der antarktische Kaiserpinguin (115 cm). Dazwischen gibt es verschiedene Pinguinarten in Übergangsgrößen (Abb. 1). Der Einfluss der Körpergröße auf den Wärmehaushalt darf jedoch nicht überschätzt werden: Die Körperoberfläche von *Kaiser-* und *Königspinguin* ist nur unwesentlich verschieden, der mittelgroße *Adeliepinguin* (70 cm) lebt in den gleichen Regionen wie der Kaiserpinguin. Für die Wärmeabgabe ist nicht nur die Größe der Fläche, sondern auch die Wärmeleitfähigkeit des Gewebes entscheidend (Abb. 2). Der Kaiserpinguin ist durch ein dickeres Unterhautfettgewebe und dichtes, langes Federkleid wesentlich besser isoliert als der Königspinguin und damit besser an die Kälte angepasst.

Aufgaben

① An Land besteht für die Pinguine die Gefahr der Überhitzung. Erklären Sie dies anhand Abbildung 2.

② Erläutern Sie, weshalb die Allen- und die Bergmann-Regel nicht generell zutreffen.

Die Hitzewüste — ein extremer Lebensraum

Wüstengebiete umfassen etwa ein Drittel der Landoberfläche der Erde. Kennzeichnend für diese Gebiete sind hohe Temperaturen und Niederschlagsmengen deutlich unter 200 mm pro Jahr, welche oft in kurzen Güssen niedergehen. Durch Verdunstung konzentrieren sich Salze in den oberen Bodenschichten.

Sand, Kies und Geröll werden tagsüber bis zu 80 °C heiß, nachts sinken die Temperaturen zuweilen unter den Gefrierpunkt. Solche starken Temperaturgegensätze, verbunden mit extrem niedriger Luftfeuchte, hoher Strahlungsintensität, Sandstürmen und Bodenbewegungen, prägen die abiotischen Lebensbedingungen der Hitzewüsten.

Mit 5000 km West-Ost- und 2000 km Nord-Süd-Ausdehnung ist die Sahara Afrikas die größte Wüste der Erde.

Aufgaben

① Nennen Sie Merkmale im Körperbau, Stoffwechsel und Verhalten der Wüstentiere, die sich auf den Wärmehaushalt auswirken. Stellen Sie dabei tabellarisch gleichwarme und wechselwarme Lebewesen gegenüber.

② Nennen Sie Merkmale im Körperbau, Stoffwechsel und Verhalten der Wüstentiere, die die Wasserverdunstung bei Wüstentieren einschränken.

③ Erläutern Sie die Bedeutung von Kleinlebensräumen in der Wüste für die Fauna.

④ Welche Trockenlebensräume gibt es in unseren Breiten?

⑤ Welche Merkmale der Wüstentiere stellen einen Vorteil für das Leben im Sand dar?

G : Gestalt
N : Nahrung
F : Fortbewegung
V : Vermehrung
W : Wasserhaushalt
A : Aktivität

Dromedar:
Kamele (Paarhufer)
G : braunes, dichtes, wolliges Fell, ein Rückenhöcker aus Fettgewebe, kleine Ohren, Nasenlöcher verschließbar
N : pflanzliche Fütterung (Haustiere!), Wiederkäuer
V : 1 Junges nach 13 Monaten Tragzeit
W : dursten tagelang, wobei das Blut dünnflüssig bleibt, trinken danach Unmengen
A : tagsüber: Körpertemperatur bis 40 °C, nachts Absinken auf 34 °C

Wüstenspringmaus:
Springmausartige (Nagetiere)
G : hellbraun, lange Hinterbeine mit Haarbürsten zum Wegschleudern des Sandes beim Höhlenbau, große Ohren
N : Pflanzen, Samen, Insekten
F : springend
V : 2 bis 5 Junge in Nestkammer
W : kaum Trinkwasser, Wasser aus der Zellatmung deckt bis zu 90% des Wasserbedarfs
A : nachtaktiv, tagsüber in Höhlen, deren Bauweise Temperaturschwankungen ausgleicht

Fennek:
Hundeartige (Landraubtiere)
G : hellbraun, auffallend große Ohren, dichtes Fell
N : Heuschrecken, Käfer, Mäuse, andere Kleintiere, geortet über das Gehör
F : laufen, springen
V : 2 bis 5 blinde Jungtiere
W : Flüssigkeit aus der Nahrung, konzentrierter Urin
A : nachtaktiv, tagsüber im Sandbau

Hornviper:
Vipern (Schlangen)
G : sandgelb, Schuppendorn über dem Auge
N : Nagetiere, Eidechsen
F : „Seitenwinder": Seitwärtsbewegung, bei der nur zwei Körperpunkte den Sandboden berühren, blitzschnelles Eingraben durch Rippenbewegung
V : Eier legend
W : über die Nahrung
A : dämmerungsaktiv, tagsüber eingegraben

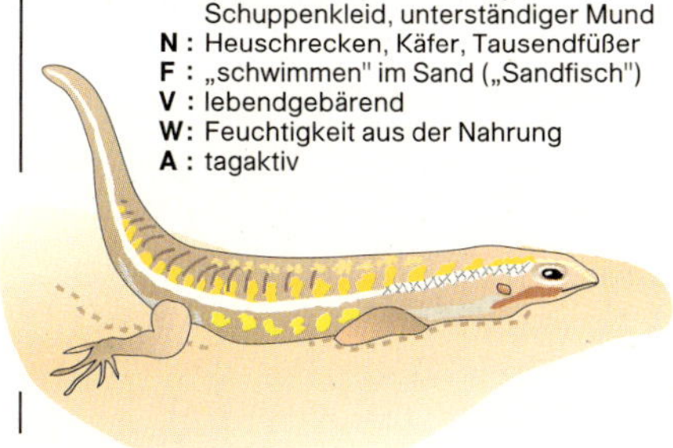

Sandskink:
Glattechsen (Eidechsen)
G : sandfarben, Beine kurz, glattes Schuppenkleid, unterständiger Mund
N : Heuschrecken, Käfer, Tausendfüßer
F : „schwimmen" im Sand („Sandfisch")
V : lebendgebärend
W : Feuchtigkeit aus der Nahrung
A : tagaktiv

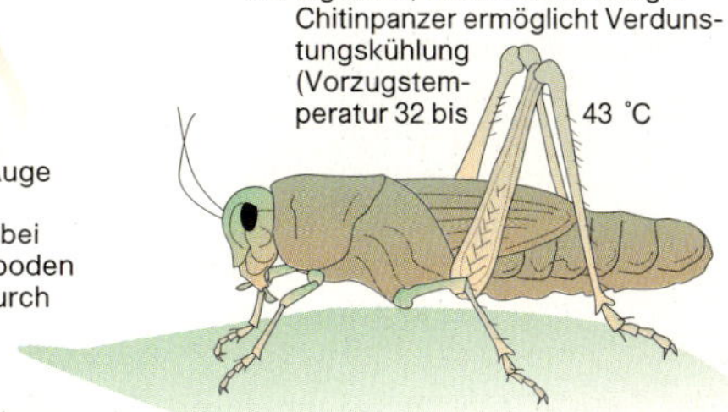

Wüstenheuschrecke:
Feldheuschrecken (Insekten)
G : Farbe wechselhaft
N : pflanzlich
F : springend, fliegend
V : einzeln lebend oder nach Massenvermehrung Wanderphasen in riesigen Schwärmen
W : Wasser aus der Zellatmung deckt den Bedarf
A : tagsüber, wasserdurchlässiger Chitinpanzer ermöglicht Verdunstungskühlung (Vorzugstemperatur 32 bis 43 °C

1 Paarung von Zweipunktmarienkäfern

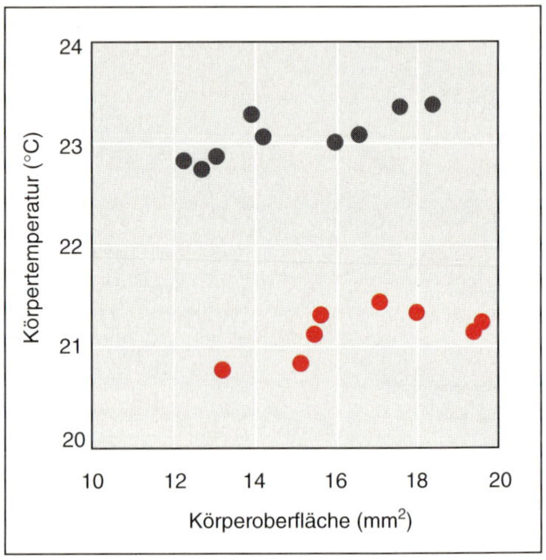

2 Körpertemperatur bei Beleuchtung

Variabilität und Anpassung

Die Einzelindividuen einer Art können sich in ihrer Reaktion auf die Umwelt, im Verhalten und in der Gestalt unterscheiden *(Variabilität)*. Solche individuellen Unterschiede ermöglichen uns in menschlichen Gemeinschaften das Wiedererkennen von Einzelpersonen. Entsprechende Unterschiede beispielsweise bei Insekten zu entdecken, fällt schwerer. Aber auch hier hat jedes Individuum im Rahmen der Artmerkmale seine besondere Charakteristik. Viele Merkmale sind genetisch fixiert, wie die Färbung der Flügeldecken beim Zweipunktmarienkäfer. Die rote Form ist rezessiv gegenüber der schwarzen, multiple Allele bestimmen die Ausdehnung der schwarzen Flecken. Bei veränderten Umweltbedingungen können sich die besser angepassten Varianten erfolgreicher fortpflanzen, sodass der Bestand der Population nicht gefährdet wird. Die Variabilität bildet eine genetische Reserve für die Art und hat große evolutionsbiologische Bedeutung.

Der Zweipunktmarienkäfer durchläuft zwei, selten drei Generationen pro Jahr. Käfer der Wintergeneration legen im Frühjahr Eier, woraus die Larven schlüpfen, die sich schließlich verpuppen und im Juni/Juli die Sommergeneration hervorbringen. Aus den Eiern der Sommergeneration gehen wiederum nach der Metamorphose die Käfer der Wintergeneration hervor. Aufgrund der genetischen Dominanz überwiegt die schwarze Variante anteilsmäßig (s. Randspalte). Während der Winterstarre zehren die Marienkäfer von ihren Fettreserven. Im Frühling wachsen überwiegend rote Individuen aus der Winterstarre auf. Offenbar ist die Wintersterblichkeit der schwarzen Form größer als die der roten. Neben der Farbvariabilität gibt es also Unterschiede in der Kältetoleranz des Zweipunktes.

Marienkäfer gehören zu den poikilothermen Tieren, d. h. ihre Körpertemperatur richtet sich in erster Linie nach der Umgebungstemperatur. Daneben kann das Licht die Körpertemperatur verändern: Beleuchtet man einen Marienkäfer, so steigt seine Körpertemperatur, da ein Teil des Lichtes absorbiert und in Wärme umgewandelt wird. Schwarz gefärbte Körperteile absorbieren besonders stark: Bei Beleuchtung liegt die Körpertemperatur der schwarzen Varianten 3 °C, die der roten 1 °C über der Umgebungstemperatur von 20 °C (Abb. 2). Mit der Körpertemperatur steigt die Stoffwechselaktivität. Im Winter bedeutet die erhöhte Aktivität einen Nachteil, da schwarze Marienkäfer ihre Fettreserven schneller verbrauchen und leichter verhungern als die roten. Die Umweltbedingungen der Sommer- und Wintergeneration unterscheiden sich deutlich voneinander, sodass in jeder Generation andere Varianten einen Überlebensvorteil haben und die Variabilität erhalten bleibt.

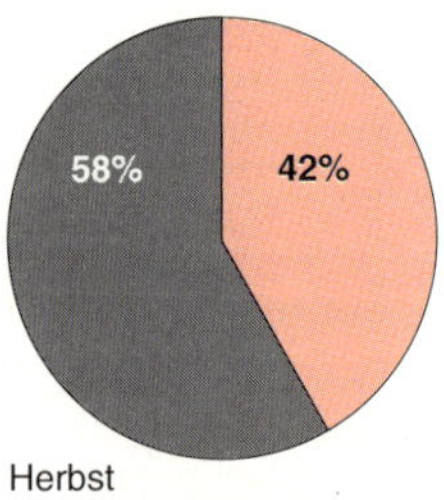

Herbst

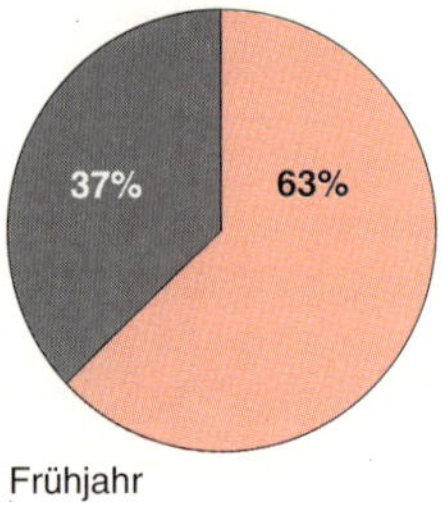

Frühjahr

Aufgabe

① Welche Färbung ist für den Wärmehaushalt für Tiere in warmen und kalten Klimaten günstig? Warum ist diese Farbverteilung nicht durchgehend verwirklicht?

Konvergenz und Stellenäquivalenz

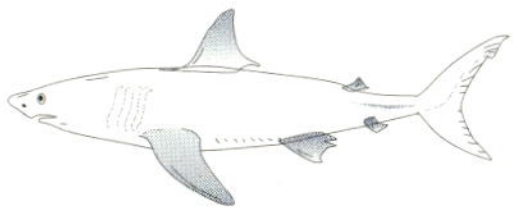
Knorpelfisch

Knochenfisch

Vogel

Delfin

Lederschildkröte

Während man bei verschiedenen Umweltbedingungen eine starke Variabilität innerhalb der Arten beobachtet, trifft man bei gleichartigen Umweltbedingungen häufig auf Ähnlichkeiten zwischen verschiedenen systematischen Gruppen. Innerhalb einer Population vermehren sich immer gerade diejenigen Varianten am erfolgreichsten, die am besten an ihre Umwelt angepasst sind. Ist die Umwelt gleichartig, können sich im Verlauf der Evolution unabhängig voneinander *(konvergent)* äußere Ähnlichkeiten *(Analogien)* auch bei nicht näher verwandten Formen entwickeln.

Meereswirbeltiere, wie Haie, Knochenfische, Delfine, Schildkröten und Pinguine, zeigen erstaunliche Gemeinsamkeiten im Körperumriss. Alle schwimmen schnell im freien Wasser und jagen in Oberflächennähe. Wie jeder im Wasser bewegte Körper erfahren sie dabei einen Strömungswiderstand. Bei spindelförmigen Körpern ist dieser besonders gering, weil hier das Wasser gleichmäßig und ohne Verwirbelungen an der Körperoberfläche entlangströmt (*Stromlinienform*). Stromlinienförmige Körper lassen sich mit geringerem Energieaufwand durch das Wasser bewegen als kugelige oder quaderförmige. Daher konstruieren auch Techniker Unterseeboote mit dieser Grundform. Die gleichartige Fortbewegungsweise der genannten Meereswirbeltiere führte im Laufe der Evolution zur Konvergenz in der Körperform. Konvergent sind auch die paddelförmigen Gliedmaßen, z. B. von Pinguin und Schildkröte.

Tier- und pflanzengeografisch lassen sich Konvergenzen besonders eindrucksvoll zeigen: Die Kolibris Amerikas, die Nektarvögel Afrikas und die Honigfresser Australiens sind sehr kleine leichte Vögel, die sich vom Nektar spezialisierter Blütenpflanzen ernähren. Äußerlich sind sie sich so ähnlich, dass man sie für Angehörige einer Familie halten könnte. Tatsächlich zeigen Unterschiede im Aufbau der Zunge, des Stimmapparates und der Federpigmente, dass die Kolibris in die Ordnung der Seglerartigen gehören, die Nektarvögel und Honigfresser aber getrennte Familien innerhalb der Singvögel bilden. Die Konvergenz im Körperbau ist auf übereinstimmende Lebensbedingungen und Lebensweisen zurückzuführen. Die drei Vogelfamilien bilden vergleichbare Nischen auf verschiedenen Kontinenten, sie nehmen äquivalente Stellen im Ökosystem ein. Man spricht von *Stellenäquivalenz*.

Aufgaben

① Beschreiben Sie konvergente Merkmale von sukkulenten Kakteen, Schwalbenwurz- und Wolfsmilchgewächsen und stellen Sie diese in Beziehung zur Umwelt.

② Beschreiben Sie konvergente Merkmale von Taschenratte, Maulwurf, Goldmull und Beutelmull und stellen Sie diese in Beziehung zur Umwelt und Lebensweise.

③ Welche Merkmale dieser Tiere und Pflanzen würden Sie näher untersuchen, um trotz äußerer Ähnlichkeit eine Verwandtschaft zu überprüfen?

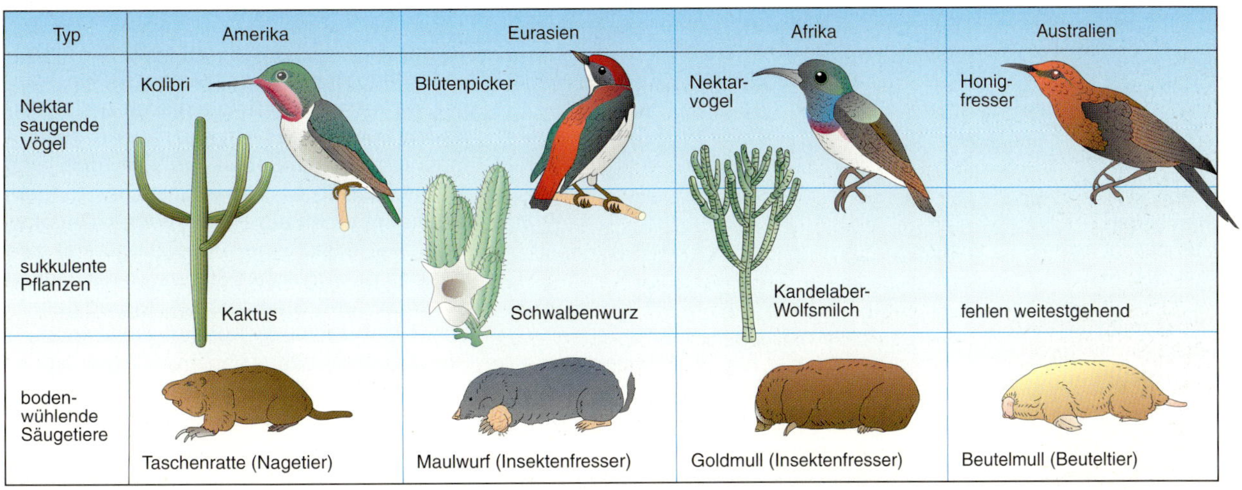

1 Stellenäquivalenz

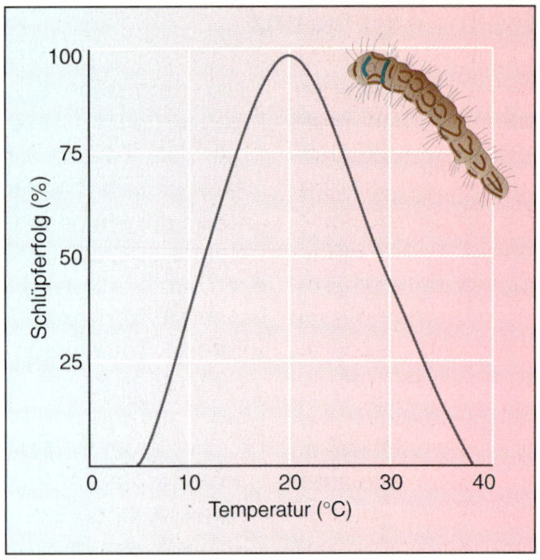

1 Temperaturtoleranz des Kiefernspinners

Toleranzbereich
Intensitätsbereich eines Umweltfaktors, innerhalb dessen eine Art existieren kann.

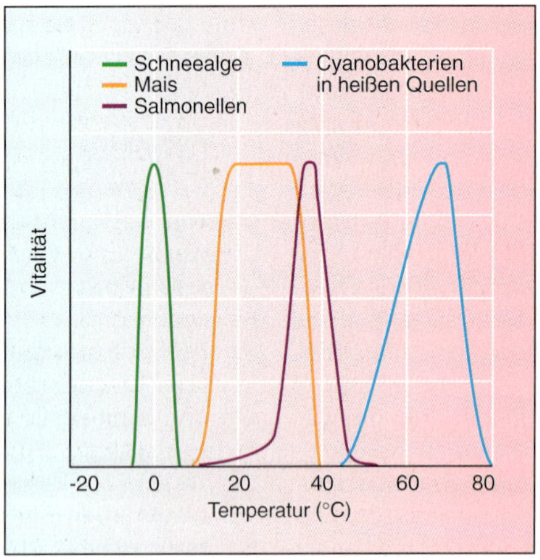

2 Verschiedene Temperaturtoleranzkurven

Ökologische Potenz
Fähigkeit einer Art, verschiedene Intensitäten eines Umweltfaktors zu ertragen.

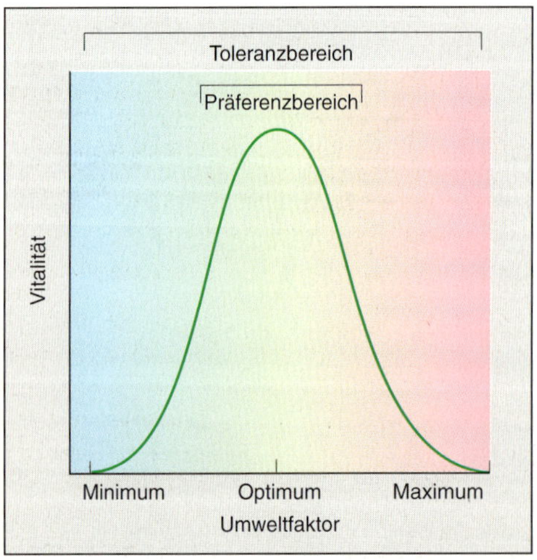

3 Schematische Toleranzkurve

Population
Individuengruppe einer Art, die in einem zusammenhängenden Gebiet wohnt und sich untereinander fruchtbar kreuzt.

Ökologische Toleranz und ökologische Nische

Der Kiefernspinner ist ein in Kiefernwäldern bisweilen massenhaft auftretender Schmetterling. Im August legen die Weibchen an dünnen Zweigen Eier ab. Zwei bis drei Wochen später schlüpfen bei Temperaturen von etwa 20°C aus allen Eiern junge Raupen. Davon abweichende Temperaturen vermindern den Schlüpferfolg deutlich – unter 5°C und über 37°C kann sich keine Kiefernspinnerraupe entwickeln (Abb. 1). Für das Schlüpfen der Raupen gibt es also ein *Temperaturminimum* (5°C) und ein *Temperaturmaximum* (37°C), der Temperaturbereich zwischen diesen Marken heißt *Toleranzbereich*. Die am besten vertragene Temperatur wird als *Optimum* bezeichnet. Das Temperaturoptimum für die Eientwicklung des Kiefernspinners beträgt 20°C, denn bei dieser Temperatur ist der Schlüpferfolg am größten.

Wählt man anstelle des Schlüpferfolgs ein anderes Maß für die Vitalität einer Art, z. B. die Wachstums- oder Vermehrungsrate, so lassen sich entsprechende *Temperaturtoleranzkurven* für viele Arten aufstellen (Abb. 2). Sie zeigen, wie gut die jeweilige Art, z. B. bei verschiedenen Temperaturen, lebensfähig ist. Dieses arttypische Merkmal nennt man *ökologische Potenz*. *Stenöke Arten* haben eine geringe ökologische Potenz, sie leben nur in einem schmalen Toleranzbereich. Die Schneealge lebt in einem schmalen Temperaturtoleranzbereich, sie ist stenök bezüglich der Temperatur. Mais ist dagegen eine *euryöke Pflanze*, ihre ökologische Potenz bezogen auf die Temperatur ist mit einem Toleranzbereich von 10–40°C groß. Die verschiedenen Toleranzkurven lassen sich modellhaft verallgemeinern (Abb. 3).

Toleranzkurven werden entweder für einzelne Individuen oder, wie bei dem Kiefernspinner, für mehrere Individuen ermittelt. Individuengruppen einer Art, die in einem zusammenhängenden Gebiet wohnen und sich untereinander fruchtbar kreuzen können, bezeichnet man als *Populationen*. Die ökologische Potenz einer Population setzt sich aus den ökologischen Potenzen der einzelnen Individuen zusammen. Aufgrund genetischer Unterschiede können diese in einer Population durchaus variieren. Daher ist der Toleranzbereich einer ganzen Population oft größer als der eines einzelnen Individuums.

Bei freier Wahl bevorzugen Individuen einer Population im Allgemeinen Temperaturen, die in der Nähe ihres Optimums liegen. Diesen Temperaturbereich nennt man *Präferenzbereich.* Er lässt sich experimentell in einer Temperaturorgel bestimmen. Dabei handelt es sich um eine längliche Metallplatte, die an dem einen Ende erwärmt und an dem anderen gekühlt wird. Nach einiger Zeit stellt sich ein gleichmäßiges Temperaturgefälle ein. Abbildung 1 gibt die Verteilung von Versuchstieren in einer Temperaturorgel wieder: Die Ameisen wählen alle etwa 30°C. Im Freiland ziehen sich die Tiere bei abweichenden Bedingungen in ihren optimal temperierten Bau zurück. Der Präferenzbereich der Heuschrecken ist breiter, da die einzelnen Individuen verschiedene Temperaturen bevorzugen. Im Freiland werden daher immer nur einige von ihnen optimale Bedingungen vorfinden und sich vermehren. Der Bestand der Population bleibt dadurch insgesamt gesichert.

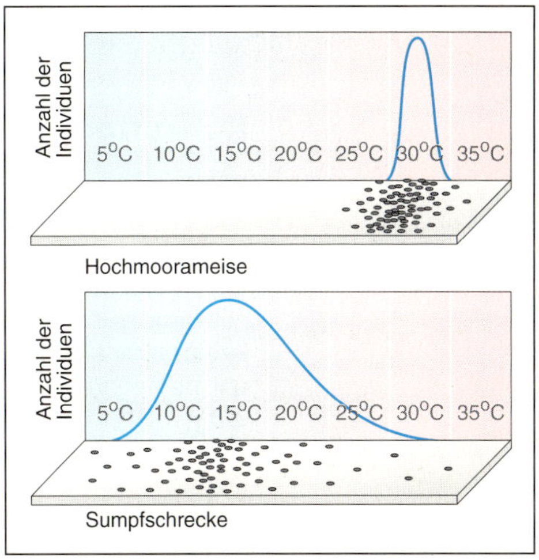

1 Präferenzen in einer Temperaturorgel

ökologische Nische
a) messbare Gesamtheit der ökologischen Potenzen einer Art
b) beschreibbare Wirkung und Abhängigkeit zwischen Art und Umwelt

Toleranzbereiche sind allerdings keine starren Größen, sondern können sich unter dem Einfluss anderer Umweltfaktoren beträchtlich verschieben. Vermindert man bei den Kiefernspinnergelegen beispielsweise die relative Luftfeuchte von 70 % auf 20 %, so verengt sich der Temperaturtoleranzbereich auf 10°C bis 29°C. Selbst bei optimalen Temperaturen von 20°C schlüpfen jetzt nur 25 % der Raupen (Abb. 2).

Wirkungsgesetz der Umweltfaktoren
Für das Überleben und die Häufigkeit einer Art ist immer der Umweltfaktor ausschlaggebend, der am weitesten vom Optimum entfernt ist.

Für das Überleben und die Häufigkeit einer Art ist immer der Umweltfaktor ausschlaggebend, der am weitesten vom Optimum entfernt ist, er ist der *limitierende Faktor.* Dieser Sachverhalt wird als *Wirkungsgesetz der Umweltfaktoren* bezeichnet.

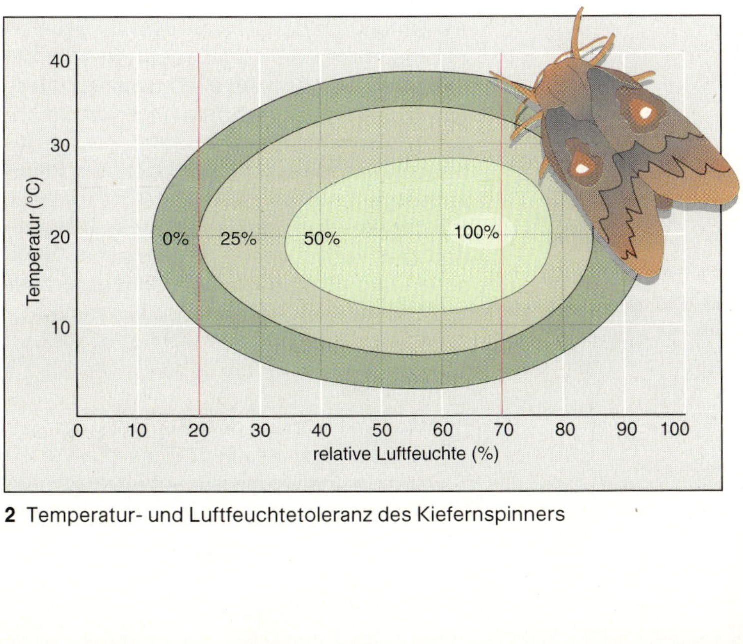

2 Temperatur- und Luftfeuchtetoleranz des Kiefernspinners

In grafischen Darstellungen werden die Umweltfaktoren auf den Achsen abgetragen, der Schlüpferfolg erscheint als Isolinie. Die Isolinien sind mit den Höhenlinien eines Berges vergleichbar; entlang dieser Linien ist der Schlüpferfolg gleich groß. Misst man die ökologischen Potenzen gegenüber allen wirksamen Umweltfaktoren, so erhält man ein genaues Bild von den Ansprüchen der Population an die Umwelt. Eine solche Minimalumwelt wird oft als *ökologische Nische* bezeichnet. Diese Nischendefinition betont die Abhängigkeit der Organismen von ihrer Umwelt, sie lässt sich experimentell gut messen.

Jedes Lebewesen hat aber auch eine Wirkung auf seine spezifische Umwelt: Es entnimmt ihr Nährstoffe und fügt andere Stoffe hinzu. Daher wird der Nischenbegriff oft auf dieses Wirkungsfeld ausgedehnt: Jede Art spielt eine bestimmte Rolle im angestammten Lebensraum, sie übt gewissermaßen einen „Beruf" aus und bildet eine ökologische Nische. Diese Nischendefinition trifft die biologischen Gegebenheiten besser, ist aber auch durch aufwendige Freilanduntersuchungen nur annähernd zu ermitteln.

Aufgaben

(1) Ermitteln Sie aus Abb. 2, bei welcher Luftfeuchtigkeit 25 % der Raupen schlüpfen, wenn die Temperatur 30°C beträgt.
(2) Zeichnen Sie die Luftfeuchtetoleranzkurve für eine Temperatur von 10°C.
(3) Ermitteln Sie aus Abb. 24. 2 das Temperaturminimum, -optimum und -maximum für Salmonellen und geben Sie eine ökologische Erklärung dafür.

Konkurrenz

Larve: Geschwebefresser

Männchen: Pflanzensauger

Weibchen: Blutsauger

	Wirkung von Art A auf B	Wirkung von Art B auf A
Konkurrenz	–	–

Fuchsschwanz, Trespe und Glatthafer sind häufige heimische Gräser: Der Glatthafer wächst auf Wiesen und in lichten Wäldern, die Trespe auf Trockenrasen und der Fuchsschwanz auf Feuchtwiesen. Ihre Feuchtigkeitstoleranzkurven lassen sich experimentell bestimmen: In einem Beet mit Gefälle entsteht durch den unterschiedlichen Abstand zum Grundwasserspiegel eine großflächige „Bodenfeuchteorgel". Das Wachstum eingesäter Pflanzen kann als Maß für ihre Vitalität gelten. In Reinkultur wachsen die drei Grasarten Glatthafer, Trespe und Fuchsschwanz an etwa gleichfeuchten Standorten (Abb. 1). Sät man dagegen eine Mischung aus allen drei Arten auf dem Beet aus, so findet man den Glatthafer im mittelfeuchten Bereich, während der Fuchsschwanz auf feuchtem und die Trespe auf trockenem Boden wächst. Die Gräser wachsen jetzt also in Feuchtigkeitsbereichen, die weit von ihrem Optimum entfernt sind, aber dem natürlichen Vorkommen entsprechen.

Der Wuchsort einer Art lässt also nicht unbedingt auf das tatsächliche ökologische Optimum schließen: Die Trespe zieht trockene Wuchsorte nicht vor, sondern erträgt sie in Konkurrenz besser als andere Arten.

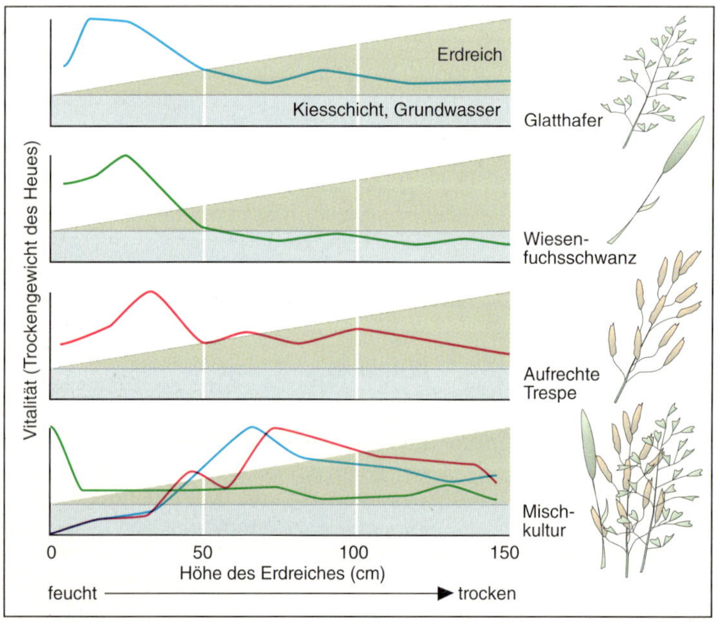

1 Bodenfeuchtetoleranzkurven dreier Grasarten

Nur solange die gemeinsam genutzten Ressourcen, z. B. Wasser und Mineralstoffe, ausreichen, können Arten mit übereinstimmenden ökologischen Ansprüchen im gleichen Lebensraum leben. Unter solchen Bedingungen werden sie ihre Population sogar vergrößern. Das führt allerdings früher oder später zu einer Verknappung: Die Organismen *konkurrieren* um die Ressourcen. Von nun an gedeihen diejenigen Populationen am besten, welche die Rohstoffe effektiver nutzen und sich dadurch erfolgreicher vermehren oder schneller wachsen. Die weniger Konkurrenzfähigen überleben nur an Plätzen, die zwar etwas weiter von ihrem Optimum entfernt sind, an denen die zwischenartliche Konkurrenz aber geringer ist.

Daraus wurde das *Konkurrenzausschlussprinzip* abgeleitet: Zwei Arten mit gleichen Ansprüchen an die Umwelt können auf Dauer nicht nebeneinander existieren.

Solche Einflüsse der Umwelt auf ganze Lebensgemeinschaften werden in der *Synökologie* untersucht. Auch innerhalb einer Art konkurrieren die Individuen um die gemeinsam genutzten Ressourcen: Individuen, die diese besonders effizient nutzen, wachsen und vermehren sich besser als die weniger konkurrenzfähigen Individuen. Wie schon die Versuche an der Temperaturorgel zeigen, gibt es innerhalb einer Art mehr oder minder deutliche Toleranzunterschiede. Bei der Wahl von Nahrung, Nistplatz oder Geschlechtspartner wird die *innerartliche Konkurrenz* dadurch geringer. Gelegentlich sind die Unterschiede zwischen verschiedenen Altersstadien oder Geschlechtern so groß, dass die Ansprüche an die Umwelt ebenfalls grundverschieden sind. So ist z. B. die Stechmückenlarve ein Geschwebefresser im Gewässer, das männliche Vollinsekt ein Pflanzensauger, das weibliche ein Blutsauger (s. Randspalte). Individuen der gleichen Art bilden hier verschiedene ökologische Teilnischen und konkurrieren so nicht um Futter und Lebensraum.

Aufgabe

① Wie kann man bei dem Temperaturorgelversuch ausschließen, dass die Verteilung der Individuen nur auf innerartlicher Konkurrenz beruht?

Einnischung bei Reiher- und Löffelente

Stehende Gewässer werden von einer Vielzahl von Entenvögeln besiedelt, deren Ansprüche auf den ersten Blick sehr ähnlich wirken. Hier werden Reiher- und Löffelente vorgestellt, die auf Seen in Mittel-, Nord- und Osteuropa heimisch sind.

Die Reiherente ist eine *Tauchente*. Sie sucht auch im tieferen Wasser nach Nahrung. Die Löffelente ist eine typische *Schwimmente*, ihr Körper liegt sehr hoch im Wasser und sie taucht nur selten.

Aufgaben

① Vergleichen Sie die Nahrungsansprüche und den Ort der Nahrungssuche bei erwachsenen Reiher- und Löffelenten. Inwieweit überlappen sich die ökologischen Nischen?

② Vergleichen Sie die Nahrungsansprüche und den Ort der Nahrungssuche bei jungen Reiher- und Löffelenten. Wie wird zwischen- und innerartliche Konkurrenz vermieden?

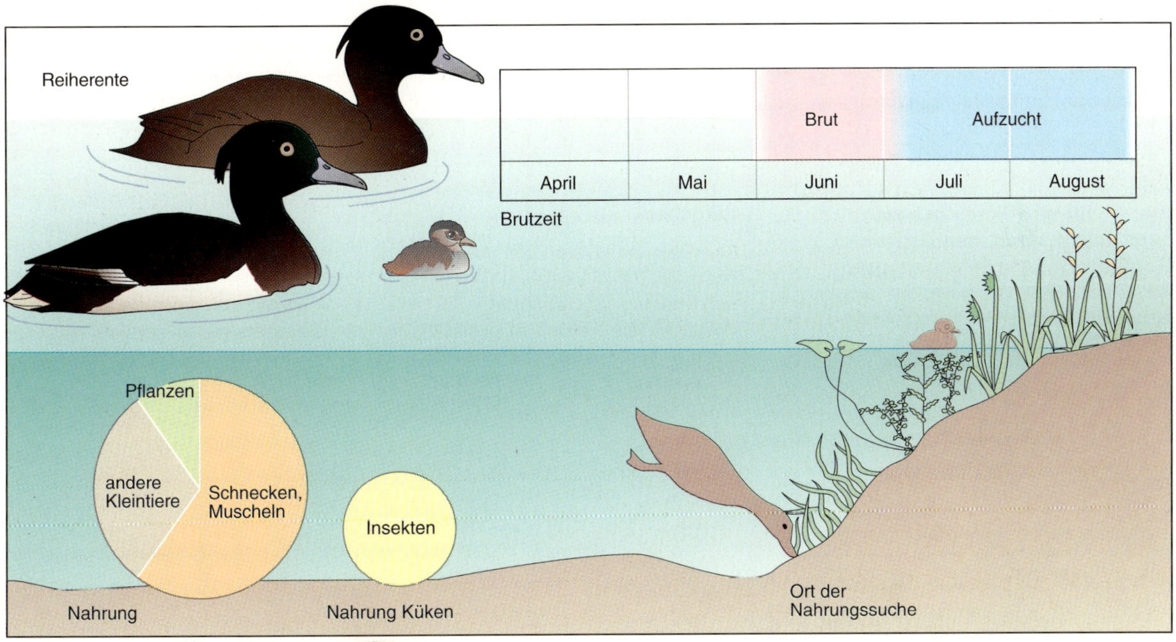

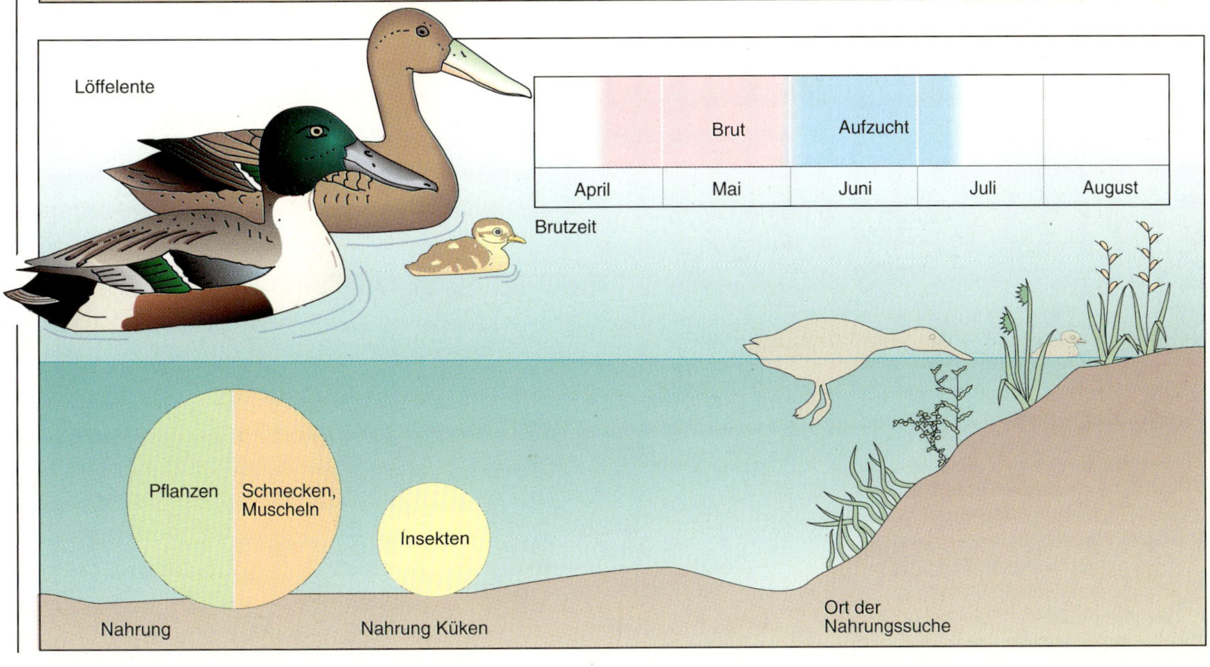

Konkurrenz und Einnischung

Ökologische und physiologische Potenz

Die ökologische Potenz einer in Reinkultur gehaltenen Art kann von der in Mischkultur, also unter Konkurrenzbedingungen, abweichen. Daher wird der autökologische Befund als *„physiologische Potenz"* oft von der *ökologischen Potenz* im synökologischen Sinne unterschieden.

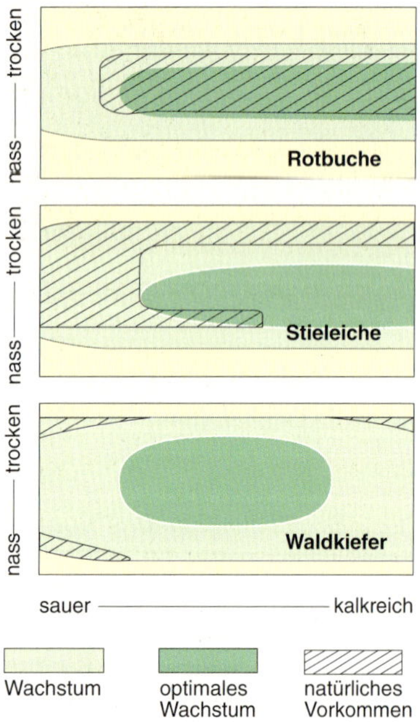

Aufgaben

① Beschreiben und vergleichen Sie die physiologischen Potenzen der drei Baumarten (Wachstum, optimales Wachstum) mit den ökologischen (natürliches Vorkommen).

② In welchem Zusammenhang stehen der natürliche Standort und die physiologische Potenz?

Mehrdimensionales Nischenmodell

Modellhaft kann man sich die ökologische Nische als Gesamtheit aller ökologischen Potenzen vorstellen. Bei Betrachtung von zwei Umweltfaktoren bildet sie dann eine Fläche, bei drei Faktoren einen Raum.

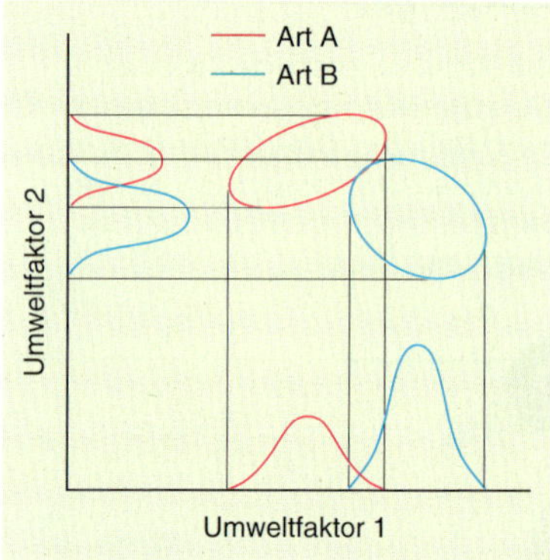

Aufgaben

① Kennzeichnen Sie in dem grafischen Modell die Bereiche, in denen Konkurrenz stattfindet.

② Wie wirkt sich die Berücksichtigung weiterer Umweltfaktoren auf die Überlappung der Nischen aus?

Ausschluss und Koexistenz

1. Experiment:
G. F. GAUSE leitete das *Konkurrenzausschlussprinzip* 1934 aus Laborexperimenten mit Pantoffeltierchen ab. Als Nahrung verwendete er Hefe. *Paramecium aurelia* und *P. caudatum* fressen von der Wasseroberfläche, *P. bursaria* frisst absinkende Zellen.

2. Experiment:
Der Reismehlkäfer und der etwas kleinere Getreideplattkäfer ernähren sich von Mehl, fressen aber auch artfremde Larven. Im Zuchtkasten A wurden beide Arten nur mit Mehl versorgt, im Zuchtkasten B wurden kleine Glasröhrchen hinzufügt, in denen die kleineren Larven des Getreideplattkäfers Unterschlupf fanden.

Aufgaben

① Schildern Sie die Ergebnisse der Experimente und begründen Sie, warum es in einigen Fällen zum Ausschluss, in anderen zur Koexistenz der Konkurrenten kommt.

② Wie lässt sich die in der Natur beobachtete Vielfalt mit dem Konkurrenzausschlussprinzip vereinbaren?

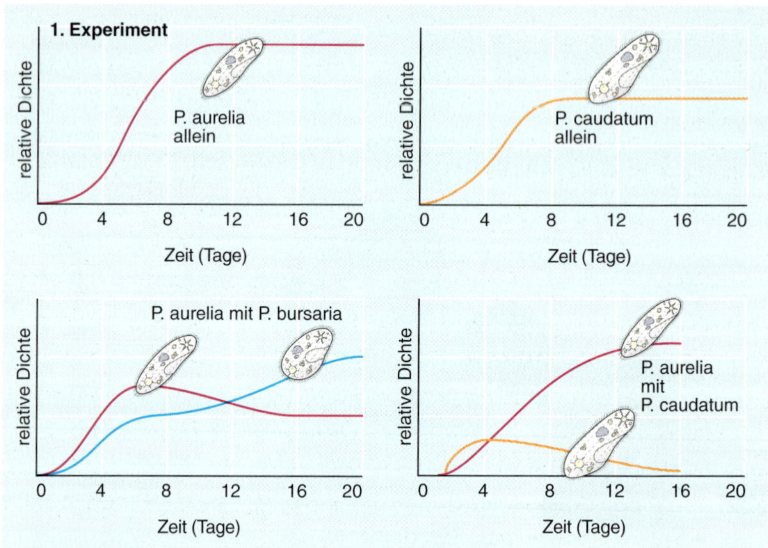

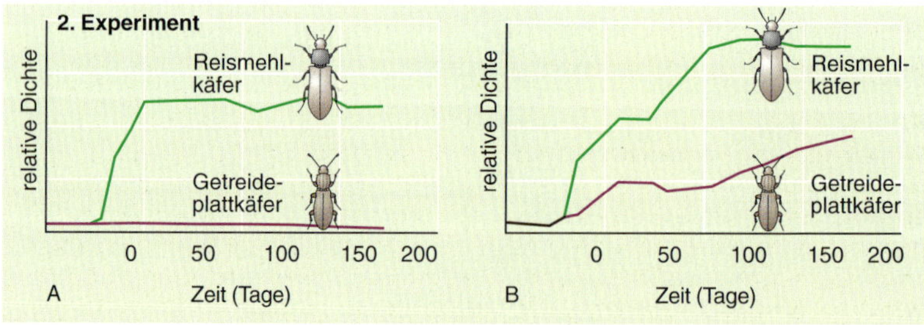

Lexikon
Lexikon
exikon
xikon
ikon
kon
on

Innerartliche Beziehungen

Individuen einer Art konkurrieren zwar um die gemeinsam genutzten Ressourcen, das Zusammenleben mit Artgenossen hat aber auch Vorteile, denn Gemeinschaften reagieren anders als Einzelindividuen auf die Umwelt und können die Überlebenschance der Population erhöhen.

Schwarm und Rudel
Der *Hering* kann mehrere Kilometer lange und mehrere hundert Meter breite Schwärme bilden, die den Beutetieren folgen oder Laichplätze aufsuchen. Der Hering wird von vielen Raubfischen und Robben verfolgt. Im Schwarm ist die Wachsamkeit erhöht und die Verfolger können sich weniger gut auf ein einzelnes Beutetier konzentrieren. Die Partnerfindung wird erleichtert. Auch Insekten, Vögel und andere Fische bilden zeitweise Schwärme. Für soziale, räuberische Arten bietet die Gemeinschaft mit Artgenossen Vorteile: Rudel von 5 bis 10 Wölfen erlegen ein Wildschaf, ein 15-köpfiges Wolfsrudel kann es mit einem Elch aufnehmen. Der Zusammenhalt im Rudel ist stärker organisiert als im Schwarm und von längerer Dauer.

Brutfürsorge
Die ökologischen Potenzen der Jungtiere sind oft deutlich geringer als die der Erwachsenen. Durch die Versorgung der Eier mit Schutzhüllen, Dotter- oder Nahrungsvorräten können Elterntiere ihrer Nachkommenschaft günstigere Lebensbedingungen verschaffen, auch wenn sie sich nach der Eiablage nicht mehr um sie kümmern (z. B. *Pillendreher*).

Brutpflege
Goldhähnchen sind mit einem Körpergewicht von 5 bis 6 g weltweit die kleinsten Singvögel. Für ihre Nachkommenschaft bauen sie elastische Hängenester aus isolierfähigen Niststoffen, wie Federn, Flechten und Moosen, die Wind und Regen trotzen. Der Vogelkörper ist zu klein, um alle Eier zu bedecken, daher werden die gut durchbluteten Beine wie Heizstangen eingesetzt. Beim Brüten strampeln die Goldhähnchen und bewegen die Eier. Alle Viertelstunde verlassen die Goldhähnchen für einige Minuten das Nest, um zu fressen, denn sie benötigen täglich mindestens ihr eigenes Körpergewicht an Nahrung. In dieser Zeit verhindert die Nestwärme das Auskühlen der Eier. An 2 Wochen Brutzeit schließen sich 3 Wochen Fütterungszeit an.

Außer den Vögeln pflegen viele andere Tiere ihre Nachkommenschaft noch nach der Eiablage: Einige Krebsarten heften ihre Eier an die Beine, Säugetiere säugen ihre Jungen, einige Fischarten schützen die Jungtiere im Maul, in speziellen Bruttaschen (Seepferdchen) oder in vorbereiteten Nestern (Stichlinge). Dadurch schaffen sie für die Jungen eine Umwelt mit günstigeren Temperatur- und Nahrungsbedingungen.

Sexualpartnerschaft
Der Sexualpartner kann als eine Ressource betrachtet werden, um die innerartliche Konkurrenz stattfindet. Zur Partnerfindung dienen artspezifische optische, akustische und andere Signale. Bei einigen Arten dauert die Partnerschaft ein Leben lang.

Staatenbildung
Bienen, Ameisen, Termiten und einige Säugetiere bilden Staaten, in denen sie sich die Aufgaben der Brutpflege, Nahrungsbeschaffung, Verteidigung und oft auch der Wärmeregulation teilen. Bienen halten für die Brut eine Temperatur von 35 °C aufrecht, indem sie sich auf die Wabenoberfläche setzen und durch Muskelzittern für Wärme oder durch Flügelfächeln für Kühlung sorgen. In der warmen Bienenwabe entwickeln sich die Larven besonders schnell. Im Oktober versammeln sich die Bienen zu einer kugeligen Wintertraube, die im Inneren 20 °C, im Äußeren etwa 13 °C warm ist. Ständig kriechen Bienen von außen nach innen. Die Energie für das Muskelzittern stammt aus den gemeinsamen Honigvorräten.

Staaten gibt es auch bei einigen Säugetieren. Der *Nacktmull* ist ein nordostafrikanisches Nagetier, das in Gemeinschaften von 60 – 100 Individuen in unterirdischen Höhlen lebt. Seine Nahrung besteht aus Wurzeln und Insekten. Nur eines der Weibchen gebärt Jungtiere, die anderen Weibchen und Männchen sorgen arbeitsteilig für den Nachwuchs. Sie übernehmen die Futtersuche, Verteidigung und Pflege des Baues. Die Höhle ist so angelegt, dass sie eine gleich bleibende Temperatur zwischen 28 und 32 °C zeigt.
In der Nacktmullgemeinschaft sind energieaufwendige Einrichtungen zur Thermoregulation daher überflüssig: Die für homoiotherme Säugetiere typische Isolationsschicht aus Fell und Unterhautfettgewebe sowie die Schweißdrüsen fehlen. Senkt man die Außentemperatur experimentell von 37 auf 12 °C ab, so sinkt auch die Körpertemperatur auf 12,5 °C, wie es nicht für ein Säugetier, sondern für ein wechselwarmes Tier zu erwarten wäre.

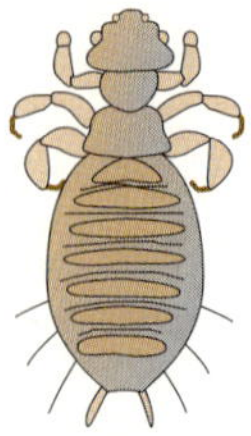

Haarling

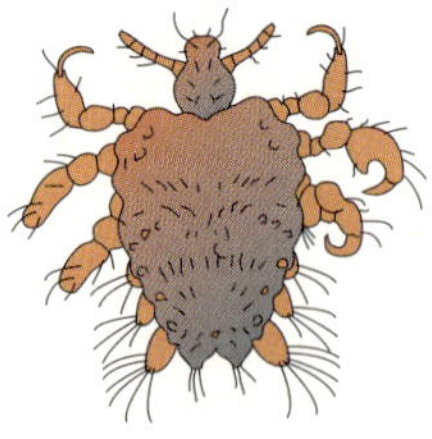

Filzlaus

Zecke

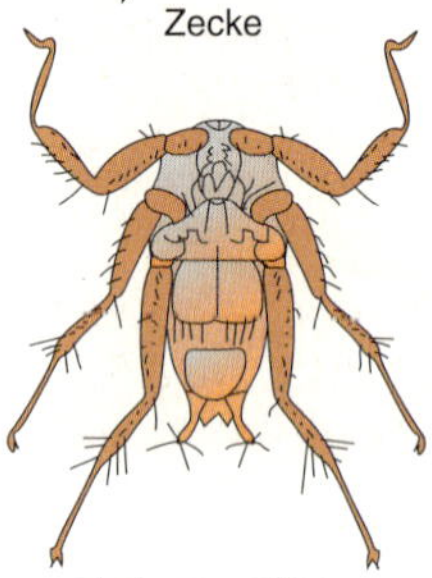

Fledermausfliege

Parasitismus

Selbst bei eisiger Kälte kann man Amseln beobachten, die in einer Pfütze planschen, im Sommer sieht man Sperlinge bei ausgedehnten Sandbädern. Durch diese Bäder können die Vögel lästige Federlinge loswerden, die sich oft in großer Anzahl in ihrem Gefieder befinden.

Auch auf der Haut von Säugetieren kommen *Parasiten* vor. Laus, Haarling, Zecke und Fledermausfliege weisen große äußere Ähnlichkeiten *(Konvergenzen)* auf, obwohl ihre Larvalentwicklung zeigt, dass sie verschiedenen systematischen Gruppen angehören. Ihr Körper ist stark abgeflacht, schwach oder unbeflügelt, sie haben stechend-beißende Mundwerkzeuge, kleine Augen und Extremitäten mit Klammerhaken. Parasiten töten ihren Wirt normalerweise nicht, schaden ihm aber, da sie Zellen und Gewebe zerstören, Nährstoffe entziehen, Giftstoffe abgeben oder Krankheitserreger übertragen. Die Wirtsorganismen haben daher verschiedene Verhaltensmuster entwickelt, mit denen sie sich der Plagegeister erwehren, z. B. Kratzen, Putzen und Baden. Das begünstigt umgekehrt solche parasitischen Formen, die sich entweder gut verankern, wie Läuse, Zecken, Federlinge, oder die wie Flöhe und Mücken schnell fliehen können.

Ektoparasiten von Säugern und Vögeln zeigen außerdem physiologische Konvergenzen: Sie haben einen ausgezeichneten thermischen Sinn, der ihnen das Auffinden des Wirtes ermöglicht, während der Gesichtssinn eine eher geringe Rolle spielt. Im Gegensatz zu den genannten Ektoparasiten, setzen sich *Endoparasiten* im Körperinneren des Wirtes fest. Ihre Gestalt ist meist wurmförmig, Sinneszellen und Darm sind oft reduziert. Viele nehmen ihre Nahrung in Form von Körperflüssigkeiten des Wirtes direkt über die Haut auf. Eine hohe Vermehrungsrate (z. B. 60 000 000 Eier jährlich bei Spul- und Bandwürmern) sowie zusätzliche ein- und ungeschlechtliche Vermehrungsphasen sichern den Bestand der Population. Solche Generationswechsel können mit einem Wirtswechsel verbunden sein.

Sowohl Parasiten als auch Räuber mindern die Dichte ihres Wirtes bzw. ihrer Beute. Der Parasit ist anders als der Räuber stets viel kleiner als der zugehörige Wirt (Abb. 2) und weist eine viel größere Vermehrungsrate auf. Die Dichteregulation durch Parasiten kann die durch Räuber deutlich übertreffen.

Aufgaben

① Beschreiben Sie die Entwicklung des Rinderbandwurms (Abb. 1).

② Geben Sie Beispiele für die vielfältige Einnischung von Parasiten im Lebensraum Mensch.

③ Die Larven von Schlupfwespen entwickeln sich im Körperinneren von Schmetterlingsraupen. Beim Schlüpfen der Wespen gehen die Raupen zugrunde. Man zählt solche Schlupfwespen zu den Raubparasiten oder *Parasitoiden*. Grenzen Sie Parasitoide von Räubern bzw. Parasiten ab.

	Wirkung von Art A auf B	Wirkung von Art B auf A
Parasitismus	+	−
Räuber/Beute	+	−

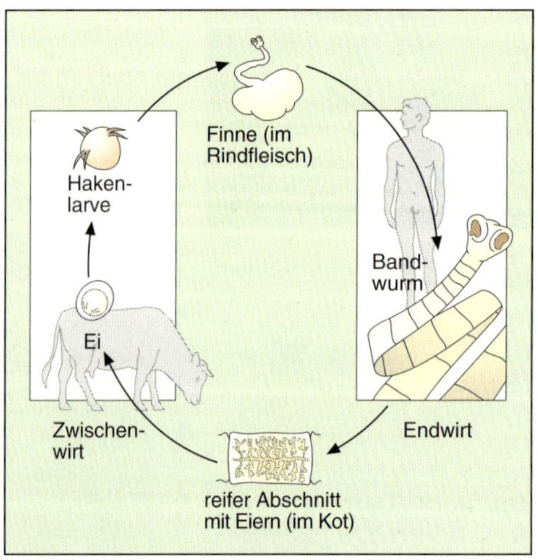

1 Entwicklung des Rinderbandwurms

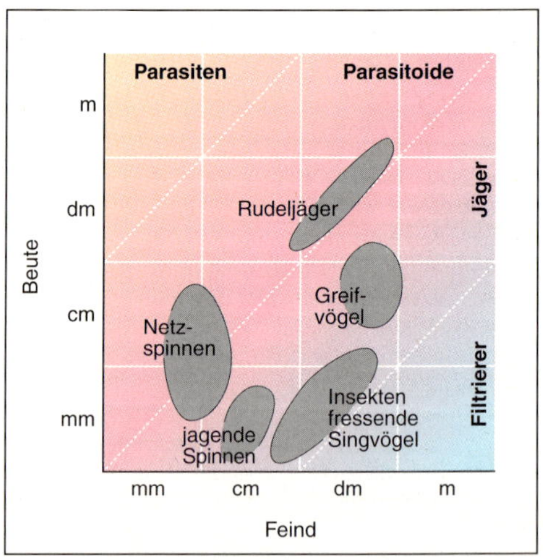

2 Größenverhältnis von Feind und Beute

Symbiose

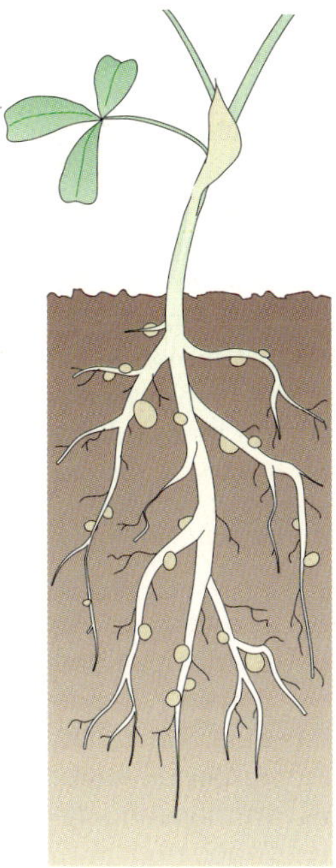

Bakterien der Gattung *Rhizobium* leben normalerweise als Zersetzer im Boden, sie können jedoch durch die Wurzelhaare von Hülsenfrüchtlern in deren Rindengewebe vordringen. Hier lösen sie Gewebswucherungen aus, die als *Knöllchen* bezeichnet werden (s. Randspalte). Innerhalb der Wirtszellen vermehren sie sich stark und verändern ihre Gestalt. Sie beziehen Kohlenhydrate von den Hülsenfrüchtlern, reduzieren mithilfe des Enzymsystems Nitrogenase den molekularen Stickstoff der Luft zu NH_4^+ und bilden daraus stickstoffhaltige Verbindungen. Diese Stoffe nutzt der Hülsenfrüchtler, indem er einen großen Teil der Bakterien auflöst und resorbiert. Trotzdem hat auch die Bakterienpopulation einen Vorteil, denn beim Absterben der Wirtspflanze kehren mehr Bakterien in den Boden zurück, als ursprünglich in die Pflanze eingedrungen waren. Sowohl für die Knöllchenbakterien als auch für die Hülsenfrüchtler erweist sich das Zusammenleben also als vorteilhaft.

Eine zwischenartliche Beziehung unter gegenseitigem Nutzen bezeichnet man als *Symbiose*. Die Verbindung der Symbiosepartner kann so eng sein wie bei den Flechten, bei denen einzellige Algen und Pilzhyphen derart miteinander verwoben sind, dass sie wie ein einziger Organismus erscheinen. Sie bringen zum Teil sogar gemeinsame Fortpflanzungseinheiten hervor, die die Gemeinschaft auch in der nächsten Generation sichern.

	Wirkung von Art A auf B	Wirkung von Art B auf A
Symbiose	+	+
Parabiose	+	0

Wechselseitiger Nutzen kann auch vorliegen, wenn die beteiligten Arten räumlich völlig voneinander unabhängig sind. Die Vielfalt der Blütenpflanzen und ihrer Bestäuber (Abb. 1) bietet dafür eine Fülle von Beispielen: Der bei windblütigen Pflanzen reichlich vorhandene Blütenstaub *(Pollen)* dient Tieren als Nahrung und macht sie zu zufälligen Bestäubern. Klebriger Pollen, die Darbietung von Zuckersaft aus Nektarien, optische Lockeinrichtungen und vielfältige Düfte erhöhen die Anziehungskraft der Blüte für Vögel, Insekten und Fledermäuse und so die Aussicht auf eine erfolgreiche Bestäubung. Farbe, Gestalt und Duft der Blüten sind bis auf das Feinste an die Fähigkeit der Bestäuber angepasst. Umgekehrt sind solche Bestäuber begünstigt, die ein entsprechendes Wahrnehmungsvermögen und spezielle Aufnahme- und Sammeleinrichtungen besitzen.

Aufgaben

① Von welchen anderen zwischenartlichen Beziehungen lassen sich folgende Symbiosen ableiten:
Blütenpflanze – Bestäuber, Knöllchenbakterium – Hülsenfrüchtler?

② Beschreiben Sie die Wechselbeziehungen zwischen den Symbiosepartnern einer Flechte.

③ Zwischenartliche Beziehungen, bei denen ein Partner Vorteile hat, der andere unbeeinflusst bleibt, bezeichnet man als *Parabiose*. Nennen Sie Beispiele.

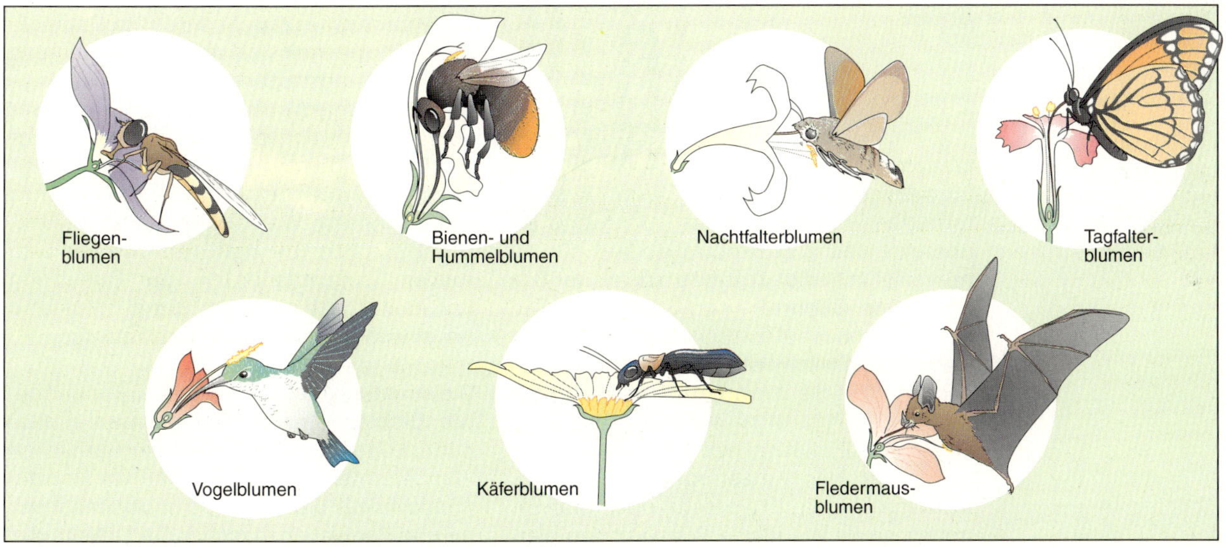

1 Symbiosen zwischen Blütenpflanzen und Bestäubern

Populationswachstum und Dichteregulation

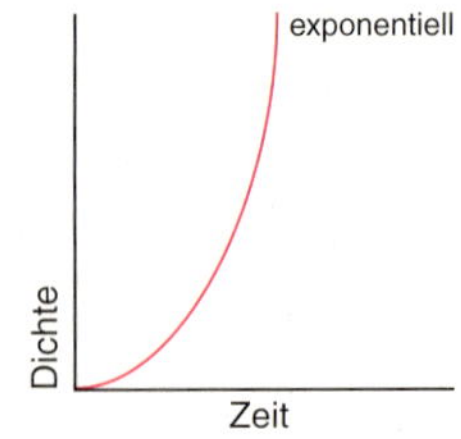

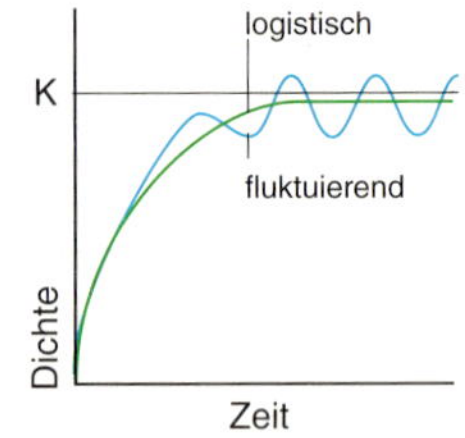

Modell einer Kaninchenpopulation:
$N_0 = 2$
Geburtenrate $b = 15$
Sterberate $d = 0$
Zuwachsrate $r = b - d = 15$

Gesamtanzahl nach 1 Jahr:
$N_1 = N_0 + rN_0 = (1 + r)\, N_0$

Gesamtanzahl nach 2 Jahren:
$N_2 = N_1 + rN_1 = (1 + r)\, N_1 = (1 + r)^2\, N_0$

Gesamtanzahl nach t Jahren:
$N_t = (1 + r)^t\, N_0$

Die Vermehrungsfreudigkeit der Kaninchen ist sprichwörtlich: Ein Weibchen kann bei optimalen Bedingungen im Jahr 5- bis 7-mal 4 bis 6 Junge bekommen; die Geschlechtsreife tritt mit 4 bis 5 Monaten ein und endet im Alter von 6 Jahren. Jährlich werden also von zwei Elterntieren im Mittel 30 Jungtiere geboren, die *Geburtenrate* (b) beträgt jährlich 15 Geburten pro Individuum. Innerhalb weniger Jahre folgt daraus rechnerisch eine große Kinder- und Kindeskinderschar (siehe Abbildung).

Das gilt selbst dann, wenn man berücksichtigt, dass von 100 Kaninchen jährlich beispielsweise 10 sterben, die *Sterberate* (d) also 0,1 Todesfälle pro Individuum beträgt. Solange die Geburtenrate die Sterberate übertrifft, wächst die Population ungebremst mit einer *Zuwachsrate* (r), der Differenz von Geburten- und Sterberate. Die Population wächst *exponentiell.* Bei dieser Betrachtung wurde allerdings davon ausgegangen, dass die Zuwachsrate nicht von der Dichte der Population abhängt. Dichteunabhängige Einflüsse, wie klimatische Bedingungen, und Katastrophen, wie Überschwemmungen, Erdrutsche oder Brände, treffen große wie kleine Populationen gleichermaßen.

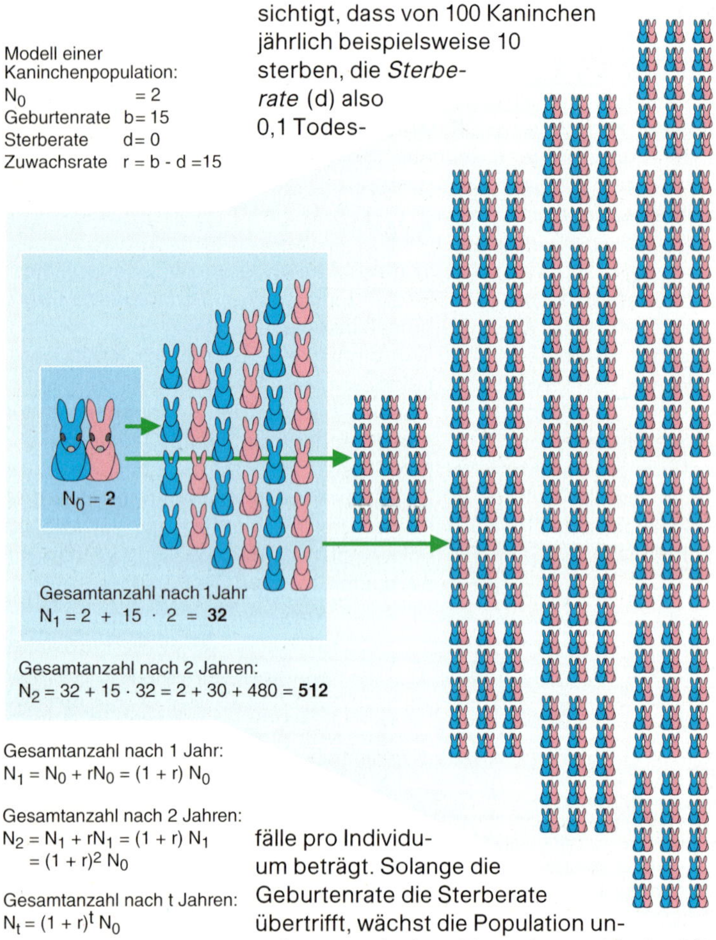

Tatsächlich wird die Zuwachsrate aber auch durch Faktoren beeinflusst, die von der Dichte der Population abhängen: Je größer der Kaninchenbestand, desto knapper sind Nahrung und Platz für das Individuum. Hunger wiederum schmälert den Fortpflanzungserfolg. Soziale Enge in überfüllten Bauen kann zur Auflösung von Embryonen vor der Geburt oder zur Unfruchtbarkeit führen. Oft wandert ein Teil der Kaninchenkolonie aus und legt anderswo einen neuen Bau an. Größere Dichte und zunehmende innerartliche Konkurrenz führen also zur Verringerung der Geburtenrate in einer Population.

Außerdem erhöht sich die Sterberate mit der Dichte der Kaninchen: Krankheiten und Parasiten breiten sich bei Überbevölkerung leichter aus, die Kaninchen werden schneller Opfer ihrer natürlichen Feinde, wie Fuchs, Bussard und Mensch. Zunehmend weniger Kaninchen erreichen das fortpflanzungsfähige Alter. Das Populationswachstum wird durch *dichteabhängige Einflüsse* kontrolliert.

Schließlich überlebt durchschnittlich von jedem Individuum nur noch ein Nachkomme und wird seinerseits wieder durch einen fortpflanzungsfähigen Nachkommen ersetzt. Jetzt hat die Population eine Größe erreicht, die als tragbar für den betreffenden Lebensraum angesehen werden kann. Dieser Wert wird als *Umweltkapazität* (K) bezeichnet. Die *logistische Kurve* spiegelt ein solches Wachstumsverhalten wider (s. Randspalte).

Freilandbeobachtungen zeigen, dass der Wert K im Allgemeinen nicht allmählich *(asymptotisch)* erreicht wird. Die Populationsdichte pendelt sich vielmehr fluktuierend darauf ein und zeigt natürliche Schwankungen unterschiedlicher Ursache. Man spricht vom *Massenwechsel* der Population. Steigt die Populationsgröße zu rasch über K hinaus, können einzelne Ressourcen in nicht ausgleichbarer Weise verbraucht werden. Unter solchen Bedingungen kann es zum totalen Zusammenbruch der Population kommen. Die logistische Kurve stellt also nur eine modellhafte Vereinfachung dar.

Die strukturellen Merkmale einer Population, wie Dichte, Alterszusammensetzung, Geburten- und Sterberate, sind einem zeitlichen Wandel unterworfen, den man als *Populationsdynamik* bezeichnet. Populationsstruktur und Populationsdynamik sind Inhalte der *Populationsökologie (Demökologie).*

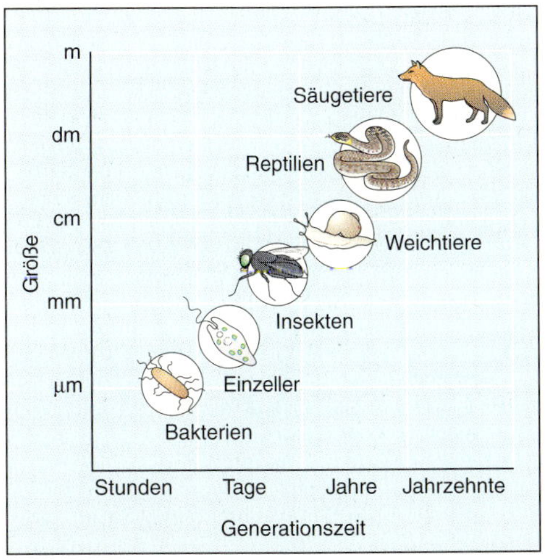

1 Größe und Generationszeit

In der Kaninchen-Modellpopulation hat sich nach einigen Jahren nicht nur die Anzahl der Individuen, sondern auch die *Biomasse* der Population deutlich vergrößert. Jede Population kann den jährlichen Zuwachs an Biomasse entweder hauptsächlich für das individuelle Wachstum oder für die Vermehrung einsetzen. Große, schwere Tiere haben meistens weniger und seltener Nachkommen als kleinere (Abb.1). Große Tiere sind andererseits körperlich überlegen, was ihre Konkurrenzfähigkeit erhöht. Umgekehrt können kleine Tiere durch eine große Zuwachsrate Dichteverluste rasch ausgleichen. Welche Eigenschaften für das Überleben im Einzelfall wichtiger sind, hängt von den Bedingungen des jeweiligen Lebensraumes ab.

In gleichförmigen Lebensräumen mit geringen zeitlichen und räumlichen Veränderungen (Wald, Korallenriff) sind Lebewesen mit hoher Konkurrenzfähigkeit und langer Generationsdauer begünstigt. Ihre Zuwachsrate ist zwar niedrig, aber durch Brutfürsorge oder -pflege kann die Jungensterblichkeit gesenkt werden. Die Dichte reguliert sich allmählich bei Werten ein, die in der Nähe der *Umweltkapazität* (K) liegen. Man bezeichnet sie daher als *K-Strategen*. Vorhandene Energiequellen werden effektiv genutzt. Gleitflieger, wie der Kondor oder große tropische Schmetterlinge, sind typische K-Strategen. Fällt die Populationsdichte jedoch weit unter K, können K-Strategen unter Umständen aussterben.

Kurzlebige, schwankungsreiche Lebensräume, z. B. Kahlschläge und Regenpfützen, werden dagegen oft von Lebewesen mit einer hohen *Zuwachsrate* (r) bewohnt. Man bezeichnet diese als *r-Strategen*. Sie zeichnen sich durch große Fruchtbarkeit und kurze Generationszeit aus. Sie haben in jedem Alter und bei jeder Dichte eine hohe Sterberate. Selbst bei geringer Dichte garantieren verschiedene Mechanismen die Partnerfindung, sodass sich der Bestand erholen kann. Wegen ihrer guten Beweglichkeit oder durch Ausbildung leicht transportierbarer Dauerformen können r-Strategen günstigere Lebensräume erreichen. Sie sind daher häufig Pionierbesiedler.

Biomasse
Organische Substanz in einem Ökosystem, gemessen in g pro Flächen- bzw. Volumeneinheit

Aufgaben

① Stellen Sie typische Merkmale von r- und K-Strategen tabellarisch gegenüber.

② Zwischen r- und K- Strategen gibt es Übergänge. Erläutern Sie das an diesem Beispiel: Wasserflöhe vermehren sich massenhaft eingeschlechtlich *(parthenogenetisch)*, Überbevölkerung und verschlechterte Lebensbedingungen lösen die Bildung befruchteter Dauereier aus.

③ Ergänzen Sie in der Randabb. die Zuwachsrate r. Interpretieren Sie die Kurve.

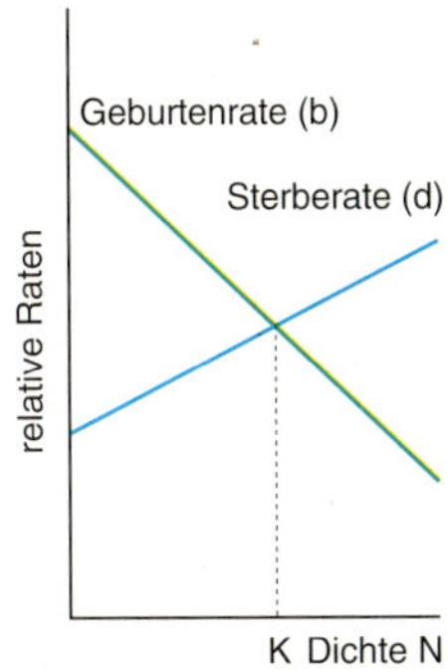

r- und K-Strategen

Anpassungen auf Populationsebene werden oft als *Strategien* bezeichnet. Dieser Begriff ist der Spieltheorie entlehnt und soll hervorheben, dass es dabei weniger auf den Fortbestand des einzelnen Individuums (Spielfigur, z. B. Bauer oder Turm) als auf den der Population (Spielfarbe, z. B. Schwarz oder Weiß) ankommt. Da im Strategiebegriff eine „vorausschauende Planung" mitschwingt, ist er jedoch etwas missverständlich. Folgende Modelle beschreiben das Populationswachstum:

Wirken keine Wachstumsbegrenzungen auf die Population ein, kommt pro Zeiteinheit ein r-Faches zur vorherigen Dichte hinzu, die Population wächst exponentiell: $N_{t+1} = N_t + rN_t$
Dieses Modell trifft am ehesten auf die r-Strategen zu.

In der Natur kann eine Population nur so lange wachsen, wie zwischen der erreichten *Individuenanzahl* (N) und der *Kapazität der Umwelt* (K) noch eine Differenz besteht. Je kleiner diese Differenz wird, desto langsamer schreitet das Wachstum voran, r ist also dichteabhängig. Die Population wächst logistisch: $N_{t+1} = N_t + rN_t\,((K-N)/K)$

Bei geringer Dichte, also N gegen 0, nähert sich der dichteabhängige Faktor $((K-N)/K)$ dem Wert 1, das Wachstum nimmt exponentiell zu. Nähert sich die Dichte N der Kapazität K, wird der Faktor bei $N = K$ schließlich 0, dann gilt $N_{t+1} = N_t$, die Dichte bleibt unverändert.

Differenzgleichungen kann man nur bei schrittweisem Populationswachstum, also z. B. bei jährlichen Generationen, als Modell benutzen. Für kontinuierlich wachsende Populationen muss man Differentialgleichungen verwenden.
$dN/dt = rN$ exponentiell
$dN/dt = rN\,((K-N)/K)$ logistisch

Feind und Beute

In den Wachstumskurven wurden Populationen isoliert betrachtet. Tatsächlich beeinflussen Konkurrenten, Feinde und Nahrungsangebot die Populationsdichte in vielfältiger Weise. Abbildung 1 zeigt den Jahresgang in der Dichte zweier Arten aus der thüringischen Saale. Der untersuchte Raubringelwurm ernährt sich hauptsächlich von Wimpertierchen. Einem Absinken der Beutetierdichte entspricht ein Ansteigen der Feinddichte und umgekehrt. Man spricht von *Dichtefluktuationen* oder vom *Massenwechsel* der Arten.

LOTKA und VOLTERRA versuchten erstmals, so ein Feind-Beute-System mathematisch zu erfassen. Inzwischen wurde ihr Ansatz mehrfach verändert und verbessert.
Sie setzten, bewusst vereinfachend, voraus:
- Je mehr Beuteorganismen zur Verfügung stehen, desto mehr Feinde werden geboren.
- Je mehr Feinde einer Beute nachstellen, desto mehr Beuteorganismen sterben.

Grafisch ergeben sich unter diesen Bedingungen tatsächlich fluktuierende Dichtekurven, aus denen sie diese Regeln ableiteten:
- **Lotka-Volterra-Regel 1:** Feind- und Beutedichte schwanken periodisch, dabei sind die jeweiligen Maxima phasenweise verschoben.
- **Lotka-Volterra-Regel 2:** Trotz Schwankungen bleiben die Durchschnittsgrößen von Feind- und Beutepopulation bei unveränderten Bedingungen langfristig konstant.

Rückschlüsse auf die Ursachen der Fluktuationen kann man aus dieser Betrachtung allerdings nicht ziehen. Werden die Beuteorganismen seltener, weil der Feind so viele frisst, weil ihre eigene Nahrung knapper wird oder weil sich andere Umweltfaktoren geändert haben? Sinkt die Feinddichte, weil die Beutedichte sinkt oder aus anderen, nicht erfassten Gründen? Hier können nur ökologische Experimente Aufschluss geben: Wie verändert sich die Dichte der Beuteorganismen bei Ausschluss der Feinde? Wie verändert sich die Dichte der Feinde bei konstanter Beutedichte?

Nur selten treffen die vereinfachenden Voraussetzungen der Lotka-Volterra-Regeln zu: Eine Feindart ist meist nicht auf nur eine Beuteart spezialisiert, Beuteorganismen werden oft von verschiedenen Feindarten verfolgt und stellen vielfach ihrerseits anderer Beute nach. Außerdem können sich viele Beuteorganismen verstecken oder tarnen und so dem Zugriff der Feinde entgehen.

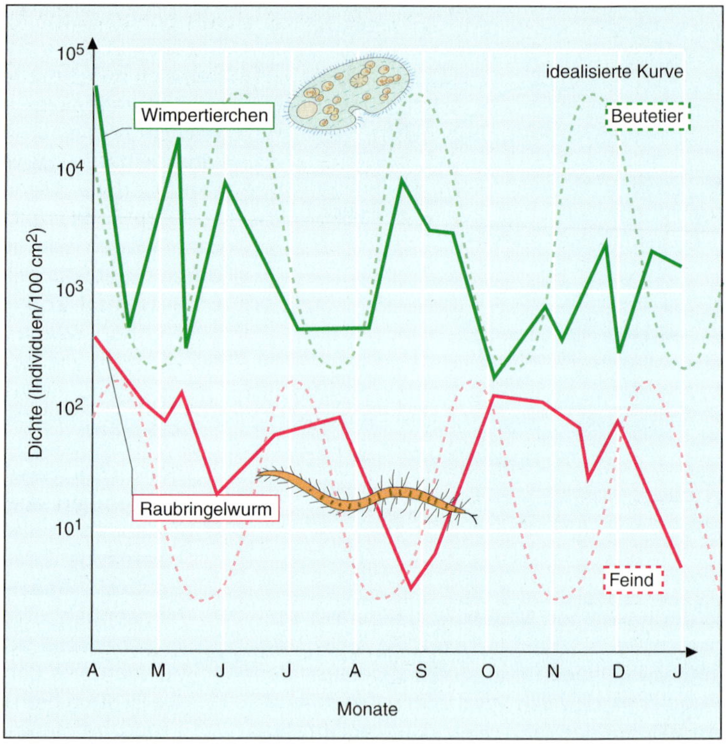

1 Dichtekurven von Feind (Ringelwurm) und Beutetier (Wimpertierchen)

Ein Beispiel: Der Habicht erbeutet in Georgia (USA) unter anderem Wachteln und Nagetiere. Bei den Nagetieren stehen wiederum Wachteleier auf dem Speiseplan. Solange die Wachteln sich verstecken können, kann der Habicht den Bestand nicht gefährden. Er schlägt nur diejenigen Wachteln, für die keine Versteckplätze vorhanden sind sowie die alten und schwachen Vögel, also den „Überschuss" der Population. Zusätzlich jagt er Nagetiere. Durch den Ausfall dieser Nesträuber vergrößert sich der Bruterfolg der Wachteln und mehr Vögel wachsen als Beute für den Habicht nach. Wenn sich ein Jäger als Konkurrent des Habichts mehr Wachteln in seinem Jagdrevier wünscht, sollte er nicht den Habicht schießen, sondern die Landschaft so gestalten, dass sie mehr Versteckraum für die Wachteln bietet.

Aufgabe

① Versteckplätze vermindern die Feind-Beute-Kontakte. Erklären Sie anhand der Randabbildung, wie sich das auf die Dichte von Feind und Beute auswirkt.

Feind
Konsument, z.B. Räuber, Parasit oder Pflanzenfresser

Beuteorganismus
Konsumierbarer Organismus, z.B. Beutetier, Wirt oder Pflanze

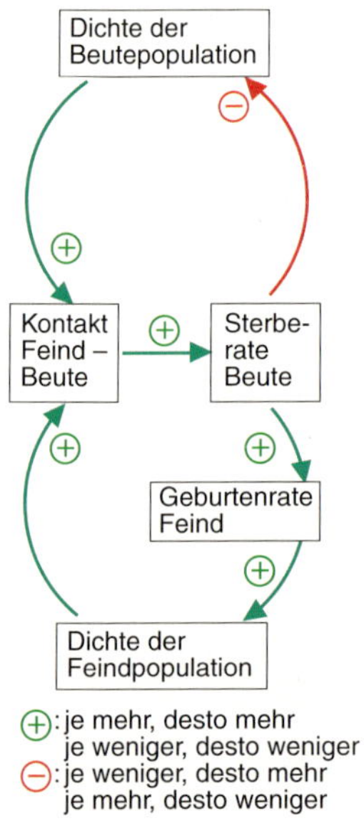

Beutewechsel des Luchses in Neufundland

Auf der 110 000 km^2 großen Insel Neufundland im Osten Kanadas leben nur wenige Säugetierarten. Der arktische Schneehase und das Karibu, eine kanadische Unterart des Rentiers, gehören zu den fünf heimischen Pflanzenfressern, Waldwolf und Luchs zu den neun räuberischen Arten. Bis in die Mitte des letzten Jahrhunderts war der Waldwolf Hauptfeind von Karibu und Schneehase. Die Wölfe hetzen die Karibus nur tagsüber auf offenem Gelände. Mit der Größe der Karibuherde wächst ihre Wachsamkeit und Fluchtbereitschaft, sodass nur schwache oder kranke Tiere nicht fliehen können. Der damalige Karibubestand wird auf 40 000 Individuen geschätzt. Schneehasen haben schmale Pfoten und können ihren Verfolgern am besten auf festem Schnee, also in höheren Gebirgslagen, entkommen. Bis auf leichte Fluktuationen war die Dichte der drei Arten konstant *(Stadium I vor 1890)*.

Im Jahre 1864 wurde der Schneeschuhhase auf der Insel eingeführt. Er ist dank seiner verbreiterten Pfoten auch auf Pulverschnee beweglich. Er vermehrte sich rasch und bot den Luchsen leichte Beute – der Luchsbestand wuchs. Zum gleichen Zeitpunkt wurde der Wolf ausgerottet *(Stadium II, bis 1910)*. Um 1915 brach die überbevölkerte Schneeschuhhasenpopulation zusammen und die jetzt zahlreichen Luchse jagten vermehrt Schneehasen. Diese wichen in die Gebirgsregion aus und sind selten geworden. Umsiedlungsversuche von Schneehasen auf andere Inseln zeigten, dass sie sich ohne Konkurrenz durch Schneeschuhhasen und ohne Verfolgung durch Luchse maximal vermehrten. Auf Inseln ohne Luchse, aber mit Schneeschuhhasen, war ihre Vermehrung leicht eingeschränkt.

Im Jahre 1925 starben 70 % der Karibukälber in den ersten vier Lebensmonaten. Bei Kadavern stellte man infizierte Halswunden fest, die von Luchsangriffen stammten. Insbesondere waren männliche Kälber betroffen, die eher dazu neigen, sich von der Herde zu entfernen. Luchse können es nur mit einzelnen, kleinen Tieren aufnehmen und lauern ihrer Beute nachts auf. Die Wachsamkeit der Herde ist damit wirkungslos.

Die Schneeschuhhasenpopulation erholte sich wieder und zeigte von nun an Bestandsschwankungen im 10-Jahres-Rhythmus. Bei jedem „Hasengipfel" jagt der Luchs vermehrt Schneeschuhhasen, die Karibudichte nimmt zu. Sobald die Schneeschuhhasen knapper werden, weicht der Luchs wieder auf Karibukälber aus. So pendelt sich ein Rhythmus ein, dessen Takt von der Schneeschuhhasenpopulation bestimmt wird *(Stadium III, seit 1930)*.

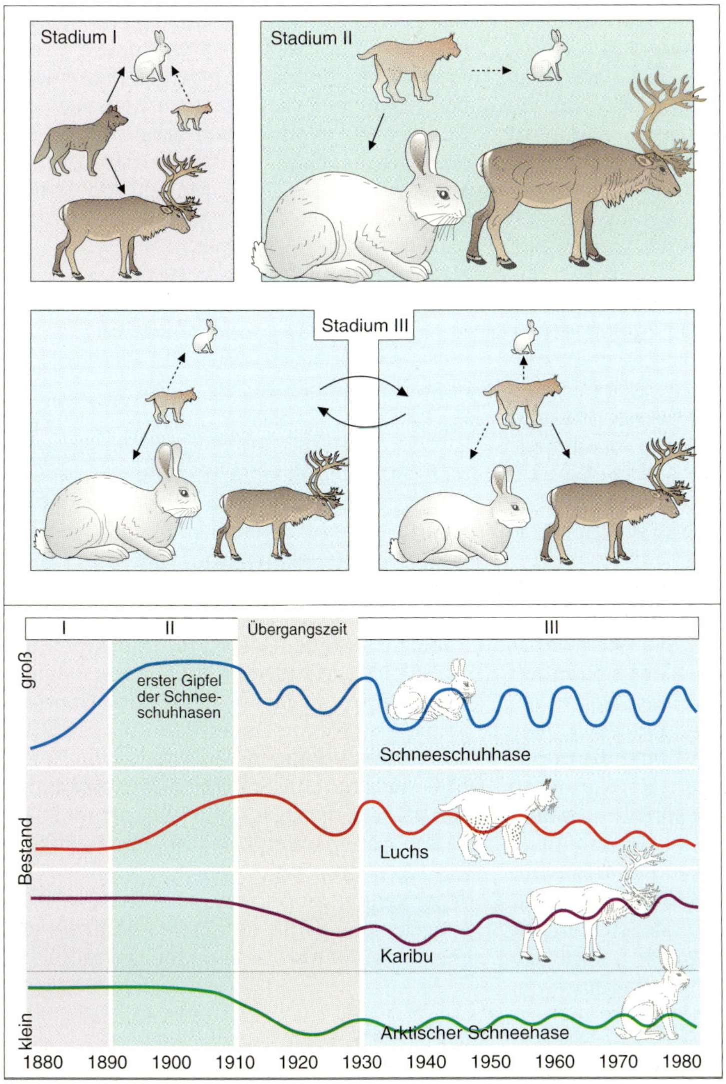

1 Feind-Beute-Beziehungen

Aufgaben

① Erörtern Sie, wie sich eine Zunahme der Populationsdichte der Schneeschuhhasen auf die Dichte der Karibus bzw. Luchse auswirkt.

② Beschreiben Sie die Rolle des Luchses im Nahrungsnetz der Säuger Neufundlands.

Populationswachstum bei Ernteschädlingen

Australien 1859. Für das sonntägliche Jagdvergnügen werden zwei Dutzend englische Wildkaninchen nach Australien importiert und ausgewildert. Die Kaninchen finden günstige Ernährungsbedingungen und keine räuberische Arten oder Parasiten vor. Um 1900 sind Victoria und Queensland von Kaninchen überschwemmt, wenige Jahre später der gesamte australische Kontinent.

Fünf bis sieben Kaninchen verzehren so viel wie ein Schaf. Die Einbußen in der Schafzucht waren schließlich so groß, dass man mit allen Mitteln versuchte, der Plage Herr zu werden. Man vergiftete Wasserstellen, aber die überlebenden Kaninchen konnten den Bestand immer wieder auffüllen. Man führte die natürlichen Feinde der Kaninchen, Fuchs und Iltis, aus Europa ein. Diese verfolgten zwar die Kaninchen, bevorzugten jedoch die australischen Vögel und rotteten mehrere Arten aus. Erst 1950 hatte man nachhaltige Erfolge durch die Infektion von Kaninchen mit Myxomatoseviren. Inzwischen gibt es jedoch myxomatoseresistente Kaninchen, sodass die Population sich wieder vergrößert. Die Kaninchen, die der Mensch selbst in das Land gebracht hat, kann er nun nicht wieder loswerden.

Der Kampf der Menschheit gegen Ernteschädlinge ist so alt wie Ackerbau und Landwirtschaft selbst. Noch heute geht mehr als ein Drittel der landwirtschaftlichen Produktion durch Schädlinge verloren, das ist der gleiche Anteil wie vor 100 Jahren. Die Gesamtproduktion hat sich zwar vergrößert, die Größe der zu ernährenden Weltbevölkerung aber ebenfalls.

Sehr viel häufiger als Wirbeltiere werden Gliedertiere zu Schädlingen. Die Charakteristik ist immer die gleiche: Einer hohen natürlichen Geburtenrate steht eine durch veränderte Umweltfaktoren verringerte Sterberate gegenüber. Dadurch wächst die Population so stark, dass sie zum Konkurrenten von Mensch oder Nutztier wird. Aus einem unauffälligen Organismus ist ein Schädling geworden. Schädlingsbekämpfung bedeutet meistens eine Erhöhung der Schädlingssterberate. Die Maßnahmen reichen vom Absammeln und Vernichten z. B. von Kartoffelkäfern *(mechanische Schädlingsbekämpfung)* über den Gifteinsatz *(chemische Schädlingsbekämpfung)* bis hin zu der Einführung von Krankheitserregern, Parasiten und Räubern (*biologische Schädlingsbekämpfung*).

Kahlfraß durch Schwammspinnerraupen

Die Geburtenrate ist wesentlich schwerer zu beeinflussen, aber auch hier wurden Erfolge erzielt, z. B. durch die Fütterung von Hormonen bei Tauben oder durch das Aussetzen von sterilen Individuen in Schädlingspopulationen. Je spezifischer die Bekämpfung auf den Schädling wirkt, desto erfolgreicher wird sie sein. Daher sind umfangreiche Voruntersuchungen nötig.

Den Misserfolg bei der biologischen Kaninchenbekämpfung durch die Füchse hätte man voraussagen können: sie sind nicht auf Kaninchen spezialisiert, sondern haben ein breites Beutespektrum.

Misserfolge mit chemischen Mitteln *(Pestizide)* sind ebenfalls oft vorhersehbar: Gifte, wie DDT oder Azodrin, wirken als lipidlösliche Kontaktmittel auf das Nervensystem ein, sie töten Schadinsekten sowie deren Feinde gleichermaßen (Abb. 37. 2). Wegen der höheren Zuwachsrate erholt sich die Schadinsektenpopulation schneller als die des Feindes. Das lässt sich bereits aus dem einfachen Feind-Beute-Modell von Lotka-Volterra schließen (Abb. 37. 1).

Lotka-Volterra-Regel 3: Vermindert man Feind- und Beutedichte gleichermaßen, zum Beispiel durch Jagd oder Gifteinsatz, so erholt sich die Beutepopulation stets vor der Feindpopulation, da ihre Zuwachsrate größer ist.

Mehr noch: Pestizide verschonen gerade diejenigen Schädlinge, welche aufgrund innerartlicher Variablilität unempfindlich gegenüber der Giftwirkung sind. Selbst ein minimaler Anteil resistenter Individuen setzt sich genetisch nach einigen Generationen in der Population durch. Gefürchtet sind außerdem die Rückstände schwer abbaubarer Pestizide, die in Grundwasser, Boden und Nahrung gelangen können. Gesetzliche Vorschriften kontrollieren daher die Zulassung von Pestiziden und durch Höchstmengenverordnungen werden die zulässigen Rückstandsmengen in Lebensmitteln festgelegt. Pestizide werden nach den zu bekämpfenden Schadorganismen gruppiert: *Insektizide* wirken zum Beispiel gegen Insekten, *Fungizide* gegen Pilze und *Herbizide* gegen Unkräuter.

Aufgabe

① Warum kann die Einbürgerung neuer Arten so weitreichende Folgen haben?

Alternativen zur chemischen Schädlingsbekämpfung

Vor etwa 100 Jahren wurden kalifornische Orangenplantagen durch eine australische Schildlausart fast vernichtet. Erst als der natürliche Feind der Schildläuse, ein Marienkäfer, aus Australien „nachgeholt" wurde, konnten die Schädlinge allmählich unter Kontrolle gebracht werden. Vor 50 Jahren musste der Marienkäfer allerdings ein zweites Mal importiert werden: Insektizide hatten ihn völlig ausgerottet, während die Schildläuse schnell wieder einen schädlichen Bestand entwickelt hatten.

Inzwischen hat sich die Einschleusung von Bakterien und Viren bei der Bekämpfung von Forstschädlingen, wie Nonne, Schwammspinner und Fichtenblattwespe, bewährt. Bei dieser *biologischen Schädlingsbekämpfung* muss durch Voruntersuchungen gesichert sein, dass eingeführte Feinde und Parasiten nach Dezimierung des Schädlings nicht auf andere Arten übergreifen.

Auf viele Insekten wirken gelbe Farbschalen oder Duftstoffe anlockend. Dadurch kann die Intensität des Schädlingsbefalls geprüft und der richtige Zeitpunkt des Pestizideinsatzes bestimmt werden. Die *integrierte Schädlingsbekämpfung* ist eine sinnvolle Kombination verschiedenster Methoden mit dem Ziel, so wenig Pestizide wie möglich einzusetzen.

Viele Wildpflanzen werden von Pflanzenfressern gemieden, da sie nicht schmecken oder sogar giftig sind. Oft lässt sich diese Eigenschaft auf eine bestimmte chemische Verbindung, ein *Endotoxin*, zurückführen. Gelingt es, die Basensequenz des zugehörigen Gens herauszufinden, so kann man es gentechnisch auf Kulturpflanzen übertragen. Die Kulturpflanze bildet jetzt das artfremde Endotoxin und ist vor Fraß geschützt *(gentechnische Schädlingsbekämpfung)*. Endotoxine wirken hochspezifisch und gelangen nicht in den Boden. Vor einer Zulassung muss jedoch geprüft werden, wie sie sich auf die Produktqualität auswirken und wie sie sich im Nahrungsnetz verhalten. Langfristig ist auch hier eine Resistenz der Schädlinge nicht auszuschließen.

Man kann Schädlinge auch *ökologisch* bekämpfen, indem man Lebensräume für ihre natürlichen Feinde schafft. Dazu genügt oft schon das Anpflanzen von Hecken, denn hier finden viele Insekten fressende Vögel Nistmöglichkeiten. Brachland und Wiesen mit Wildkräutern und Büschen beherbergen eine Vielzahl von Organismen, die Massenvermehrungen einzelner Arten verhindern helfen.

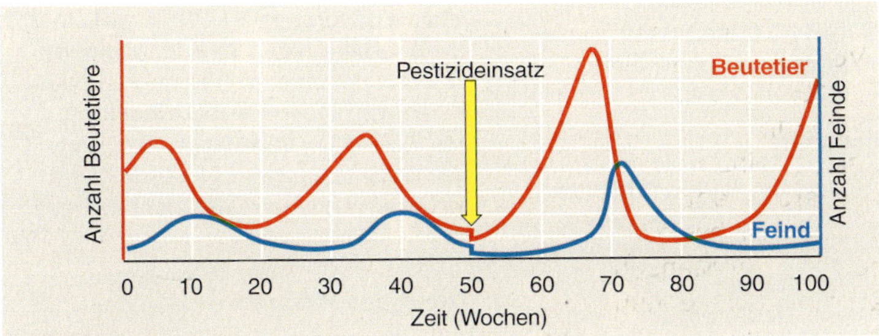

1 Computersimulation eines Feind-Beute-Systems mit Gifteinsatz

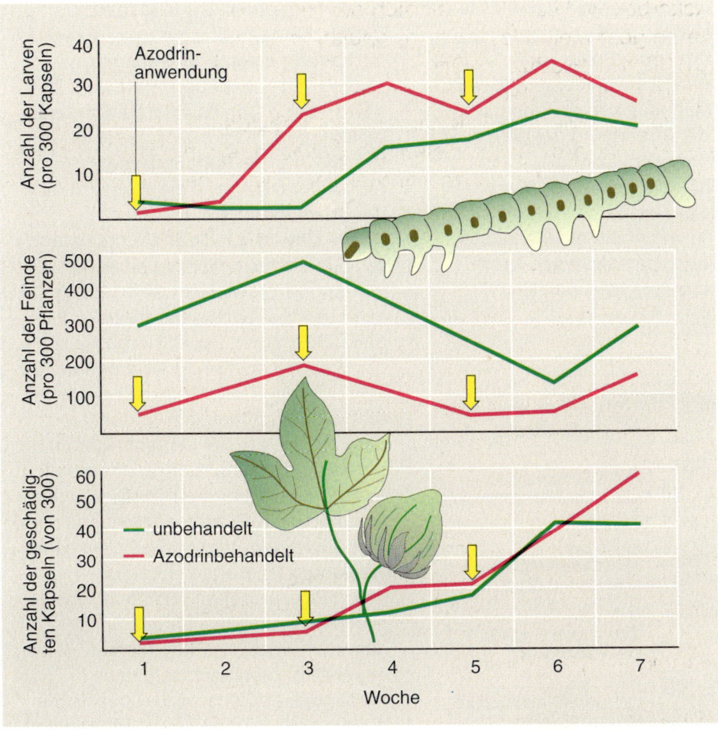

2 Azodrineinsatz in einer Baumwollplantage

Aufgaben

① Die als „Baumwollwurm" bezeichneten Larven des Eulenfalters schädigen die Kapseln der Baumwolle und vermindern die Ernte. Ist die chemische Bekämpfung mit dem Pestizid Azodrin erfolgreich? Welche Bedingungen weichen von den Vereinfachungen des Modells ab?

② Beurteilen sie die Begriffe „Schädling" und „Nützling" aus ökologischer Sicht.

Lexikon
Lexikon
exikon
xikon
ikon
kon
on

Weitere Mittel der Schädlingsbekämpfung

Aufgrund der Erfahrungen aus gut 100 Jahren chemischer Schädlingsbekämpfung sind die Zulassungsbeschränkungen für neue Pestizide heute deutlich verschärft: Ihre biologische und toxikologische Wirkung sowie ihr Abbau- und Rückstandsverhalten in der Umwelt müssen überprüft werden. Die Hersteller befinden sich dabei in einem Zielkonflikt zwischen Wirksamkeit und Verträglichkeit (s. Abb. unten). Daher ist die Entwicklung neuer Pestizide nicht nur zeitaufwendiger, sondern auch sehr viel teurer geworden, sodass sich ökologische und ökonomische Forderungen nach alternativen Methoden allmählich annähern. Man versucht nicht nur gänzlich neue Wege zu gehen, sondern besinnt sich auch auf traditionelle Maßnahmen.

Naturstoffe

Schon 500 v.Ch. verstanden es die Perser, aus einer bestimmten Chrysanthemenart das Bioinsektizid *Pyrethrum* zu gewinnen, welches Kulturpflanzen vor Pflanzenfressern schützt. Aber erst um 1840 entdeckte man die Insekten bekämpfende Wirkung dieses „persischen Pulvers" auch in Westeuropa. Allerdings weist der Naturstoff eine geringe Lichtbeständigkeit auf. *Pyrethroide* sind biochemisch verwandte, synthetische Insektizide, die länger wirksam sind. Gegen Blattläuse setzte man im ersten Drittel dieses Jahrhunderts vorzugsweise Nikotinbrühen ein, die aus Tabakresten gewonnen wurden. Im Gartenbau haben sich Brennnesseljauchen bewährt. Allerdings müssen auch Naturstoffe hinsichtlich ihrer Verträglichkeit überprüft werden.

Natürliche Feinde

Der Einsatz natürlicher Feinde gegen bestimmte Ernteschädlinge ist heute weit verbreitet: Schlupfwespen gegen weiße Fliegen, Maiszünsler und Wickler gegen Obstschädlinge, Raubmilben gegen Spinnmilben, Florfliegen und Marienkäferlarven gegen Blattläuse. Die Eier dieser Insekten kauft man auf kleinen Behältern (Eikärtchen). Diese werden in Pflanzenkulturen verteilt.

Sexuallockstoffe

Auf den deutschen Hormonforscher Adolf Butenandt (Nobelpreis 1939) geht die Verwendung von Sexuallockstoffen *(Pheromonen)* im Pflanzenschutz zurück. Heute werden diese chemisch synthetisiert. Sie werden z. B. als Lockmittel in Borkenkäferfallen eingesetzt, um die Befallsdichte zu messen und die Notwendigkeit eines Insektizideinsatzes zu prüfen. Werden Ampullen mit dem Sexuallockstoff des Traubenwicklers im Weinberg verteilt, sind die Männchen so desorientiert, dass sie die Duftspuren der Weibchen nicht mehr finden. Der Fortpflanzungserfolg wird stark gemindert. Durch die Duftstoffe der weiblichen Getreideblattlaus werden nicht nur die Männchen, sondern auch parasitoide Schlupfwespen angelockt, die den Bestand vermindern.

Resistenzzüchtung

Alle Kulturpflanzen entstanden durch Zuchtwahl aus Wildformen. Im Laufe von Generationen verloren sie oft Merkmale, die ihre nicht kultivierten Verwandten vor Fraß und Erkrankung schützten. Durch gezielte Kreuzung mit Wildformen lassen sich Resistenzgene wieder in die Kulturpflanzenpopulation einbringen. Die Wildformen der Kulturpflanzen stellen so ein bedeutsames genetisches Reservoir für die Schädlingsbekämpfung dar.

Bakterien

Ein Kartoffelkäferweibchen legt pro Jahr 1500 Eier, aus denen gefräßige Larven schlüpfen. Für sie sind Kartoffelfelder ein „gefundenes Fressen". Kartoffelkäfer und ihre Larven können von spezifischen Bakterien befallen werden, die die Darmwand zerstören und sie dadurch töten. Bringt man Sporen der Bakterien auf Kartoffelfeldern aus, so kann man die Vermehrung des Käfers verhindern. Andere Insekten, wie Florfliegen und Marienkäfer, werden nicht beeinflusst. Neuerdings treten aber vermehrt resistente Käfer auf.

Transgene Pflanzen

Im April 1993 hat das Bundesgesundheitsministerium zum ersten Mal Freilandversuche mit transgenen Zuckerrüben genehmigt. Sie sind resistent gegenüber dem Erreger der „Wurzelbärtigkeit", einer Viruskrankheit, die durch Bodenpilze übertragen wird. Das übertragene Gen bewirkt die Synthese eines viralen Hüllproteins, welches eine Erkrankung der Rübenpflanze vortäuscht und dadurch die Vermehrung der Viren verhindert. Um die erfolgreiche Übertragung der Virusresistenz auf Zuckerrübenpflanzen erkennen zu können, wird gleichzeitig ein „Marker", in diesem Fall ein Herbizidresistenzgen, übertragen: Durch Herbizideinsatz findet man nun die transgenen Rüben in der Kultur und kann sie dann für die Freilandversuche vermehren. Ein Problem bei der gentechnischen Schädlingsbekämpfung ist das mögliche „Entweichen" der transformierten Gene, wenn z. B. transgene Rüben verwildern oder transgene Pollen nahe verwandte Wildformen bestäuben und deren Eigenschaften und die der betroffenen Population ändern. Im genannten Beispiel ist das „Marker"-Gen besonders problematisch, denn für Träger dieses Gens ist die spezifische Wirkung der Herbizide aufgehoben. Ein neues „Unkraut" wäre entstanden.

Forderungen an ein Pflanzenschutzmittel bedingen

Vorteile		Nachteile
Gezielte Anwendung, bester Schutz für Nützlinge	← Für jeden Schädling ein spezifisch wirkendes Mittel →	Hohe Forschungs- und Entwicklungskosten
Geringes Rückstandsrisiko für Boden, Wasser und Lebensmittel	← Schnellstmögliche Abbaubarkeit →	Keine Dauerwirkung, daher Mehrfachanwendung nötig
Besserer Abbau durch Mikroorganismen	← Wasserlöslichkeit →	Gefahr des Eintrags ins Grundwasser
Geringes Risiko des Eintrags ins Grundwasser	← Anlagerung an Bodenbestandteile (Adsorption) →	Langsamer Abbau durch Mikroorganismen, Anreicherung im Boden

Lexikon
Lexikon
exikon
xikon
ikon
kon
on

Tarnung und Warnung

Kann ein Lebewesen seinem Feind durch Flucht nicht entgehen, bleibt nur noch die Chance, sich zu verstecken oder zu verteidigen. Im ersten Fall erweist sich ein unauffälliges Erscheinungsbild, eine *Tarnung*, als vorteilhaft, im zweiten ist ein auffallendes Äußeres günstiger, welches dem Feind Ungenießbarkeit oder Wehrhaftigkeit signalisiert. Alle genannten Mechanismen können die Dichteminderung durch Feinde zwar nicht verhindern, aber doch verringern. Auffällige und unauffällige *Trachten* entstehen im Wechselspiel von Mutation und Selektion.

Umgebungstracht

In einem Aquarium entdeckt man *Schollen* oft erst auf den zweiten Blick, da sie die Färbung ihrer Haut durch Farbzellen mit verschiebbaren Pigmenten *(Chromatophoren)* gut an den Untergrund anpassen können. Sogar künstliche Punktmuster werden nachgebildet. Die Streifenzeichnung des Zebras fällt in der Umgebung des Zoos zwar auf, zerfließt in der natürlichen Umgebung, der Steppe, aber mit den Lichtreflexen in der Landschaft. Wüstentiere sind oft sandfarben, Polartiere fast immer weiß gefärbt.

Mimese (Nachahmungstracht)

Werden unbedeutende Objekte der Umgebung täuschend ähnlich nachgeahmt, spricht man von *Mimese*. Viele Insekten sind *Blattnachahmer* (z. B. Wandelndes Blatt), andere *Zweignachahmer* (z. B. Spannerraupe). Seltener ist die Mimese bei Pflanzen: *„Lebende Steine"* werden von Straußenvögeln leicht übersehen.

Schrecktracht

Die meisten *Nachtfalter* und Heuschrecken zeigen in Ruhestellung eine unauffällige Tarnfärbung. Fühlen sie sich gestört, können sie plötzlich ihre Haltung verändern und auffällige Zeichnungen, z. B. Augenflecken, zur Schau stellen. Optisch orientierte Feinde werden verschreckt, da sie die Augen einem Vogel oder einer Schlange zuordnen.

Warntracht

Im Experiment wird der *Jakobskrautbär* von verschiedenen Vögeln, Fröschen, Kröten, Zauneidechsen und von Affen ausgespuckt und von nun an nicht mehr angerührt. Durch seine rote Farbe ist er leicht erkennbar, seine Raupen zeigen eine schwarzgelbe Streifenzeichnung. Versuche zeigen, dass der Körpersaft des Jakobskraut-

bären giftig ist. Viele weitere übel schmeckende oder wehrhafte Arten zeigen eine rote bzw. schwarzgelbe Warnfärbung, z. B. Marienkäfer, Wespen, Pfeilgiftfrösche. Diese schützt vor lernfähigen Feinden.

Mimikry (Scheinwarntracht)

Jeder, der einmal die unangenehme Wirkung eines Wespenstiches zu spüren bekommen hat, wird in Zukunft Insekten mit schwarzgelber Zeichnung möglichst meiden. Das machen sich auch harmlose Insekten, wie *Schwebfliegen* oder *Hornissenschwärmer,* zunutze. Durch ihre schwarzgelbe Zeichnung kommen sie in den unverdienten Genuss der optischen Warnung. Ameisen unterscheiden zwischen Freund und Feind durch ihren Geruchssinn. Sie lassen sich daher nicht optisch, sondern allenfalls durch Düfte täuschen: Viele Ameisenarten pflegen und verteidigen Blattläuse, um deren süßen Ausscheidungen zu melken. Parasitoide Schlupfwespen, die ihre Eier in Blattläusen ablegen, werden von den Ameisen daher normalerweise heftig attackiert. Unerkannt bleiben nur solche Schlupfwespenarten, die in einer Art *chemischer Mimikry* das Geruchsmuster ihrer Wirtsblattläuse kopiert haben. Sie werden von den Ameisen nicht angegriffen.

Stoffkreislauf — natürliches Recycling

Der Mensch bemüht sich neuerdings verstärkt, Rohstoffe wieder zu verwerten. In der Natur ist das „Recycling" seit langem verwirklicht: Kohlenstoff, Stickstoff, Sauerstoff und andere Elemente durchlaufen Kreisläufe und stehen dadurch den Organismen immer wieder zur Verfügung.

Für den Kohlenstoffkreislauf bilden das atmosphärische Kohlenstoffdioxid und die Karbonate in Wasser und Boden das Reservoir. CO_2 wird fotosynthetisch von den Pflanzen gebunden und gelangt normalerweise innerhalb von Stunden oder Tagen per Atmung wieder in die Luft zurück. Dabei hat es einen mehr oder minder langen Weg durch das Nahrungsnetz zurückgelegt (s. Kapitel „Ökosystem Wald").

Stickstoff zirkuliert ebenfalls zwischen Luft und Boden sowie im Boden selbst. Gasförmiger Stickstoff (N_2) ist mit 78 Vol. % das weitaus häufigste Element in der Atmosphäre. In dieser Form kann er jedoch nur von einigen Bodenbakterien verwertet werden. Bestimmte höhere Pflanzen profitieren von der Stickstofffixierung symbiontischer Bakterien, z. B. die der Knöllchenbakterien in den Wurzeln der Hülsenfrüchtler. Alle anderen höheren Pflanzen assimilieren Stickstoff aus gelösten Nitraten und Ammoniumverbindungen, d.h. sie bilden Aminosäuren und Eiweiße aus anorganischen N-Verbindungen. Die Abbauprodukte der Proteine, z. B. Harnstoff und Harnsäure, gelangen direkt oder über die Nahrungskette in den Boden. Bei der Verwesung entsteht Ammoniak, welches durch nitrifizierende Bakterien über Nitrit wieder in Nitrat zurückverwandelt wird. Stickstoffverbindungen können also in einem Zyklus von Pflanzen über Destruenten und nitrifizierende Bakterien in die Pflanze zurückkehren, ohne atmosphärisch aufzutreten. Erst die sogenannten *denitrifizierenden Bakterien* bilden aus Nitraten wieder elementaren Stickstoff und schließen so den atmosphärischen Stickstoffkreislauf (s. Kapitel „Mensch und Umwelt"). Jährlich werden schätzungsweise 175 Millionen Tonnen Stickstoff durch pflanzliche Assimilation gebunden. Damit sind die tierischen Organismen nicht nur in Bezug auf Kohlenstoff, sondern auch bezüglich Stickstoff direkt von Prokaryoten und Pflanzen abhängig.

Aufgabe

① Skizzieren Sie die Kreisläufe von Sauerstoffs, Stickstoff und Kohlenstoff in separaten Zeichnungen

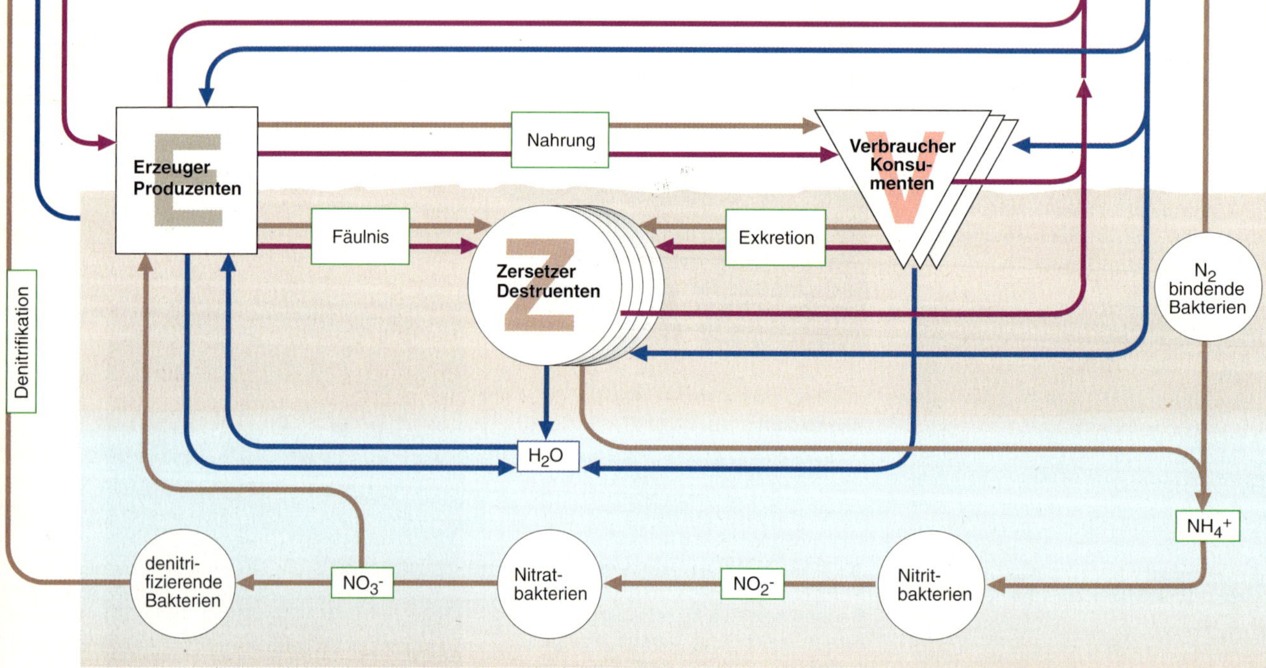

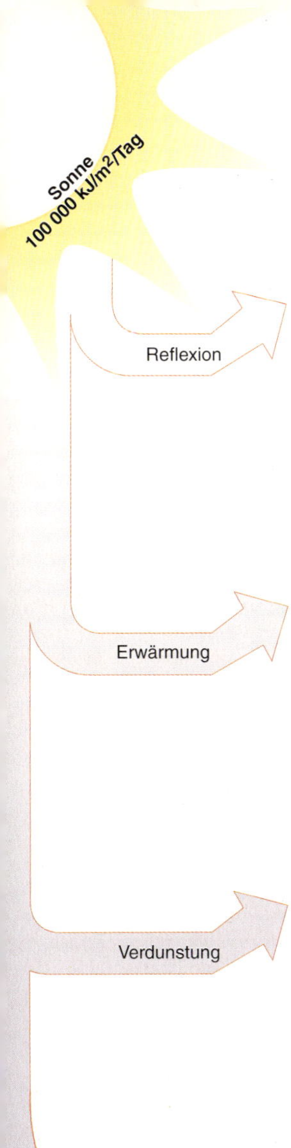

Einbahnstraße der Energie

In jedem Ökosystem zirkulieren die Elemente. Die Aufrechterhaltung dieser Kreisläufe benötigt Energie, die durch die Strahlungsenergie der Sonne nachgeliefert wird. Die Energie wird in Form organischer Verbindungen – als Nahrung – von Produzenten zu Konsumenten weitergegeben.

Zahlenmäßig lässt sich der Energiefluss folgendermaßen abschätzen: Auf die Erdatmosphäre trifft jährlich eine Sonnenenergie von 3 bis 4 x 10^7 kJ/m², das sind täglich rund 100 000 kJ/m². Davon werden etwa 30 % reflektiert, weitere 60 % sorgen für Erwärmung und Verdunstung, ohne die Primärproduzenten zu erreichen. Es bleiben 10 000 kJ/m², die täglich bis zur Erdoberfläche vordringen.

Nur etwa 2 % dieser Energie, also 200 kJ/m² täglich, wird fotosynthetisch zum Aufbau organischer Moleküle genutzt *(Bruttoprimärproduktion)*. Davon wird etwa die Hälfte als neue pflanzliche Biomasse festgelegt *(Nettoprimärproduktion* ≙ ca. 1 % der Sonnenenergie auf der Erdoberfläche), die andere Hälfte fließt in den Betriebsstoffwechsel der Primärproduzenten.

Auch die Konsumenten nutzen einen großen Teil der aufgenommenen Energie für Nahrungssuche, Verdauung usw., wobei die Energie bei der Atmung letztlich als Wärme frei wird. Außerdem enthält die Nahrung unverdauliche Substanzen, die als Kot abgegeben werden und mit Leichenteilen und Pflanzenresten von den Zersetzern und deren Konsumenten abgebaut werden, welche die darin noch enthaltene Energie nutzen.

Eine grobe Faustregel besagt, dass von einem Konsumenten zum übergeordneten Konsumenten nur etwa 10 % der aufgenommenen Energie zur Produktion körpereigener Substanz, also für Wachstum und Vermehrung, genutzt werden können. Zum Aufbau von 1 g Kaninchenbiomasse muss ein Kaninchen also rund 10 g Pflanzen fressen, zum Aufbau von 1 g Fuchsbiomasse sind 10 g Kaninchenbiomasse, bzw. 100 g pflanzliche Biomasse nötig. Es gibt aber auch Konsumenten mit höherer Ausnutzung (s. Kapitel „Ökosystem Fließgewässer").

Aufgaben

① Erläutern Sie aus energetischer Sicht, warum es selten mehr als 4 Konsumentenebenen gibt.

② Der Fleischkonsum in den Industrieländern verschärft die Nahrungsmittelknappheit. Begründen Sie warum.

③ Ermittelt man aus der pflanzlichen Kohlenstoffdioxidaufnahme die Masse der fotosynthetisch gebildeten, organischen Substanz, so übersteigt dieser Wert den tatsächlichen Biomassezuwachs deutlich. Woran liegt das?

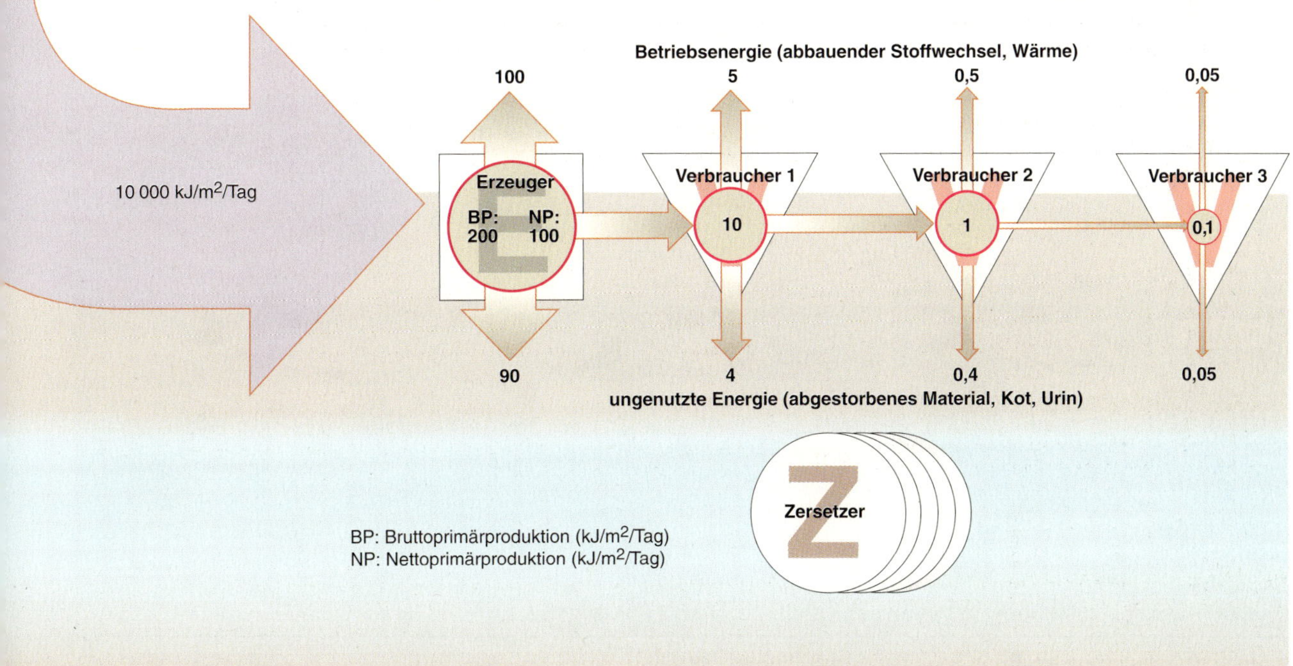

Produktivität von Ökosystemen

Biomasse
organische Substanz in einem Ökosystem, gemessen in g pro Flächen- bzw. Volumeneinheit

Primärproduktion
Biomassezuwachs durch Produzenten

Sekundärproduktion
Biomassezuwachs durch Konsumenten

Stellt man die Nahrungsbeziehungen aller Arten in einem Ökosystem wirklichkeitsnah dar, wird das *Nahrungsnetz* oft sehr unübersichtlich. Eine sinnvolle Vereinfachung erreicht man, indem man Arten der gleichen Ernährungsstufe zusammenfasst und diese in *Nahrungspyramiden* darstellt.

Die Produzenten bilden die unterste Pyramidenstufe, es folgen die Konsumenten steigender Ordnung. Für die Breite der Stufen lassen sich unterschiedliche Maße verwenden: beispielsweise Dichte, Biomasse oder Produktion.

Die Dichte gibt die Anzahl der Individuen pro Flächeneinheit an, durch Wiegen erhält man die zugehörige Biomasse. Diese wird oft als Trockengewicht angegeben. Die Produktion einer Pflanzendecke ermittelt man, indem man die Biomasse vor und nach der Wachstumsperiode bestimmt.

Beim Wiegen müssen allerdings Biomasseverluste durch Fraßschäden, Samen Früchte und Blattfall berücksichtigt werden. Auch das Wachstum unterirdischer Pflanzenteile geht in die Produktion ein, ihr Zuwachs kann gerade bei mehrjährigen Pflanzen nur geschätzt werden.

Der Biomassezuwachs kann in Energiewerte umgerechnet (1 g Trockengewicht = ca. 20 kJ) oder direkt als Maß für die Produktion herangezogen werden. Auch die Konsumenten wachsen und vermehren sich. Daher grenzt man die *Primärproduktion* der Pflanzen von der *Sekundärproduktion* der Konsumenten ab.

Eine typische Pyramide hat eine breite untere Stufe und verjüngt sich nach oben. Bei den ökologischen Pyramiden muss das nicht immer so sein (Abb. 1).

Untersucht man das Nahrungsnetz im Wald, so steht z. B. einem Baum als Produzenten eine Vielzahl von Käfern, Raupen, Blattläusen als Konsumenten gegenüber. Die Dichtepyramide hat eine schmale, erste Stufe. Erst bei Berücksichtigung der Biomasse zeigt sich das typische Bild, da der Baum eine größere Biomasse als die Konsumenten hat.

1 Mögliche Nahrungspyramiden in Wald- und Gewässerökosystemen

Bruttoprimärproduktion
Gesamtmenge der neu gebildeten organischen Substanz pro Zeiteinheit

Nettoprimärproduktion
Bruttoprimärproduktion abzüglich der pro Zeiteinheit veratmeten organischen Substanz

Produktivität = $\frac{\text{Energieertrag}}{\text{Energieaufwand}}$

Gewässerökosysteme, in denen die Produktion vor allem auf das pflanzliche Plankton zurückgeht, liefern umgekehrte Biomassepyramiden, denn die Biomasse des gerade vorhandenen pflanzlichen Planktons ist kleiner als die der Konsumenten. Erst die Produktionsdaten machen das paradoxe Aussehen verständlich: Die Planktonorganismen haben eine schnelle Generationsfolge und eine hohe Nachkommenzahl, ihre Produktion ist also sehr groß. Die Konsumenten dagegen sind sehr langlebig und bauen ihre Biomasse aus mehreren Produzentengenerationen auf. Produktionswerte ergeben grundsätzlich typische Nahrungspyramiden.

Die *Primärproduktion* von Ökosystemen hängt weniger von der Pflanzenart als von Vegetationsdauer und Wasserangebot ab. Weltkarten der Primärproduktion decken sich daher weitestgehend mit denen der Klimazonen der Erde (Abb. 1). Die globale Primärproduktion der Landökosysteme beträgt 110 bis 120 Milliarden Tonnen Trockensubstanz pro Jahr. Ein Viertel davon geht allein auf die Produktion in den tropischen Regenwäldern zurück. In den Meeren werden jährlich 50 – 60 Milliarden Tonnen Biomasse produziert.

In der Wirtschaft gibt die *Produktivität* das Verhältnis zwischen dem Wert des Produktes und den für seine Erstellung aufgewendeten Kosten an. In natürlichen Ökosystemen ist das *Produkt* einer Ernährungsstufe die körpereigene Biomasse. Als Kosten geht die Nahrung, gemessen als Biomasse, in die Rechnung ein. Müssen 100 g Nahrung zum Aufbau von 10 g körpereigener Biomasse aufgenommen werden, beträgt die Produktivität $^{10}/_{100}$ oder 10 %. Die Produktivität einer Ernährungsstufe bezeichnet man als ihren *ökologischen Wirkungsgrad.*

Aufgaben

① Ermitteln Sie aus Abbildung 1 die Land- und Wasserregionen mit der größten Primärproduktion.

② Nur von wenigen Ökosystemen liegen vollständige *Nahrungspyramiden* vor. Erklären Sie, warum die Ermittlung von Daten so schwierig ist.

③ Der Biomassezuwachs einer Pflanzendecke lässt sich durch Wiegen des pflanzlichen Materials vor und nach einer Wachstumsperiode ermitteln. Entspricht das Ergebnis der Brutto- oder der Nettoprimärproduktion?

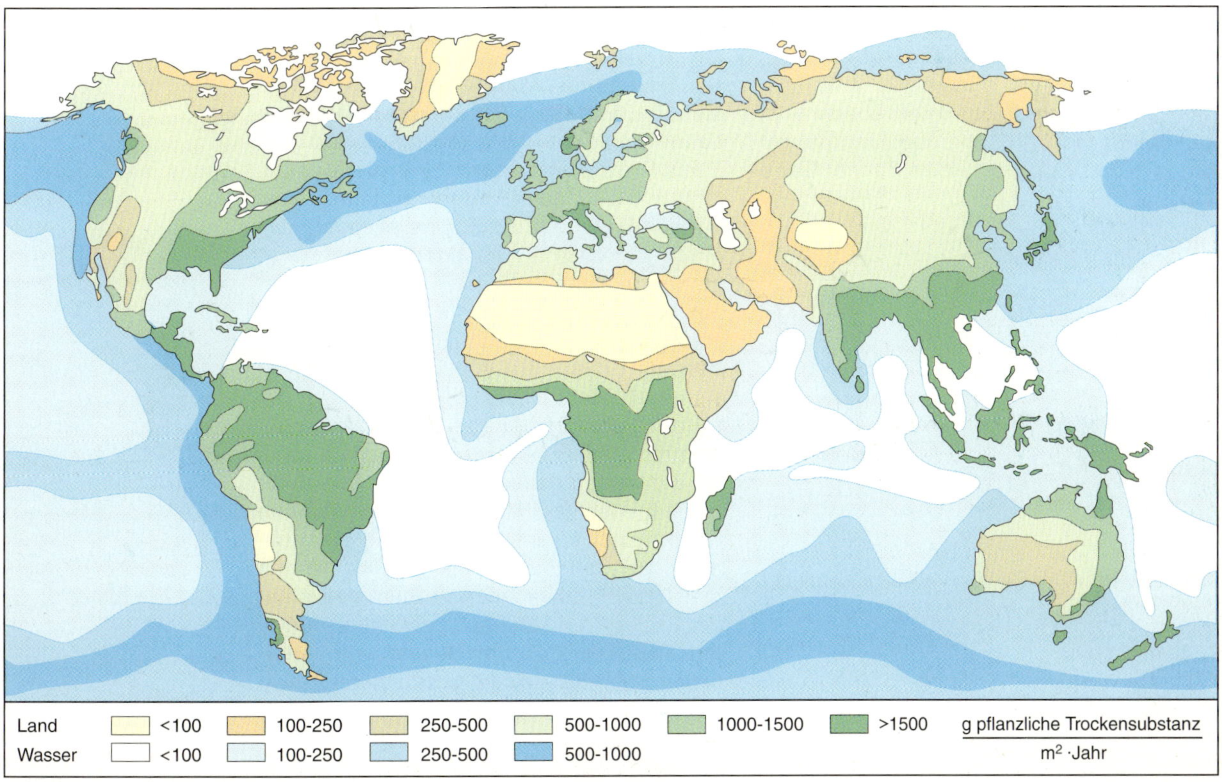

1 Globale Primärproduktion von Land- und Wasserökosystemen

Abiotische und biotische Faktoren

Naturliebhaber und Erholungssuchende nutzen Wälder gerne für ausgedehnte Spaziergänge. Angenehme Kühle im Sommer, klare Luft und relative Windstille unterscheiden das Waldklima deutlich von dem offener Landschaften:

Relativwerte	Freiland	Wald
Niederschlag	100%	53%
Schneehöhe	100%	42%
Windgeschwindigkeit	100%	32%
Verdunstung	100%	40%
Temperaturdifferenz		
Sommer		−1,1 °C
Winter		+0,1 °C

Bodenqualität und Klima bestimmen das Vorkommen der Baumarten (s. Abb. 1). In unseren Breiten findet vor allem die Rotbuche geeignete Wuchsbedingungen. Die Bäume des Waldes bilden ein mehr oder minder geschlossenes Kronendach, durch welches gerade genügend Licht für Schatten liebende Pflanzen dringt. Viele Wälder zeigen eine typische *vertikale Schichtung* in Baum,- Strauch-, Kraut- und Moosschicht. Die Pflanzen jeder Schicht sind an die jeweiligen Lichtbedingungen angepasst.

Die Baumwurzeln wachsen oft ebenfalls in Schichten: Fichte, Esche und Zitterpappel bilden flache Wurzelscheiben, Tanne, Eiche und Kiefer haben tief reichende Pfahlwurzeln.

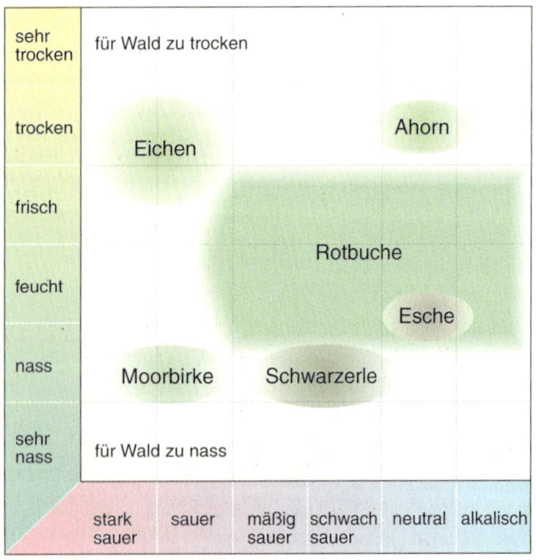

1 Standortfaktoren für Waldbäume

Die Vegetationsschichtung wirkt sich auf die Feuchtigkeitsbedingungen aus: Niederschläge bleiben in Laub, Moos und Boden hängen, verdunsten allmählich, werden von den Pflanzen aufgenommen oder sickern langsam in das Grundwasser. Nur sehr wenig Wasser fließt oberflächlich ab. Der Wald wirkt als Wasserspeicher und gleicht auf diese Weise länger anhaltende Trockenperioden oder kurzfristiges Überangebot an Wasser aus.

Neben der Erholungsfunktion hat der Wald eine *Schutzfunktion*: Das Niederschlagswasser wird durch den verlangsamten Wasserabfluss regelrecht gefiltert und kann als Trinkwasser genutzt werden. Waldgebiete sind Wasserschutzgebiete. Die Pflanzendecke verhindert die Bodenerosion und schützt vor Schneeverwehungen und im Gebirge vor Lawinen. Der Wald reichert die Luft mit Sauerstoff an, filtert Staub und Schadstoffe heraus und dämmt Lärm.

Die *Nutzung des Waldes* als Energie- und Rohstofflieferant muss diesen wichtigen Funktionen nicht zuwiderlaufen, geschichtlich hat sie jedoch den Aufbau des Waldes immer wieder stark verändert. Nach der letzten Eiszeit, etwa 8000 v. Chr., entwickelten sich in Europa aus der Tundra erste lichte Laubmischwälder. Bis Christi Geburt war Europa größtenteils mit Urwald bedeckt. Vom 8. bis 13. Jahrhundert wurde der Wald bis auf ein Drittel der Fläche gerodet. Das entspricht etwa der heutigen Ausdehnung. Es wurde Platz für Siedlungen und Ackerbau benötigt, man brauchte Brenn- und Baumaterial. Auch der Restwald wurde intensiv genutzt: Krautreiche Waldbereiche dienten als Viehweide, Eicheln und Bucheckern der Mast. Später lieferte der Wald das Brennholz für Köhlerei, Eisen- und Glasindustrie. Wälder hatten damals mehr den Charakter eines Nieder- und Mittelwaldes mit starkem Stockausschlag und Verbuschung. Der heute vorherrschende Hochwald mit langen gleichmäßig gewachsenen Stämmen dient der Furnier- und Bauholzgewinnung sowie der Papierherstellung. Solche vom Menschen genutzte „Forste“ unterschieden sich also deutlich vom „Urwald“. Durch die Schaffung stufig aufgebauter, stellenweise lockerer Mischwälder lassen sich aber zumindest naturnahe Zustände erreichen.

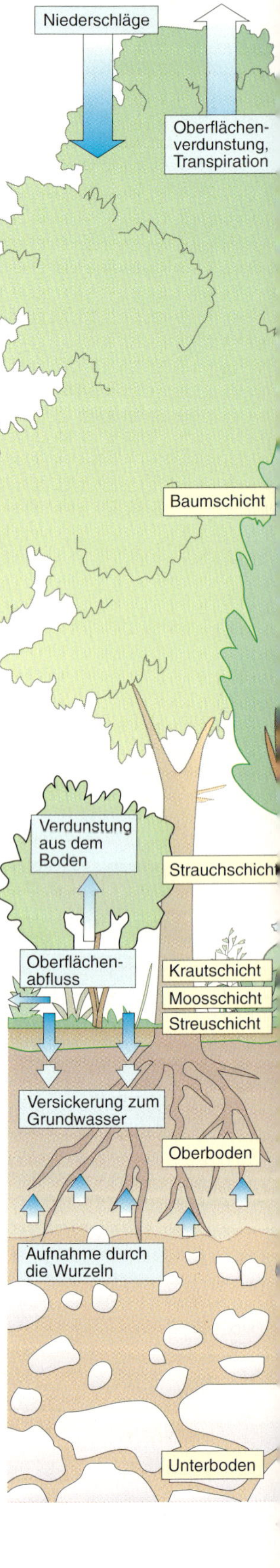

Herbivore
Pflanzenfresser

Carnivore
Fleischfresser

In einem Buchenwald kommen etwa 7000 Tierarten vor, davon 5000 Insekten, 100 Wirbeltiere, den Rest stellen Würmer, Spinnentiere und Einzeller. Alle leben direkt oder indirekt von pflanzlichem Material, welches von den grünen Waldpflanzen *(Produzenten, Erzeuger)* fotosynthetisch gebildet wird. Das Eichhörnchen frisst Haselnüsse und Fichtensamen, die Rötelmaus Grassamen und Baumrinde. Sie sind Pflanzenfresser *(Erstkonsumenten, Herbivore)*. Mäuse werden ihrerseits von Füchsen, Greifvögeln oder Schlangen verfolgt. Diese räuberischen Arten sind *Zweitkonsumenten (Carnivore)*. Zum Teil werden die Zweitkonsumenten von *Konsumenten höherer Ordnung* gefressen. So können Schlangen beispielsweise von Greifvögeln geschlagen werden.

Ein großer Teil des pflanzlichen Materials wird erst dann verbraucht, wenn es abgestorben ist. In einem Laubwald fallen jährlich pro Hektar 4 Tonnen Laubstreu zu Boden. Hier leben die Zersetzer *(Reduzenten, Destruenten)*. Ringelwürmer, Schnecken, Asseln, Doppelfüßer und Insekten fressen die gröbere Laubstreu, Pflanzenmilben und Springschwänze die feineren Teile. Sie werden von räuberischen Arten, z. B. Spinnen, Raubmilben, Hundertfüßern und anderen Insekten, verfolgt. Diese Kleinorganismen besiedeln den Waldboden mit einer Dichte bis zu einer Milliarde Individuen pro Quadratmeter. Pflanzenreste, Kot und Leichenteile werden von ihnen so fein zersetzt, dass sie von Einzellern, Pilzen und Bakterien weiter verarbeitet werden können. Nach ein bis drei Jahren ist die jährlich anfallende Laubstreu in Mineralstoffe zersetzt, welche den Produzenten wieder zur Verfügung stehen.

Die Nahrungsbeziehungen im Wald basieren also einerseits auf lebender, andererseits auf unbelebter, organischer Substanz und sind vielfältig vernetzt. Sie bilden ein *Nahrungsnetz*.

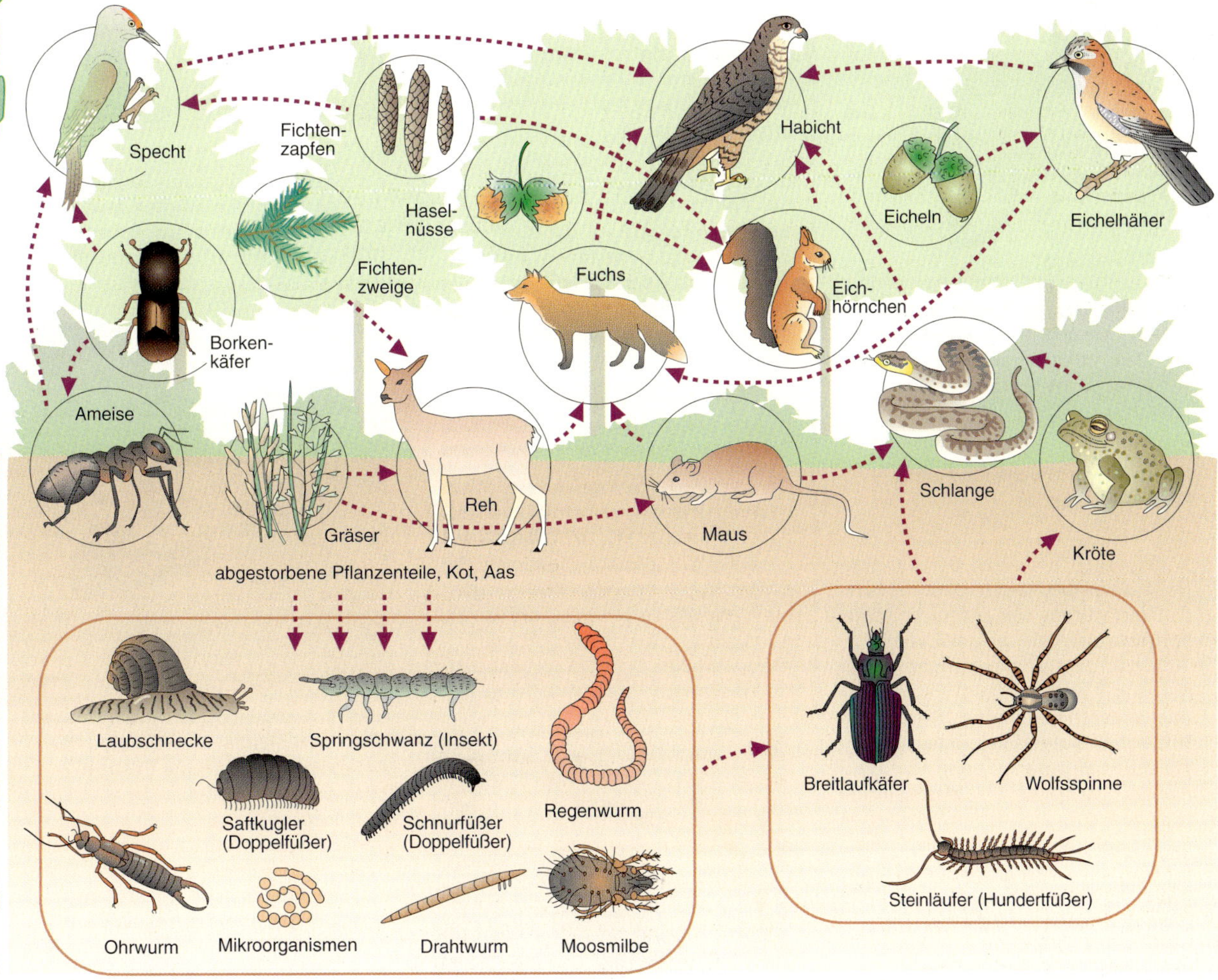

Lexikon
Lexikon
e**x**ikon
x**i**kon
i**k**on
k**o**n
o**n**

Wechselbeziehungen im Wald

Parabiose: Milbe — Mistkäfer

Mistkäfer werden oft von *Milben* als Transportmittel bei der Nahrungssuche benutzt. So gelangen sie bequem von einem Misthaufen zum anderen, lösen sich wieder ab und finden Nahrung. Aufgrund ihrer Winzigkeit hätten sie den Weg alleine nicht geschafft

und wohl auch nicht gefunden, denn ihre Sinnesorgane sind denen des Käfers weit unterlegen. Der Nutzen liegt hier also nur bei der Milbe, ohne dass von einem Schaden für den Käfer gesprochen werden könnte.

Parasitismus: Fuchsbandwurm — Fuchs — Nagetier

Der *Fuchsbandwurm* durchläuft einen *Wirtswechsel* und einen *Generationswechsel*, es wechselt ungeschlechtliche Vermehrung und geschlechtliche Fortpflanzung. Die von der Eikapsel umhüllten Junglarven gelangen mit der Nahrung in den Dünndarm von Mäusen oder anderen Nagetieren *(Zwischenwirt)*. Über Blutgefäße dringen sie in die Leber, seltener in Lunge oder Gehirn ein. Hier wächst die Larve zu einem Netzwerk aus verzweigten Schläuchen heran, welches das betroffene Organ durchwuchert. Im Inneren der Schläuche schnüren sich Brutkapseln ab *(ungeschlechtliche Vermehrung)*. Der geschwächte Zwischenwirt wird von seinem natürlichen Feind, dem Fuchs,

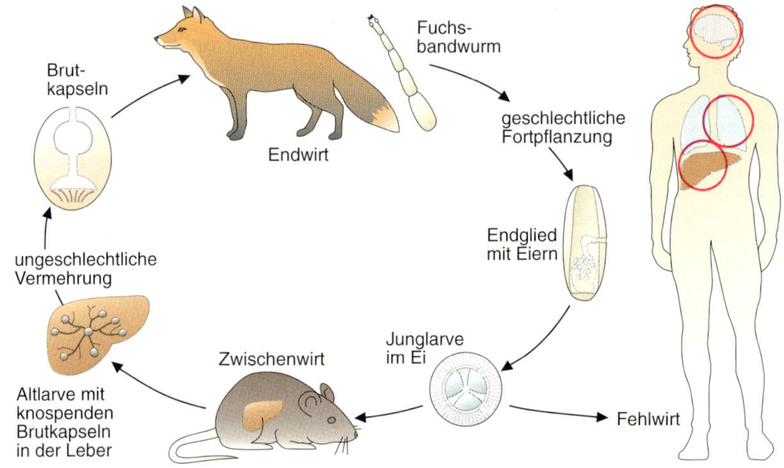

gefressen. Auf diese Weise gelangt der Parasit in seinen *Endwirt*, welcher gesundheitlich nur wenig beeinträchtigt wird. Im Darm des Fuchses entwickeln sich aus den Brutkapseln die erwachsenen nur 1 – 3 mm großen Fuchsbandwürmer. Bandwürmer sind Zwitter, die sich durch Selbstbefruchtung fortpflanzen. Mit dem Kot des Fuchses werden die Bandwurmeier ausgeschieden und vom Zwischenwirt zufällig gefressen. Damit ist der Kreis geschlossen. Der Mensch kann beim Verzehr roher, infizierter Waldfrüchte und -pilze ebenfalls von Fuchsbandwurmlarven befallen werden. Er nimmt die Stellung des *Fehlwirtes* ein und erkrankt an *Echinococcose*. Durch den zunehmenden Verfall der betroffenen Organe kann die Krankheit tödlich enden. Eine Infektion kann man vermeiden, indem man nur gekochte oder schockgefrorene Waldfrüchte isst oder zumindest nicht solche in Bodennähe erntet.

Symbiose: Mykorrhiza — Waldbaum

Die älteren Wurzeln der meisten Waldbäume werden von einem dichten Pilzgeflecht umsponnen, welches die Aufgabe der Wurzelhaare übernimmt. Bei einigen dringt das Pilzgeflecht sogar bis in das Wurzelgewebe ein. Pilzfreie Aufzucht der Bäume führt oft zum Krüppelwuchs. Die Pilze verbessern die Wasser- und Mineralstoffversor-

gung der Bäume und zersetzen Humus, wodurch sie die Anlieferung von Stickstoff- und Phosphatbindungen verbessern. Die Pilze ihrerseits werden von den Waldbäumen vor allem mit Kohlenhydraten versorgt, was die Bildung großer Fruchtkörper ermöglicht. Der Steinpilz kann z. B. deshalb nicht in Kultur gezüchtet werden, weil er ausschließlich in Symbiose mit Waldbäumen fruchtet.

Symbiose: Ameise — Samenpflanze

Weltweit sind etwa 3 000 Blütenpflanzenarten bekannt, deren Samen durch *Ameisen* verbreitet werden. Bei uns gehören dazu Schneeglöckchen, Buschwindröschen, Leberblümchen, Veilchen, Lerchensporn, Schöllkraut

und Taubnessel. Diese Pflanzen haben eine symbiotische Beziehung zu den Ameisen. Der Vorteil der Pflanzen ist offensichtlich, aber auch die Ameise profitiert von dieser Beziehung: Die Samen haben ein nährstoffreiches Anhängsel, das *Elaiosom*. Es ist für Ameisen ein Leckerbissen. Sie schleppen den Samen zum Nest, fressen dann aber nur das Elaiosom und lassen den keimfähigen Samen liegen.

Zersetzung der Waldstreu

Jährlich fallen etwa 0,4 kg Streu auf einen Quadratmeter Waldboden. Diese Streu wird nach und nach zersetzt und zu Humus umgebildet. Die Zersetzungsdauer hängt außer von Temperatur, Feuchtigkeit und pH-Wert auch von der Zusammensetzung der Streu und der Bodenfauna ab. Man unterscheidet zwischen kaum zersetztem *Rohhumus*, *Moder* aus stärker zersetzter Streu und losen Mineralpartikeln sowie krümeligem *Mull*, der erst nach mehrfacher Darmpassage in Bodentieren entsteht. Die Zersetzungsdauer liegt je nach Waldtyp zwischen einem und mehreren Jahren. Hohe Stickstoffanteile in der Streu fördern die Proteinsynthese und damit das Wachstum und die Zersetzertätigkeit der Mikroorganismen. Nadelwaldstreu ist durch ihren Gehalt an Harzen besonders schwer zersetzbar.

Baumart	Zersetzungsdauer	C : N
Esche	1 Jahr	21:1
Ahorn	2 Jahre	52:1
Pappel	2-3 Jahre	63:1
Buche	3 Jahre	51:1
Lärche	> 5 Jahre	113:1

Aufgaben

① Beschreiben Sie die Beteiligung der Bodenfauna an der Zersetzung (s. Abb. oben und Tabellen).

② Mit Falllaub gefüllte Netzbeutel (Maschenweite 0,25 mm) schließen die größeren Zersetzer wirksam von der Zersetzung aus. Vergleichen Sie die Zersetzungsdauer mit und ohne Netzbeutel im Buchenwald und Auwald (Abb. unten). Erläutern Sie anhand der gegebenen abiotischen und biotischen Daten Gründe für die Unterschiede.

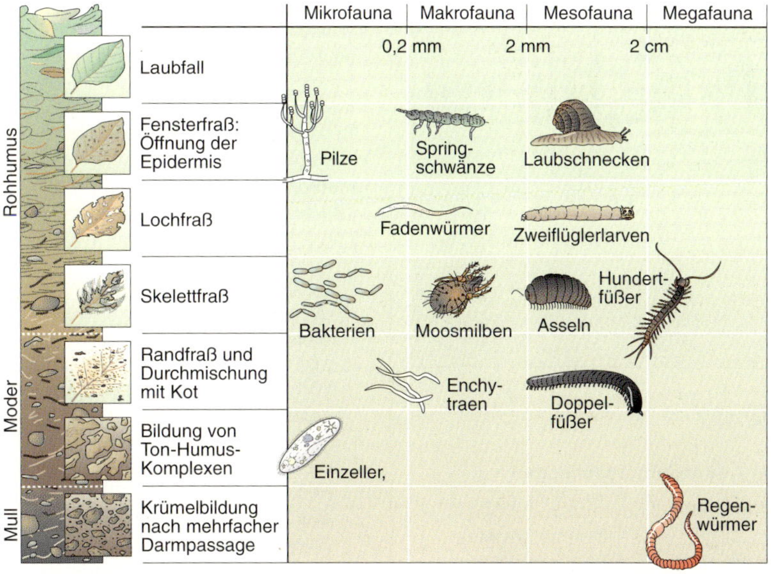

Buchenwald		Auwald
Buchen	Vorherrschende Baumarten	Pappeln, Ahorn, Esche u.a.
fehlt	Unterwuchs	üppige Krautschicht
Moder	Humusform	Mull
8,3 °C	Temperatur (Jahresmittel)	10 °C
3,5 – 4,5	pH-Wert	um 7
1050 mm	Niederschlag (Jahresmittel)	700 mm, jährliche Überflutung

Biomasse (g/m³)	Energieaufnahme (kJ/m²/Jahr)	Bodenfauna	Biomasse (g/m³)	Energieaufnahme (kJ/m²/Jahr)
0,3	65	Fadenwürmer	< 0,3	60
8,8	440	Enchytraen	5,2	260
1,2	80	Springschwänze	0,5	35
1,3	110	Milben	0,4	35
0,8	20	Zweiflüglerlarven	1,6	40
–	–	Laubschnecken	4,2	70
2,7	80	weitere Gliedertiere	6,1	140
1,3	20	Regenwürmer	82	1 200

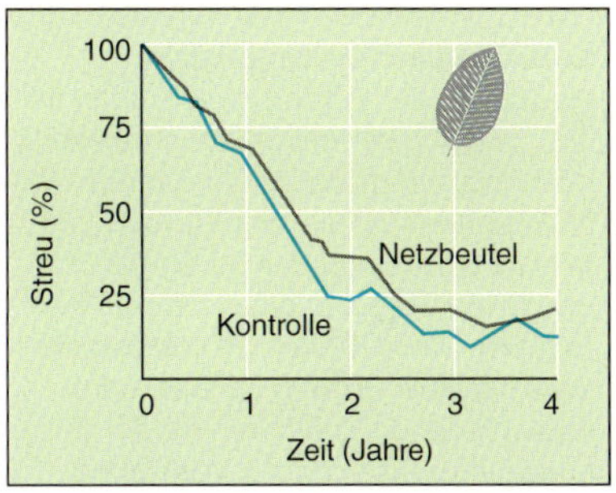

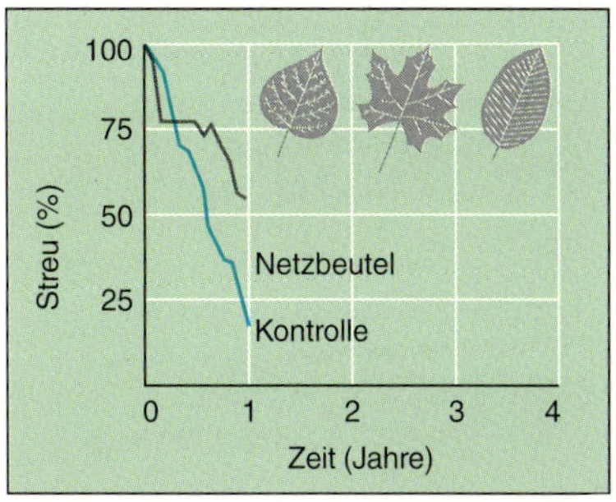

Wald

a) Freilanduntersuchungen

Ziel der Freilanduntersuchungen ist eine Vegetationsaufnahme, die Messung abiotischer Faktoren sowie die Gewinnung von Bodenproben. Eingefangene Kleintiere werden bestimmt, protokolliert und anschließend wieder freigelassen.

Ausrüstung:
Landkarte (1 : 5000), 40 m lange Schnur mit 10-m-Markierungen, Schreibzeug, Lupe, Plastikbeutel mit Verschlüssen, Kunststoffröhrchen für Kleintiere, Spaten, kleine Schaufel, Belichtungsmesser oder Luxmeter, Thermometer, Bestimmungsbücher, Protokollbögen.

Protokoll Vegetationsaufnahme				
Probenfläche:		Messstelle:		
1. Waldart:		....		
2. Ort:				
3. Datum:				
4. Höhe (ü.NN):				
5. Flächengröße:				
Schichtung	Höhe	Deckung	Temperatur	Licht
B (Bäume)				
S (Sträucher)				
K (Kräuter)				
M (Moose)				
Vergleichs-Messstelle C				
Deckungskennzahlen		26-50% 3		
0-5% 1		51-75% 4		
6-25% 2		76-100% 5		
Liste der gefundenen Pflanzenarten				

Vegetationsaufnahme:
Um die wichtigsten Pflanzenarten zu erfassen, muss die Probenfläche mindestens 100 m² (10 x 10 m) betragen. Grenzen Sie diese Fläche mit der Schnur ab und tragen Sie ihre Lage in die Landkarte ein.
- Bestimmen Sie die vorherrschenden Bäume, Sträucher, Kräuter, Moose, Farne und Pilze und ordnen Sie sie der Schichtung des Waldes zu. Vermessen und protokollieren Sie die Wuchshöhe.
- Schätzen und protokollieren Sie die prozentualen Anteile der Bedeckung. Stellen Sie sich dazu den Baumkronenbereich auf die Bodenfläche projiziert vor.

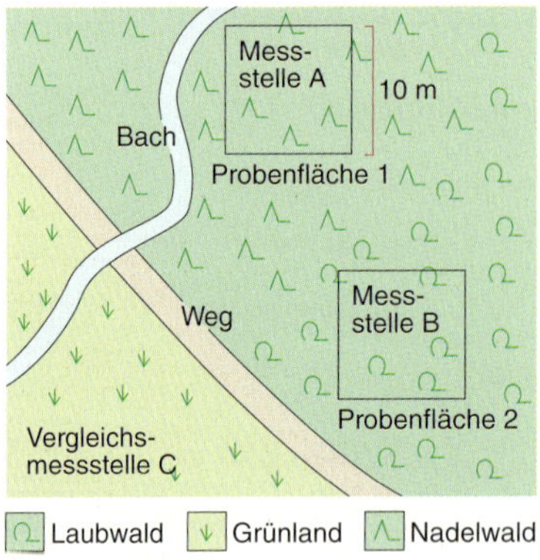

Abiotische Faktoren:
Legen Sie innerhalb der Probenflächen Messstellen fest und tragen Sie sie in die Karte ein. Protokollieren Sie folgende Messwerte:
- *Lichtverhältnisse:* Messen Sie die Beleuchtungsstärke in Busch-, Kraut- und Bodennähe mit dem Luxmeter. Zum Vergleich dient eine Messung an anderer Stelle außerhalb des Waldes.
- *Temperatur:* Messen Sie die Temperatur an den gleichen Stellen und vergleichen Sie sie mit dem Wert außerhalb des Waldes.

Entnahme von Bodenproben:
Heben Sie den Boden zwei Spaten tief aus, protokollieren Sie Schichtdicke, -färbung und -geruch. Entnehmen Sie an jeder Messstelle zwei Proben (mit je etwa 0,5 l) aus jeder Bodenschicht und füllen Sie sie in beschriftete Plastiktüten. Damit stehen pro Messstelle zwei parallele Probensätze aus drei verschiedenen Schichten für der Laboruntersuchung zur Verfügung.

Der Waldboden lässt sich grob in folgende Schichten unterteilen:
- *Streuschicht:* Besteht aus kaum zersetztem, pflanzlichen Material *Oberboden:* Mischung aus zersetztem organischem Material (Humus) und mineralischen Bodenbestandteilen.
- *Unterboden:* Mineralboden ohne Humus.

b) Laboruntersuchungen

Laborausrüstung:
Beschriftete Bodenproben in verschlossenen Plastiktüten. Waage, Trockenschrank, Universalindikatorpapier, Standzylinder, pH-neutrales Wasser, Pinzette, Pinsel, Petrischalen, Plastikdosen mit angefeuchtetem Filterpapier, große einfarbige Papierbögen, Bestimmungsbücher.

Bodenanalyse:
Für die Bodenanalyse wird ein Probensatz pro Messstelle verwendet:
- *Fingerprobe:* Nehmen Sie die Probe in die Hand und untersuchen Sie sie auf ihre Körnigkeit und Formbarkeit. Anschließend füllen Sie die Probe in einen Messzylinder und schütteln mit Wasser.
- *pH-Wert:* Tauchen Sie einen Streifen Indikatorpapier ein und vergleichen Sie die Farbe mit der Farbskala: Mit zunehmendem Mineralstoffgehalt verschiebt sich die Bodenreaktion vom schwach sauren in den alkalischen Bereich.
- *Schlämmanalyse:* Lässt man diese Wasser-Boden-Mischung danach im Standzylinder ruhig stehen, so sinken die Bodenteilchen entsprechend ihrer Größe allmählich in zwei bis drei deutlich voneinander abgrenzbare Korngrößenschichten ab. Lesen Sie die Mächtigkeit der Schichten an der Skalierung ab und rechnen Sie sie in prozentuale Anteile um. Mit weniger als 0,02 mm Korngröße sind Ton und Schluff die feinsten Bestandteile des Mineralbodens und bilden die oberste Schlämmschicht.

Bodenbesiedlung und Wassergehalt:
Für diese Untersuchungen verwenden Sie den zweiten Probensatz.
- Wiegen Sie die Frischmasse der Bodenproben (FM).
- Geben Sie die Bodenproben anschließend portionsweise auf den großen Papierbogen und mustern Sie das Substrat mit der Lupe durch. Zur näheren Betrach-

tung werden die Kleintiere in Plastikdosen oder Petrischalen gefüllt und bestimmt.

Bodenart	Körnigkeit Formbarkeit	Gehalt an Ton und Schluff
Sand	körnig, nicht formbar	0 – 9 %
lehmiger Sand	körnig, wenig formbar	10 – 29 %
Lehm	wenig körnig, formbar	30 – 59 %
Tonboden	klebrig, formbar	über 60 %

– *Wassergehalt:* Die gesamte durchgemusterte Bodenprobe wird dann bei etwa 100 °C mindestens 4 Stunden lang getrocknet und noch einmal gewogen (*Trockenmasse* = TM).
Ermitteln Sie nun den Wassergehalt des Bodens:

$$\frac{FM - TM}{FM} \times 100 = \text{Wassergehalt (\%)}$$

– Die *Wasserkapazität* ist das Wasservolumen, welches der Boden maximal binden kann. Es wird vereinfacht folgendermaßen gemessen: Füllen Sie die getrocknete Bodenprobe in einen Feinstrumpf und legen Sie den verschlossenen Strumpf etwa 1 Stunde in ein Gefäß mit Wasser. Lassen Sie ihn gründlich abtropfen und wiegen Sie die Gewichtszunahme.

c) Auswertung

Weiß man von einer Art, dass sie vorzugsweise bei einer ganz bestimmten Temperatur oder bei einem bestimmten pH-Wert leben kann, dann lässt ihr Vorkommen Rückschlüsse auf die an diesem Ort herrschenden Umweltbedingungen zu, und zwar nicht nur auf die aktuellen Werte, sondern sogar auf die früheren Bedingungen. Im Vergleich zur Momentaufnahme chemischer oder physikalischer Analysen von Umweltfaktoren liefern solche *Bioindikatoren* (Zeigerarten) also eine Langzeitaussage.

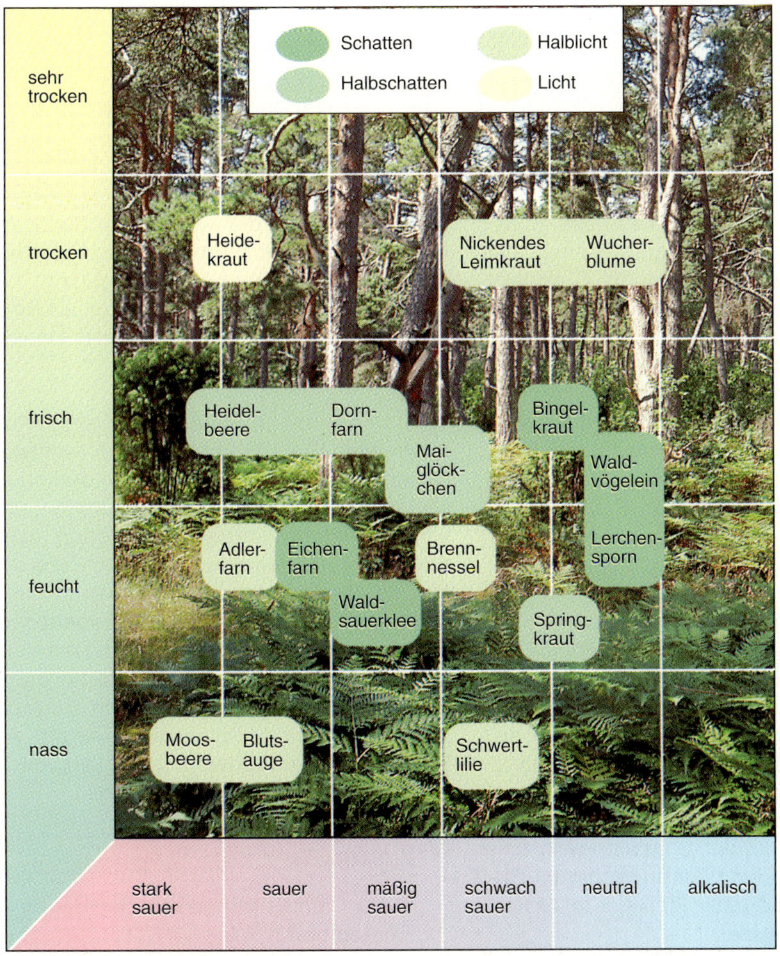

Bodenprotokoll			
Datum:			
Probenfläche:			
Messstelle:			
	Streuschicht	Oberboden	Unterboden
Dicke			
pH-Wert			
Frischmasse			
Trockenmasse			
Wassergehalt			
Wasserkapazität			
Bodenart			
Tierarten			

Aufgaben

① Ordnen Sie das Vorkommen der Pflanzen den gemessenen abiotischen Bedingungen zu und vergleichen Sie Ihre Befunde mit denen der Tabelle.

② Stellen Sie abgestorbenes pflanzliches Substrat so in einer Reihe zusammen, dass man die fortschreitende Zersetzung erkennen kann und ordnen Sie diesen Zersetzungsstufen die von Ihnen gefundenen Kleintiere zu.

③ Schätzen und protokollieren Sie die Häufigkeit der einzelnen Tierarten, also ihren Anteil an der Gesamtindividuenzahl:
1. sehr häufig (> 10 %)
2. häufig (10 – 5 %)
3. regelmäßig (5 – 2 %)
4. gelegentlich (2 – 1 %)
5. vereinzelt (< 1 %)

④ Man kann Bodenorganismen auch durch Bestrahlung mit einer Lampe aus dem Boden treiben *(Berlese-Apparat)*. Auf welche Präferenzen der Bodenbewohner lässt das schließen? Vergleichen Sie das Berlese-Ergebnis mit dem der Handsortierung. Worauf sind mögliche Unterschiede zurückzuführen?

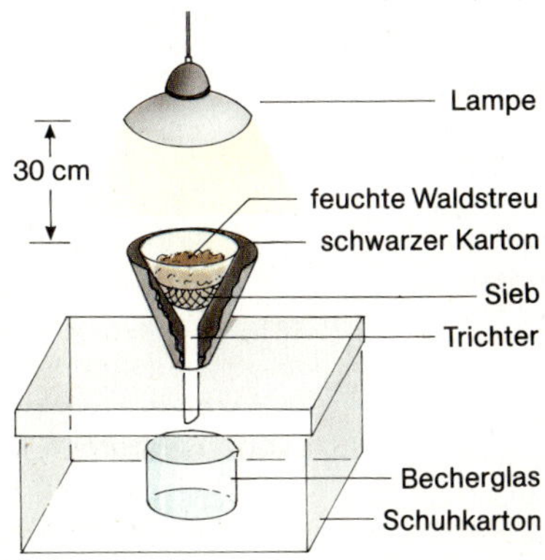

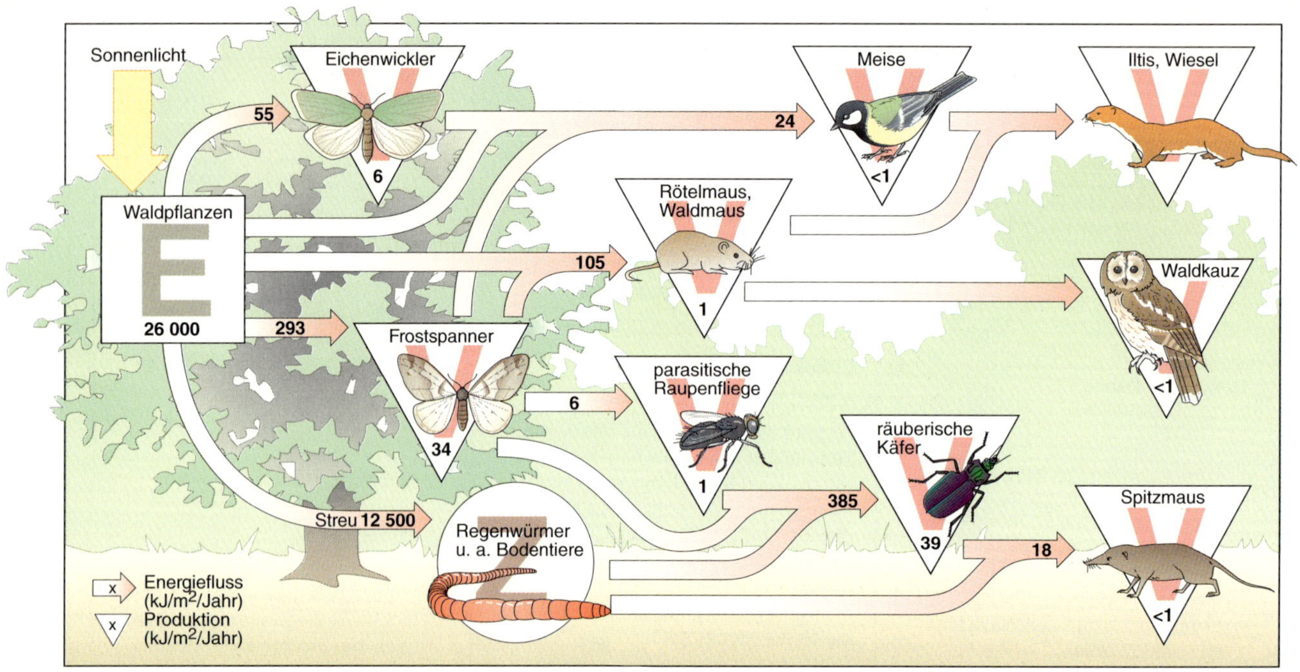

1 Energiefluss im vereinfachten Nahrungsnetz eines Eichenwaldes

Energiefluss im Wald

Im Wald werden 10% des fotosynthetisch nutzbaren Sonnenlichtes reflektiert. Bäume absorbieren 86%, Sträucher 2%, es bleiben 2% für die Kraut- und Moosschicht. Nur den sommergrünen Laubwald durchdringt im Frühling mehr Licht. Hier kann die Stoffwechseltätigkeit der Bodenorganismen die Bodentemperatur um bis zu 30° C gegenüber der Lufttemperatur erwärmen und die Entwicklung von Kräutern aus Knollen, Zwiebeln und Wurzelstöcken fördern. Das Frühjahrserwachen in Laubwäldern beginnt daher am Boden. Bis zum Sommer verschiebt sich die Zone der *Primärproduktion* nach oben über die Sträucher zu den Baumkronen. Der größte Teil der *Biomasse* im Wald entfällt auf die Bäume, bei denen nur die Blätter fotosynthetisch aktiv sind.

Der Blattfraß durch Raupen und andere Insekten bedeutet eher einen Schönheitsfehler als eine echte Einbuße an Biomasse. Die verzehrte Blattsubstanz wird schnell ersetzt und regt oft die Bildung neuer Triebe an. Selbst nach Kahlfraß, z.B. durch Eichenwickler oder Schwammspinner, können sich gesunde Bäume wieder belauben. Auf Massenentwicklungen solcher Insekten folgt eine starke Entwicklung der zugehörigen Parasiten und Feinde (über 30% der Insektenarten sind Parasitoide).

Trotz des geringen Anteils von Vögeln und Säugern an Biomasse und Produktion ist ihre Bedeutung für den Lebensraum groß: Sie verbreiten Samen, lockern den Boden durch Graben und Scharren, legen Nester und Erdbaue an, die auch von anderen Arten als Kleinlebensräume genutzt werden. Mit dem herbstlichen Laubfall gelangt fast die Hälfte der jährlichen Produktion als Streu auf den Boden und ermöglicht hier ein vielfältiges Leben.

Fichten werden in unseren Breiten wegen ihres guten Holzertrags angebaut, sie finden jedoch keine optimalen Standortbedingungen vor. Als Flachwurzler sind Fichten sehr windanfällig. Am schattigen Boden eines Fichtenforstes wachsen fast nur Pilze und Moose. Die Nadelstreu ist schwer zersetzbar und bildet sauren Humus. Infolgedessen unterscheidet sich die Nadelwaldfauna deutlich von der Laubwaldfauna. Sie ist individuen- und artenärmer, es fehlt oft die regulierende Wirkung parasitoider Arten. Am Ende der Konsumenten- und Zersetzerkette endet die „Einbahnstraße Energie".

Aufgabe

① Warum fehlen früh blühende Kräuter im Fichtenforst?

Biomassen in einem Laubwald (g/m²):

Grüne Pflanzen:	
Stämme	24 000
Zweige	3 000
Blätter	400
Kräuter	100
Summe	27 500
Oberirdisch lebende Tiere:	
Großsäuger	0,06
Kleinsäuger	0,25
Vögel	0,07
Insekten	?
Summe	>0,4
Bodenorganismen:	
Regenwürmer	50
übrige Bodentiere	30
Bodenflora	30
Summe	110

Der Kreislauf des Kohlenstoffes

Die Nutzung von Holz und Holzkohle als Brennstoff macht es anschaulich deutlich: In pflanzlichem Material steckt nutzbare Energie in Form von Kohlenstoffverbindungen. Die Energie stammt von der Sonne, der Kohlenstoff aus dem Kohlenstoffdioxid (CO_2) der Luft.

1 Gt = 1 Milliarde Tonnen

CO_2-Gehalt der Atmosphäre vor der Industrialisierung: 0,018 – 0,029 Vol %

CO_2-Gehalt der Atmosphäre 1993: 0,0355 Vol %

Von den 740 Gigatonnen atmosphärischen Kohlenstoffes in Form von CO_2 binden die grünen Landpflanzen jährlich etwa 110 Gt durch Fotosynthese. Daran haben die Waldflächen, insbesondere der tropische Regenwald, den größten Anteil. Die Kohlenstoffverbindungen werden für den pflanzlichen Betriebsstoffwechsel verbraucht oder als Biomasse an die Konsumenten weitergegeben und von ihnen veratmet. So gelangt bereits ein Teil des CO_2 zurück in die Atmosphäre. Erst bei der Zersetzung des organischen Materials wird der restliche Kohlenstoff als CO_2 wieder freigesetzt.

Eine vergleichbare Menge Kohlenstoff binden jährlich die Ozeane chemisch als Karbonat oder Bikarbonat sowie fotosynthetisch durch das pflanzliche Plankton und weitere Algen. Früher oder später gelangt auch dieser Kohlenstoff als CO_2 wieder in die Luft (Abb. 1). Die Gesamtmenge des atmosphärischen Kohlenstoffdioxids wird auf diese Weise alle drei bis vier Jahre einmal im Austausch mit der Biosphäre umgesetzt.

Erdgeschichtlich hat es immer wieder Zeiträume gegeben, in denen Pflanzen mehr Kohlenstoff gebunden haben als wieder abgegeben wurde. Diese fossilen Überschüsse sind noch heute als Erdöl, Erdgas oder Steinkohle erhalten und stellen Kohlenstoffspeicher, also Energievorräte, dar. Seit dem Beginn der Industrialisierung wurden schätzungsweise 160 Gt dieser fossilen Brennstoffe verbrannt und damit in Form von CO_2 in die Atmosphäre zurückgeführt. Gleichzeitig verringerte sich der Anteil der CO_2 bindenden Pflanzen durch Waldrodungen. Zur Zeit steigt daher der atmosphärische Kohlenstoffgehalt jährlich um etwa 3 Gt und lässt klimatische Veränderungen befürchten (siehe Kapitel „Lebewesen und Umwelt").

Trotz der Bildung von Speichern in der Biosphäre, in der Luft oder in Form fossiler Brennstoffe, durchläuft der Kohlenstoff langfristig einen Kreislauf. Der Energiegehalt der organischen Kohlenstoffverbindungen ist größer als der des CO_2. Die Lebewesen nutzen die bei der Veratmung der organischen C-Verbindungen zu CO_2 frei werdende Energie zur Unterhaltung ihrer Stoffwechselprozesse. Dabei wird der größte Teil der chemisch gebundenen Energie in Wärme umgewandelt, die von den Organismen nicht genutzt werden kann, sie ist für das Ökosystem „entwertet". Die Energie *durchfließt* das Ökosystem also auf einer Einbahnstraße, nur die Stoffe zirkulieren

Aufgabe

① Skizzieren Sie den Weg des Kohlenstoffes durch das Nahrungsnetz des Waldes in die Atmosphäre und zurück.

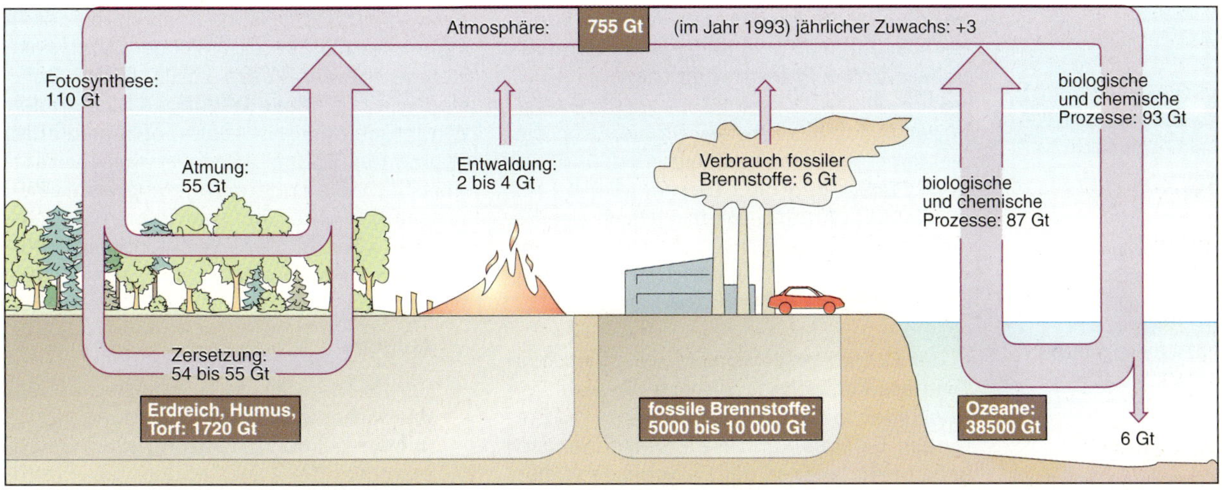

1 Kohlenstoffkreislauf (Gigatonnen/Jahr)

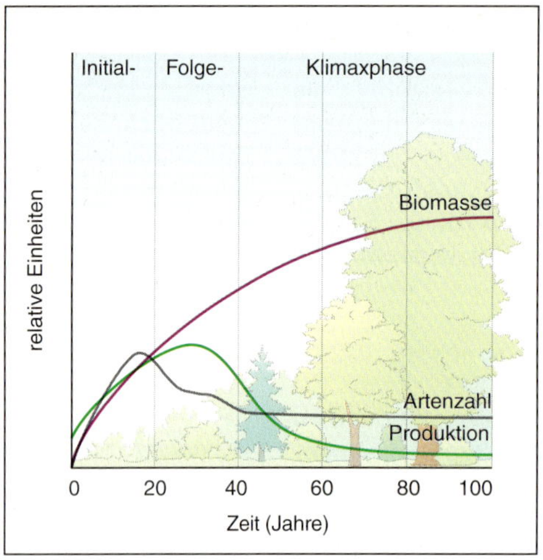

1 Sukzessionsphasen

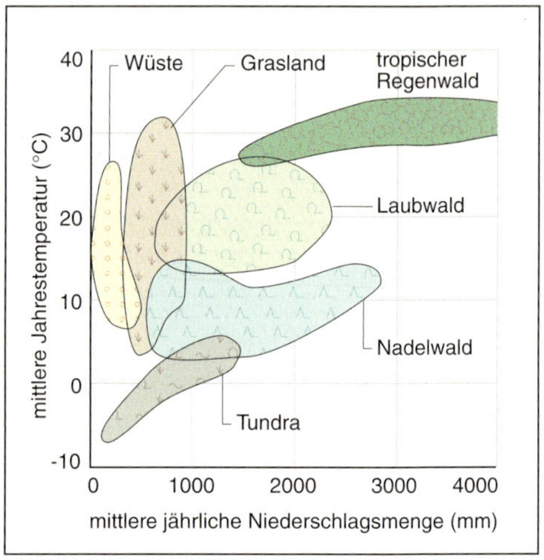

2 Klima und Vegetation

Sukzession und Klimax

Bleiben Kahlschläge eines Waldes sich selbst überlassen, entwickelt sich bald eine charakteristische Pflanzengemeinschaft. Auf sauren, mineralstoffarmen Böden wachsen zunächst Weidenröschen und Waldkreuzkraut. In ihrem Schatten gedeihen Brombeere und Geißblatt sowie Eberesche und Faulbaum. Diese mehrjährigen Pflanzen überragen und beschatten schließlich die Kräuter, sodass diese nicht mehr gedeihen. Sie werden „verdrängt".

Auf mineralstoffreichen Böden wachsen anfangs Tollkirsche, Walderdbeere und Waldklette. Danach als Sträucher Holunder, Salweiden und Brombeeren. Tiere folgen entsprechend der ihnen zusagenden Nahrung und Versteckplätze. Solche typischen Abfolgen von Lebensgemeinschaften bezeichnet man als *Sukzessionen*. Auf der Suche nach Gesetzmäßigkeiten lassen sich im Allgemeinen drei Phasen abgrenzen:

In der *Initialphase* treffen Pionierarten ein, die sehr vermehrungsfähig sind und das neue Gebiet in großer Dichte, aber oft nur mit wenigen Arten besiedeln. Da es sich bei ihnen meist um einjährige Formen handelt, werden sie nach und nach durch mehrjährige, höherwüchsige Arten verdrängt.

In der *Folgephase* wird sehr viel pflanzliche *Biomasse* aufgebaut, die eine Vielzahl von Konsumenten anzieht. Durch deren regulierenden Einfluss kann die Pflanzengemeinschaft sehr lange in der Folgephase verharren: Steppengebiete beispielsweise bewalden nicht, solange Huftiere die Baumkeimlinge abweiden. Die Bildung neuer Biomasse pro Zeiteinheit wird als *Produktion* bezeichnet. Initial- und Folgephase sind besonders produktive Sukzessionsabschnitte (Abb. 1).

Die anschließende Phase der Sukzessionsreihe nennt man *Klimax*. Hier herrscht ein Fließgleichgewicht zwischen Bildung und Verbrauch von Biomasse. Sie weist oft weniger, aber langlebigere Arten als die Folgephase auf. Die Struktur der Klimaxgesellschaft hängt vor allem von den großklimatischen Bedingungen ab (Abb. 2). Für die Ausprägung des Klimaxstadiums sind Zeitspannen nötig, in denen auch klimatische Veränderungen stattfinden können. Der Begriff hat daher einen eher theoretischen Charakter. Meistens beobachtet man in der Vegetation *Landschaftsmosaike*, da Klimaxbestände in mehr oder minder regelmäßigen Abständen in eine frühere Phase zurückfallen. Dafür sind im Wald neben Rodungen auch Feuer, Windbruch oder das Absterben kranker und überalteter Bäume *(Zerfallsphase)* verantwortlich. Viele andere Vegetationsabfolgen verlaufen in jahreszeitlichen Zyklen *(Aspektfolgen)*, wie z. B. die Entwicklung der Krautschicht am Waldboden.

Aufgabe

① Vergleichen Sie die Sukzession bei der Wiederbesiedlung einer Rodungsfläche mit der bei der Zersetzung eines Baumstumpfes im Hinblick auf die Ernährungsstufen der beteiligten Arten.

Sukzession
Typische Abfolge von Lebensgemeinschaften

Aspektfolge
Jahreszeitlich bedingte Veränderungen im Erscheinungsbild einer Lebensgemeinschaft

Produktion
Zuwachs an Biomasse pro Zeiteinheit

Der Wald im Wandel

Seit der letzten Eiszeit hat sich mit dem Klima auch die Zusammensetzung der Wälder verändert, wie Pollendiagramme zeigen. Der massenhafte Pollen windblütiger Waldbäume setzte sich in verschiedenen Bodenschichten ab und lässt auf die Häufigkeit der Baumarten in der jeweiligen Zeit schließen.

Aufgaben

① Beschreiben Sie die *Vegetationsgeschichte* des Waldes anhand eines Pollendiagrammes (Abb. 1).

② Nur in einem Forst sind alle Bäume altersgleich. Unter natürlichen oder naturnahen Bedingungen findet man im Wald Areale mit verschiedenen Altersklassen mosaikartig nebeneinander. Erklären Sie das und beschreiben Sie dabei den Ablauf des *Mosaikzyklus* anhand Abbildung 2.

③ Stellen Sie die jahreszeitlichen Veränderungen im Laubwald für Vegetation und Vögel (Abb. 3) tabellarisch zusammen und erklären Sie die Aspektfolge. Sind vergleichbare Änderungen in einem Nadelwald zu erwarten?

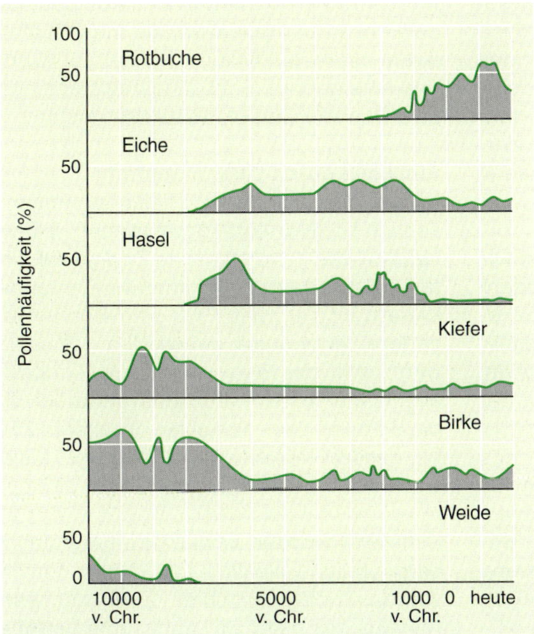

1 Pollendiagramm

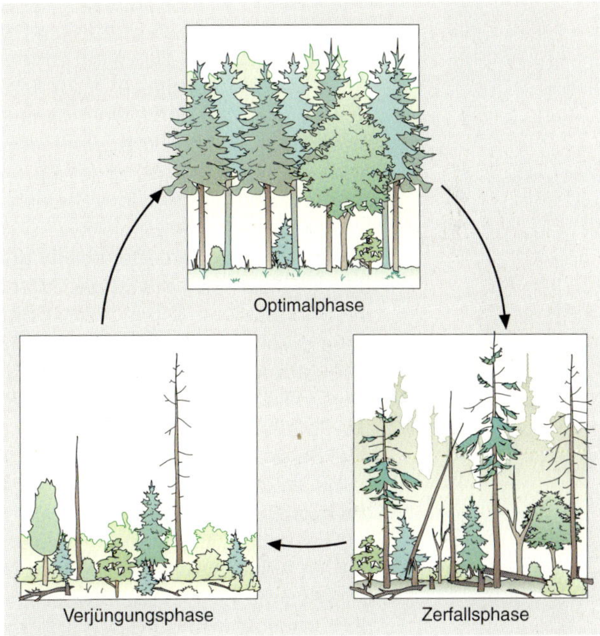

2 Mosaikzyklus

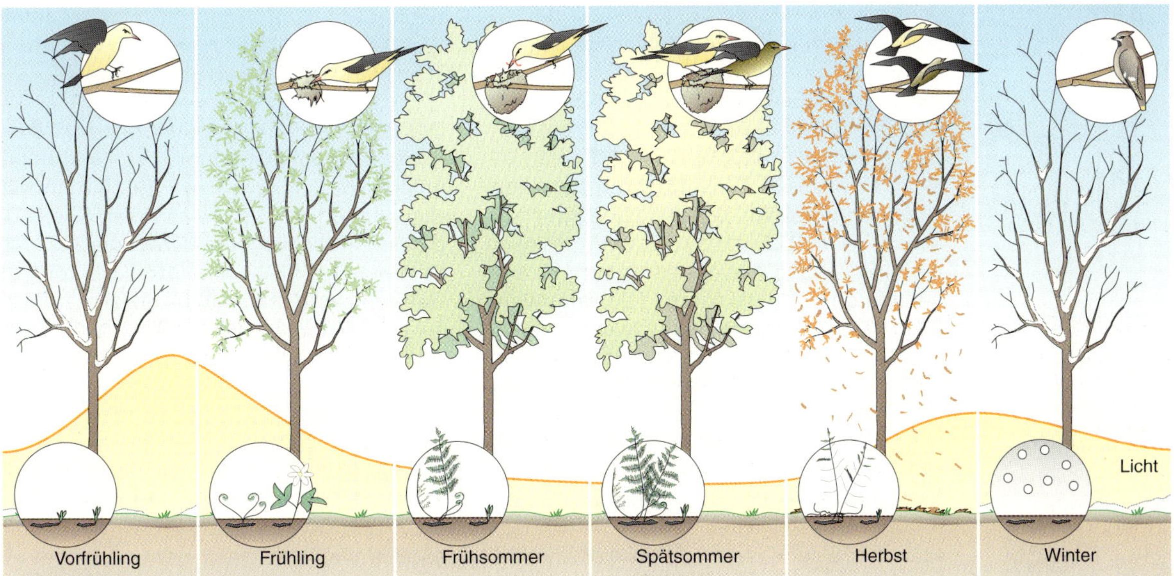

3 Aspektfolge

Gefährdung des Waldes

Einflüsse durch die Bewirtschaftung
Das Auerhuhn gilt als Charaktertier nord- und westeuropäischer Wälder (siehe Randspalte). Den meisten Menschen ist es heute jedoch aus eigener Anschauung nicht mehr bekannt, denn sein Bestand ist dramatisch zurückgegangen. Autökologische Befunde erklären das drohende Aussterben der Art: Das Auerhuhn ernährt sich im Sommer von Beeren und Knospen aus der Strauch- und Krautschicht, während der Wintermonate vor allem von Nadelblättern. Es schläft auf waagerechten Ästen großer Bäume. Die eindrucksvolle Balz der putengroßen Hähne beginnt im hohen Geäst und spielt sich dann auf Lichtungen ab. Das Nest wird am Boden angelegt. Die Jungtiere brauchen deckenden Unterwuchs und eiweißreiche Insektennahrung, z. B. rote Waldameisen. Zur Zerkleinerung der Nahrung im Muskelmagen schlucken die Vögel kleine Steinchen.

Solche vielfältigen Lebensbedingungen findet das Auerhuhn in stufigen Mischwäldern mit Sumpfstellen. Diese Wälder mussten jedoch vielerorts aus holzwirtschaftlichen Gesichtspunkten dem Fichtenforst weichen. Der Fichtenforst ist eine *Monokultur*, in der zur Rationalisierung der Holzproduktion nur eine Baumart angepflanzt wird. Es bildet sich keine typische Vegetationsschichtung, da die Kronen der altersgleichen, immergrünen Bäume kaum Licht hindurchlassen. Der Boden ist wenig vor Erosion geschützt, denn Unterwuchs fehlt. Fichten wurzeln nur flach und das Holz wird oft durch Kahlschlag größerer Flächen „abgeerntet".

In dieser eintönigen Flora fehlen für viele Organismen geeignete Lebensbedingungen, sie sind, wie das Auerhuhn, vom Aussterben bedroht. Andere Arten finden optimale Nahrungsbedingungen, ohne durch Feinde dezimiert zu werden. Sie vermehren sich nahezu ungebremst und werden zu Waldschädlingen, wie z. B. der Borkenkäfer. Probleme durch Schädlingsbefall sind typisch für Monokulturen, z. B. Weinberge, Getreidefelder oder Obstplantagen, denn diese sind störungsanfällig. Wenn die Dichte der Arten zwar schwankt, aber keine Arten aussterben oder sich ungebremst vermehren, wird ein Ökosystem als *stabil* bezeichnet. Die Suche nach Stabilitätsursachen steht seit Jahren im Mittelpunkt der ökologischen Forschung. Einen Hinweis scheint die Komplexität einer Biozönose zu geben, worunter weniger die absolute Artenzahl als vielmehr die wechselseitige Vernetzung der Arten zu verstehen ist. In diesem Sinne ist ein botanischer Garten zwar artenreich, aber wenig komplex. Der tropische Regenwald bildet dagegen eine komplexe Gemeinschaft. Hier verhindern zwischenartliche Beziehungen die dauerhafte Massenvermehrung einzelner Arten. Die Dichtewerte sind auch bei natürlichen Schwankungen der Umweltfaktoren relativ konstant. Größere Umweltveränderungen können sich jedoch in komplexen Gemeinschaften verheerend auswirken. Monokulturen bestehen aus wenigen, neuzeitlichen Zuchtpflanzen, die meist nicht an ihrem optimalen Standort angebaut wurden und eine geringe Schädlingsresistenz besitzen. Deshalb sind Monokulturen instabil.

Einflüsse durch Luftschadstoffe
In den Siebzigerjahren fielen erstmals an Tannen höherer Mittelgebirgslagen gelb verfärbte Nadeln und verkahlte Zweige auf. Später registrierte man Schäden an Fichten und Kiefern im Tal. Seit 1980 sind Buchen und andere Laubbäume geschädigt. *„Waldsterben"* heißt das Schlagwort, die Symptome sind immer ähnlich: Zunächst verfärben sich die Blättern, dann verkahlen die älteren Zweige, danach verlichtet sich die Krone, bis der Baum schließlich abstirbt (Abb. 55. 1).

Seit 1983 werden in den alten Bundesländern jährliche Waldschadens- bzw. Waldzustandsberichte erhoben. Zunächst waren Nadelbäume mehr als Laubbäume betroffen. Heute liegt der Anteil geschädigter Laubbäume deutlich höher. Starke regionale Waldschäden findet man z. B. im Harz, im Thüringer Wald und im Schwarzwald.

Die Ursachen des Waldsterbens sind immer noch nicht vollständig geklärt. Unstrittig ist jedoch die Schadwirkung durch Luftverunreinigungen mit Schwefeldioxid, Stickstoffoxiden, Chlor-Fluor-Kohlenwasserstoff-Verbindungen (CFKW) und Ozon. Sie wirken in Gasform, aber auch gelöst als saurer Regen auf die Blätter ein. Mineralstoffe werden aus den Blättern gewaschen, insbesondere das für den Chlorophyllaufbau wichtige Magnesium. Der saure Regen wirkt außerdem indirekt über den Boden auf das Wurzelsystem. Versauerte Waldböden beeinträchtigen den Kationentransport der Pflanze. Wurzelhärchen und Mykorrhiza werden geschädigt, sodass sie nicht mehr genug Wasser aufnehmen können. Die Zersetzungsvorgänge durch Bodenlebewesen werden beeinträchtigt. Geschädigte Bäume sind anfällig gegenüber Insekten, Viren, Bakterien und Holz zerstörenden Pilzen. Daher ist das Waldschadensbild sehr vielgestaltig. Geeignete Maßnahmen zur Eindämmung des Waldsterbens sind die Luftreinhaltung durch verminderte Emissionen und die Regeneration der versauerten Böden.

Will man die Stabilität der Waldökosysteme langfristig erhöhen, sollte man naturnahe stufige Mischwälder schaffen und artenreiche Waldränder erhalten. Nur in ihren ursprünglichen, evolutiv gewachsenen Lebensräumen kann man das Auerhuhn und andere Waldlebewesen dauerhaft schützen und nur gesunde Wälder konnen dem Menschen Schutz, Erholung und Nutzen bieten. Dadurch wird letzten Endes auch die genetische Vielfalt für eine nicht vorhersehbare Nutzungsform der Zukunft und vor allem für ein stabiles Ökosystem erhalten.

Aufgaben

1. Die Stabilität von Ökosystemen hat mindestens zwei Aspekte: Konstanz und Elastizität. Erklären Sie und nennen Sie Beispiele.
2. Was ist der Unterschied zwischen einem Urwald, einem Forst und einem naturnahen Wald?
3. Wie wirken sich die Waldschäden auf die Funktionen des Waldes aus?

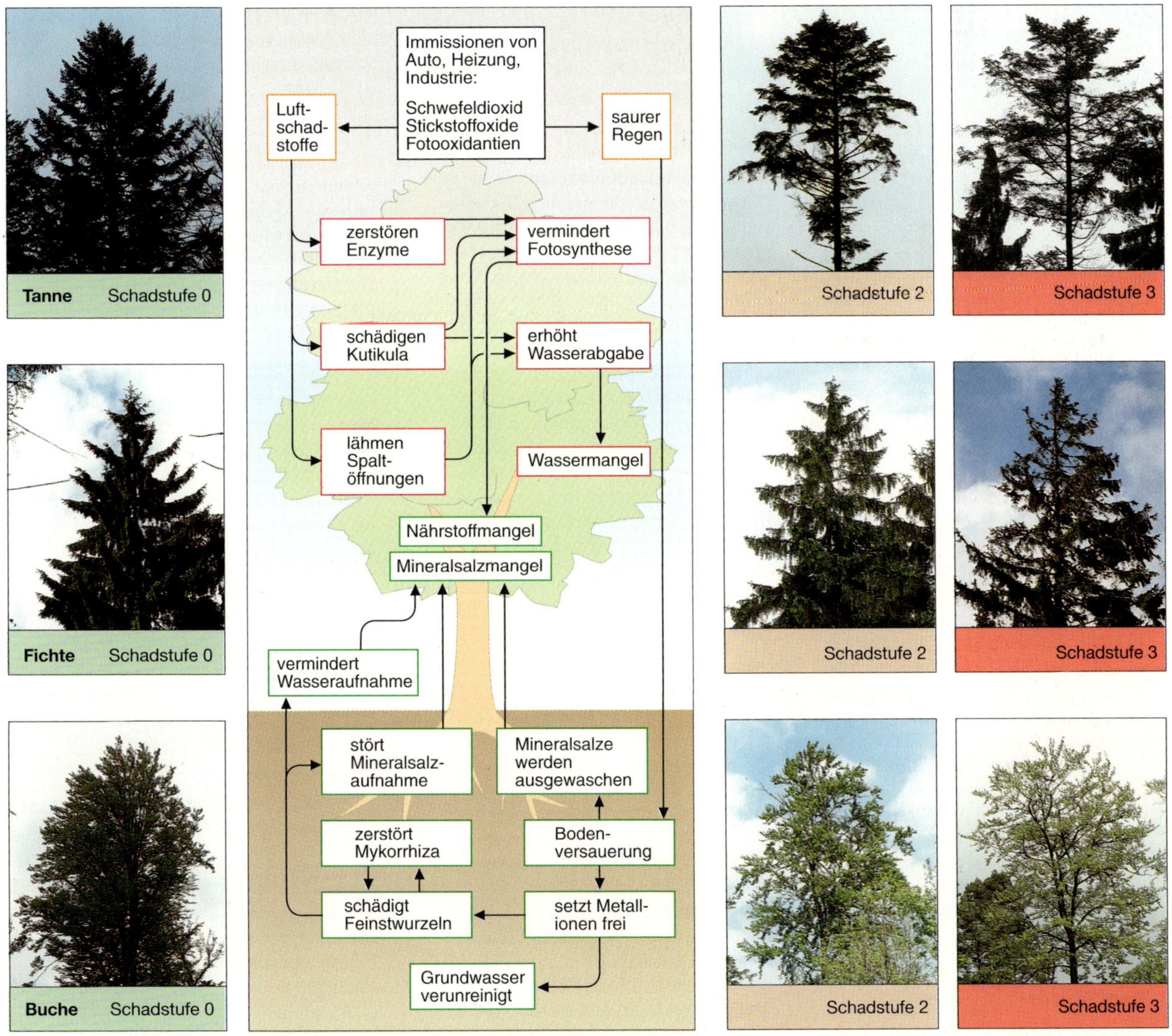

1 Schadenssymptome und -ursachen bei Laub- und Nadelbäumen

Lexikon
Lexikon
exikon
xikon
ikon
kon
on

Schadenswege

Schadstoffe wirken entweder direkt über die Schädigung von Blättern und Wurzeln auf Bäume ein oder indirekt, indem sie die Vitalität herabsetzen und die Anfälligkeit gegenüber Forstschädlingen und Witterungseinflüssen erhöhen. Monokulturen und eine nicht standortgerechte Waldwirtschaft verstärken die schädigenden Einflüsse.

Schadensentwicklung (Anteil Schadensstufen in %)						
	neue Länder			alte Länder		
Schadensstufe	0	1	2–4	0	1	2–4
Jahr 1984	–	–	–	50	33	17
Jahr 1985	–	–	–	50	33	17
Jahr 1986	–	–	–	46	35	19
Jahr 1987	–	–	–	48	35	17
Jahr 1988	–	–	–	48	37	15
Jahr 1989	–	–	–	47	37	16
Jahr 1990	34	30	36	Sturmschäden		
Jahr 1991	27	35	38	40	40	20
Jahr 1992	25	41	34	34	42	24
Jahr 1993	31	40	29	38	39	23

Immission

Durch die Abgase von Kraftfahrzeugen, Haushalten und Industrie *(Emittenten)* wird die Luft mit *Schwefeldioxid* (SO_2), *Stickstoffoxiden* (NO_x), *Schwermetallen* und *Fotooxidantien* verunreinigt. Die Einwirkung solcher Schadstoffe auf Lebewesen bezeichnet man als *Immission*. Immissionswerte werden in der *TA Luft* (Technische Anleitung zur Reinhaltung der Luft, Verwaltungsvorschrift mit Auflagen für die Betreiber von genehmigungspflichtigen Anlagen) festgelegt. Dabei wird zwischen Lang- und Kurzzeitwirkung unterschieden. Die Richtwerte beziehen sich nur auf die Einzelwirkung der Stoffe.

Transmission

Schon seit dem 19.Jahrhundert sind an Waldbäumen *Rauchschäden* durch Industrieabgase bekannt. Es handelt sich um Schäden in unmittelbarer Nähe von Schornsteinen. Die Erhöhung der Schlote in den letzten 20 – 25 Jahren entlastete die nähere Umgebung. Jetzt werden die Schadstoffe jedoch kilometerweit transportiert, ehe sie wieder auf den Boden gelangen. Einige Verbindungen werden dabei chemisch zu anderen Schadstoffen umgewandelt.

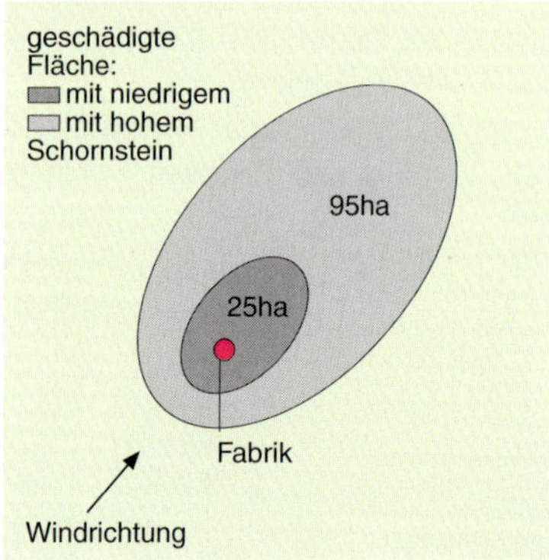

Fotooxidation

Als *Fotooxidation* bezeichnet man alle Oxidationsreaktionen, die durch Bestrahlung mit Licht ausgelöst werden. Fotooxidantien, z. B. Ozon, sind reaktionsfähige Substanzen, die sich aus Kohlenwasserstoffen, Stickstoffdioxid und Sauerstoff unter Einwirkung des kurzwelligen Sonnenlichts (Wellenlänge unter 430 nm) bilden können. Sie führen zu einer Einschleusung von Sauerstoff in organische Moleküle. Ozon schädigt die Zellmembran, hemmt die Fotosynthese, stört die Regulation der Spaltöffnungen und damit den Wasserhaushalt. Zusätzlich wird die Angriffswirkung anderer Schadstoffe erhöht.

Trockene Deposition

Staubemissionen stammen vorwiegend aus Feuerungsanlagen, sowie aus der Eisen- und Stahlproduktion. Viele Stäube enthalten toxische Schwermetalle, wie Blei, Cadmium und Thallium. Diese schlagen sich mit Ruß und Staubpartikeln trocken auf dem Boden nieder. Eine Sonderform der trockenen Deposition ist die *Interzeption*, bei der Partikel von den Blatt- und Zweigoberflächen zurückgehalten werden. Die Interzeptionsfläche von Bäumen ist besonders groß. Darauf beruht einerseits die Filterwirkung des Waldes, andererseits werden dadurch die Wälder erheblich mit Schadstoffen belastet.

Nasse Deposition — Saurer Regen

Schwefeldioxid und Stickstoffoxide aus den Abgasen können mit dem Wasserdampf der Luft und Niederschlägen zu *Schwefelsäure* (H_2SO_4), *salpetriger Säure* (HNO_2) oder *Salpetersäure* (HNO_3) reagieren. Bei der Kohle- und Müllverbrennung kann auch *Salzsäure* (HCl) entstehen. Auf diesem Wege gelangen H^+-Ionen aus der Luft über Niederschläge in die Biosphäre. Diese auch als „saurer Regen“ bezeichnete Nassdeposition wirkt einerseits direkt auf die Blätter und führt andererseits zur Zunahme der Wasserstoffionenkonzentration in der Bodenlösung, also zur Versauerung der Böden.

Bodenversauerung

Je größer die Wasserstoffionenkonzentration im Bodenwasser, desto geringer ist die Haftfähigkeit von Kationen und Anionen an Bodenteilchen. Daher werden in sauren Böden die Mineralstoffe besonders leicht ausgewaschen. Saure Böden sind mineralstoffarm. Andererseits werden die im Waldboden normalerweise gebundenen *Aluminiumionen* in hohen Konzentrationen freigesetzt und behindern die *Magnesiumaufnahme* in der Pflanze und damit die Bildung von Chlorophyll. Der Versauerung der Böden begegnet man kurzfristig durch Kalkdüngung.

Stickstoff-Eutrophierung

Der Mangel an Stickstoffverbindungen begrenzt normalerweise die Proteinsynthese und damit das Wachstum der Pflanzen. Durch Stickstoffoxide aus Autoabgasen, Ammoniak aus der Landwirtschaft, aus Kläranlagen und Mülldeponien wird vermehrt Stickstoff auch aus der Luft eingetragen. Dieses veränderte Mineralstoffangebot düngt die Pflanzen, fördert ihr Wachstum und erhöht ihren Bedarf an weiteren Mineralstoffen, wie Magnesiumionen. Über die versauerten Böden kann dieser Bedarf jedoch nicht gedeckt werden. Die Pflanzen weisen Mangelerscheinungen auf und werden krankheitsanfällig.

Synergetische Wirkung

Wirken verschiedene Stoffe und Faktoren zusammen, so kann ihre Gesamtwirkung größer als die Summe der Einzelwirkungen sein. Aus separat ermittelten Laborbefunden zur Schadwirkung von Schwefelsäure, Stäuben und Ozon auf Blätter lassen sich die Folgen einer gleichzeitigen Einwirkung *(synergetische Wirkung)* nicht vorhersagen.

Schadensbilder

Für die Waldschadenserhebung wird vor allem das äußere Erscheinungsbild der Bäume betrachtet. Bei näherer Analyse ergeben sich auch Detailschäden an Blatt, Spross und Wurzel.

Aufgaben

① Vergleichen Sie das Aussehen gesunder und erkrankter Laubblätter.

② Vergleichen Sie das Wachstum gesunder und erkrankter Tannen.

③ Durch Laser-Massenspektroskopie lässt sich die Verteilung von Elementen sogar auf Zellebene feststellen. Vergleichen Sie die Konzentration von Elementen in der Wurzel einer gesunden und einer erkrankten Fichte, die auf versauertem Boden wächst.

④ Erläutern Sie mögliche Folgen der dargestellten Veränderungen an Blatt und Stamm für das Wachstum des Baumes.

⑤ Die ersten Schadensbilder wurden auf Böden mit saurem Urgestein beobachtet. Erklären Sie.

Gesundes Erscheinungsbild

gesunde Blätter (Buche)

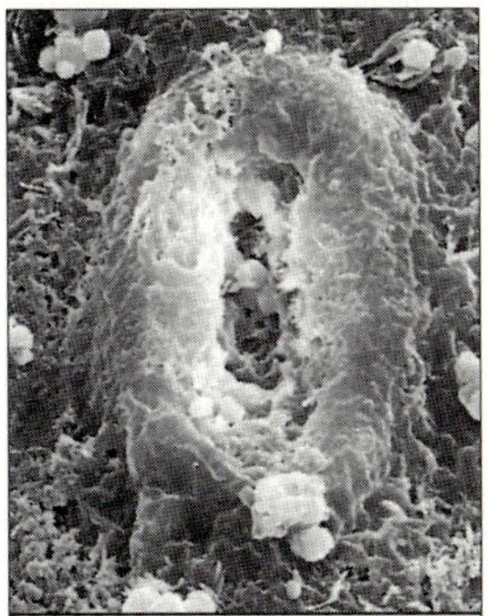

Kutikula ungeschädigt

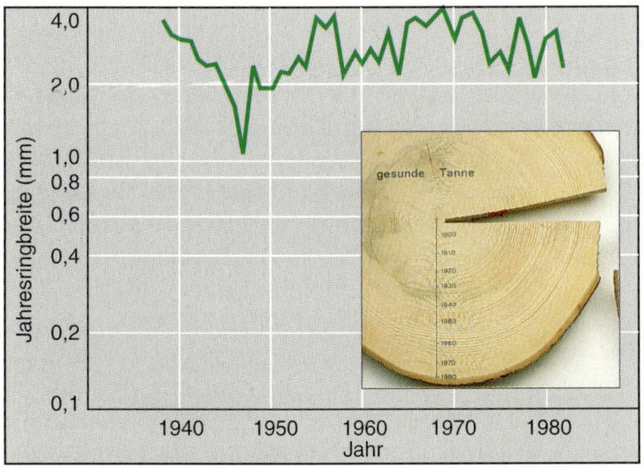

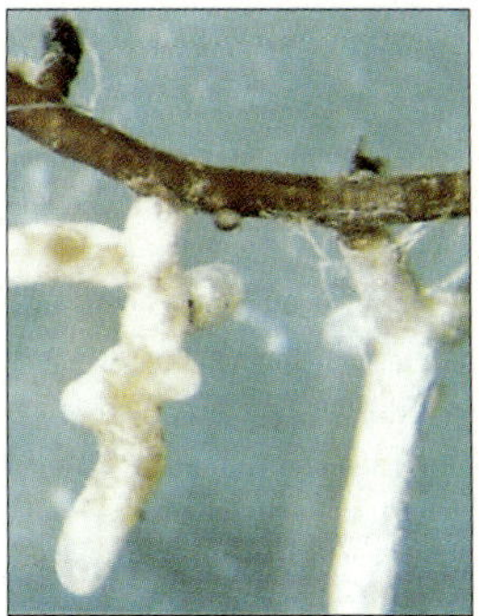

gesunde Wurzel

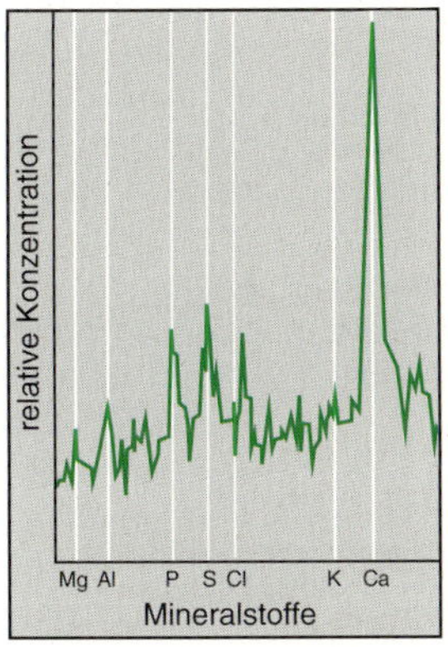

Krankes Erscheinungsbild

K-Mangel (Buche)

Kutikula eschädigt

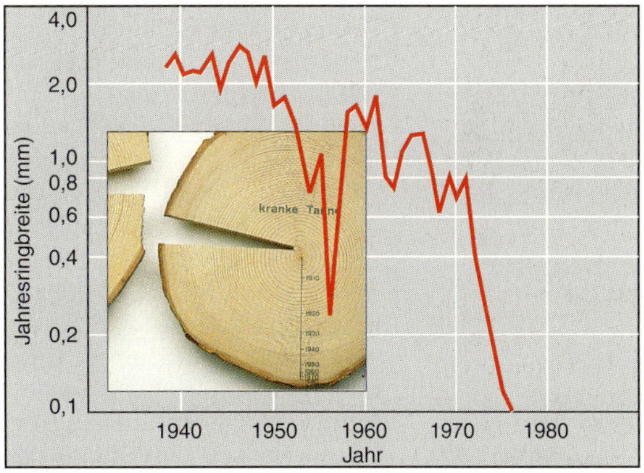

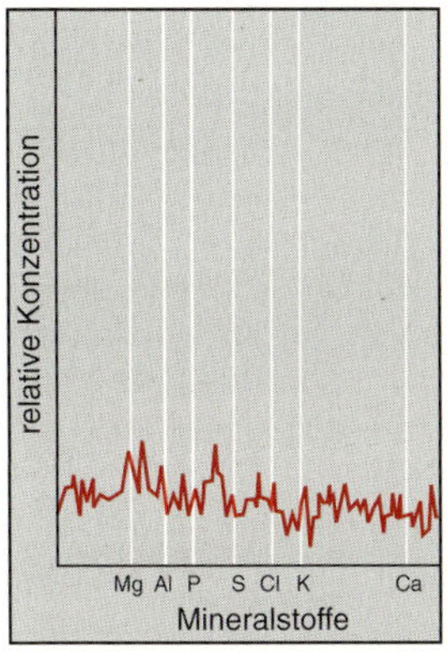

kranke Wurzel

1 Blattzisterne einer Bromelie

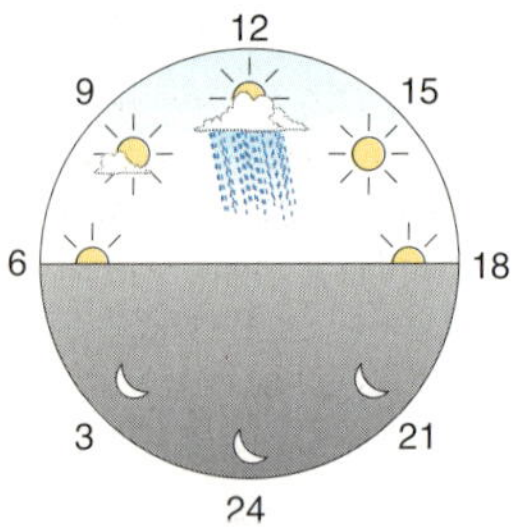

Tagesrhythmus in den Tropen

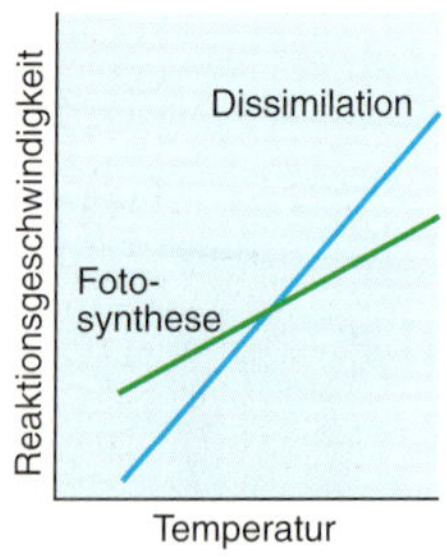

Der tropische Regenwald

Kaulquappen schwimmen im warmen Wasser, fressen hier und da an Algen, versuchen räuberischen Insektenlarven zu entkommen und wandeln sich schließlich in Frösche um. Was ist das Besondere daran? Diese Metamorphose findet etwa 30 m über dem Erdboden in einem Tümpel statt, den eine brasilianische Laubfroschart selbst anlegt. Dazu streicht der Frosch eine Baumhöhle mit Bienenwachs aus. Diese füllt sich mit Regenwasser und wird zum Brutraum für die Kaulquappen. Umwege zum Erdboden sind überflüssig.

Im tropischen Regenwald liegt die üppigste Lebensentfaltung hoch oben im Gewirr der Baumkronen. Strudelwürmer, Blutegel, Libellenlarven und andere Wassertiere kriechen im nassen Laub umher, Regenwürmer leben zwischen Humusansammlungen in den Baumwinkeln. Bromelien, Farne und Orchideen wachsen „auf Etage" *(epiphytisch)*. In ihren Blattwinkeln entstehen kurzzeitige Wasserbehälter für Einzeller, Würmer, Kleinkrebse, Milben, Insektenlarven und Amphibien. Ihre bizarren Blüten und Früchte ziehen Schmetterlinge und Vögel an. Sogar kleine Huftiere wie der afrikanische Baumschliefer sind zum Baumleben übergegangen. Mehr als die Hälfte aller Tier- und Pflanzenarten der Welt leben im tropischen Regenwald. Sie erreichen keine hohen Dichten, sodass viele Arten noch unentdeckt sind.

Vereinzelte Baumriesen von 50 bis 60 m Höhe überragen die Schicht der 30 bis 45 m hohen Bäume, Palmen wachsen 20 m hoch wie unsere Laubbäume, Nadelbäume fehlen weitgehend. Pro Hektar Regenwald kommen bis zu 600 verschiedene Holzpflanzen vor, dagegen ist unser Laubwald mit 10 bis 20 Arten/ha artenarm. Der Unterwuchs besteht aus Jungpflanzen der häufigsten Gehölze. Die meisten Bäume sind immergrün und ersetzen einzelne Blätter gleichmäßig über das Jahr verteilt. Durch das dichte Blätterdach gelangt nur sehr wenig Licht auf den Boden, daher ist die Krautschicht gering entwickelt. Alle Baumkronen sind miteinander durch Kletterpflanzen und Lianen verflochten. Diese Gliederung wirkt wie ein Filtersystem, das den täglichen Regen langsam zum Boden führt und die enthaltenen Mineralstoffe schon auf dem Weg nach unten herauszieht. Längere Trockenperioden fehlen, sodass die relative Luftfeuchte im unteren Stockwerk selten unter 95 % fällt. Im Jahresdurchschnitt ist es mindestens 20 °C warm. Bis auf ein vertikales Gefälle sind die abiotischen Bedingungen sehr gleichförmig. Täglichen Feuchtigkeits- und Temperaturschwankungen sind nur die höheren Bäume ausgesetzt.

Im Vergleich zur *Tagesperiodik* (s. Randspalte) ist die *Jahresperiodik* unbedeutend und wird allenfalls regional durch regelmäßige Flussüberschwemmungen charakterisiert. Es gibt keine Jahreszeiten. Die Überschwemmungen können in einigen Senken Schlemmstoffe hinterlassen, der überwiegende Teil der Böden ist jedoch ausgesprochen mineralstoffarm. Eine zusammenhängende Streuschicht fehlt, nur die obersten 10 cm enthalten Humus, der bereits nach 4 bis 6 Wochen vollständig von Bakterien und Mykorrhiza zersetzt ist. Von den Pilzen leben als Folgezersetzer Milben und Springschwänze. Regenwürmer sind vergleichsweise unbedeutend. Im Nahrungsnetz des Regenwaldes bilden Ameisen und Termiten den größten Teil der Bodentierbiomasse.

Biochemische Zersetzungsvorgänge werden durch die hohen Temperaturen stärker gefördert als die Lichtreaktionen der Fotosynthese (siehe Randspalte unten). Biomasse wird also schneller abgebaut als aufgebaut. Daher befindet sich das Mineralstoffkapital des tropischen Regenwaldes hauptsächlich in der lebenden Substanz und nicht wie in den Wäldern gemäßigter Zonen im Boden. Durch die ganzjährige Fotosynthese erreicht der tropische Regenwald hinsichtlich Biomasse und Primärproduktion Spitzenwerte. Dabei ist die zweite Kronenschicht besonders produktiv.

Epiphyten

Regenwald
mittl. Niederschlag: 1900 mm/Jahr
Verdunstung: 73%
Abfluss: 27%

Laubwald
mittl. Niederschlag: 600 mm/Jahr
Verdunstung: 67%
Abfluss: 33%

Primärproduktion (P) (kg/m²/Jahr) und **Biomasse (B)** (kg/m²)

	Regen-	Laubwald
P	2,2	1,2
B	45	20

Seit dem Tertiär haben sich die abiotischen Bedingungen in den Tropen nur wenig verändert. Eine Ausräumung durch Eiszeiten wie in den gemäßigten Breiten hat es nicht gegeben. Hohe Temperaturen, Niederschlagsmengen und Kohlenstoffdioxidkonzentrationen sorgten dafür, dass das Ausgangsgestein bis zu einer Tiefe von 20 m verwitterte, es behält seine Struktur nur bei dauernder Feuchtigkeit. Das CO_2-haltige Regenwasser wäscht Kalk, Phosphor- und Kieselsäureverbindungen aus dem Boden in die Tiefe. Die Böden versauern und sind durch Eisen- und Aluminiumverbindungen (Fe_2O_3 und Al_2O_3) rot gefärbt. Ohne symbiotische Mykorrhizapilze ist die Mineralstoffversorgung der Bäume nicht gewährleistet.

Der üppige Dschungel steht also auf uraltem, dünnem Boden. Nach Kahlschlägen oder Brandrodung erodiert der Boden schnell und lässt nur einen artenarmen, niedrigen Sekundärwald nachwachsen. Durch Eingriffe des Menschen gehen jedes Jahr 125 000 km² Regenwald verloren. 70% des geschlagenen Holzes dient als Brennstoff für die wachsende Bevölkerung und bei der Verhüttung von Erzen. Nur 15 – 20 Bäume pro Hektar sind kommerziell als Edelhölzer nutzbar. Um sie zu schlagen, wird die umgebende Waldfläche gleich mit zerstört. Große Urwaldflächen wurden zu Weideland verwandelt, um Exportfleisch zu erzeugen, Bodenschätze wurden großflächig abgebaut. Das hat nicht nur die Lebensgrundlagen der Ureinwohner in erschreckender Weise eingeengt oder vernichtet, sondern stellt inzwischen auch eine globale Belastung dar: Durch Brände gelangen große Mengen Kohlenstoffdioxid in die Atmosphäre, gleichzeitig schrumpft die CO_2-fixierende Pflanzendecke. Der Wasserkreislauf wird nachhaltig verändert, die Ausbreitung der Wüsten gefördert. Viele Experten befürchten globale Klimaveränderungen (*Treibhauseffekt*, vgl. Kapitel „Mensch und Umwelt").

Aufgaben

① Orientieren Sie sich im Atlas über die Lage der tropischen Regenwälder.

② Für Darwin waren die tropischen Regenwälder das Sinnbild des Lebens voller Kraft und Wachstum, die Urwälder Feuerlands dagegen das Sinnbild des Todes, voller toter Bäume, Äste und Zweige. Erklären Sie diese Aussage.

③ Beschreiben Sie den typischen Tagesgang im tropischen Regenwald (s. Randspalte Seite 58).

④ Der flächengebundene Ackerbau hat sich vor allem in den gemäßigten und subtropischen Zonen entwickelt. Die Ureinwohner in den tropischen Regenwäldern leben noch heute vom Jagen und Sammeln sowie vom Wanderfeldbau, bei dem kleine Rodungsflächen nach wenigen Jahren Ackerbau sich selbst überlassen werden. Nennen Sie mögliche Ursachen für die Unterschiede in der kulturellen Entwicklung.

⑤ Stellen Sie tabellarisch den tropischen Regenwald und den sommergrünen Laubwald gegenüber bezüglich Vertikalzonierung, Bodenaufbau, Jahresrhythmik, Tagesrhythmik, Artenvielfalt, Produktion und Alter.

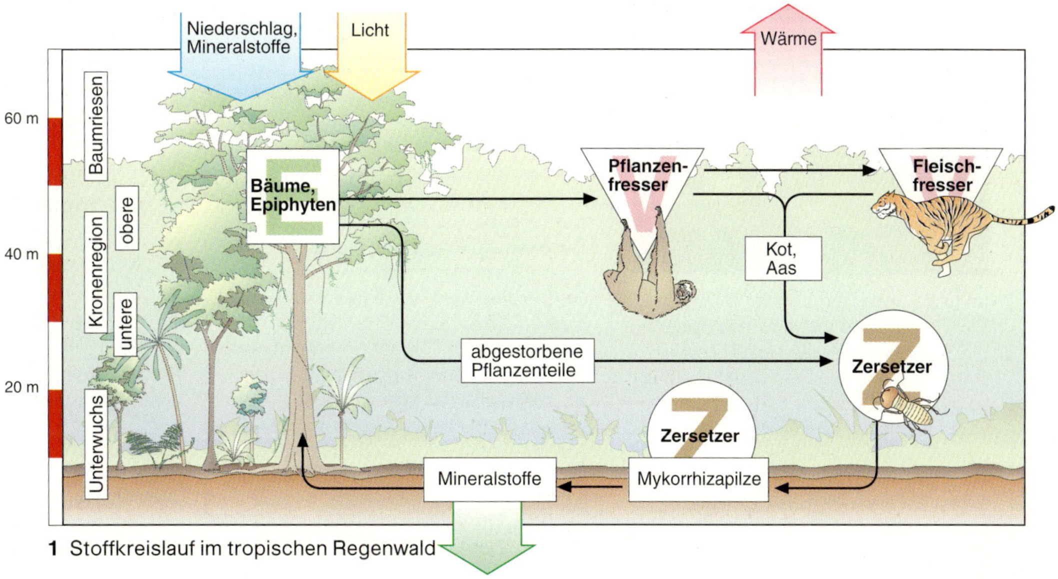

1 Stoffkreislauf im tropischen Regenwald

Lexikon
Lexikon
exikon
xikon
ikon
kon
on

Wechselbeziehungen im tropischen Regenwald

In den erdgeschichtlich alten tropischen Regenwäldern konnten viele ursprüngliche Tiergruppen überdauern, in Amerika z. B. Beutelratten, Gürteltiere, Faultiere und Ameisenbären, in Madagaskar die Lemuren und in Asien die Spitzhörnchen. Viele Tiere sind nacht- oder dämmerungsaktiv, andere zeigen, wie die Tukane oder die Paradiesvögel, Luxusbildungen, deren Auffälligkeit sich Vögel in anderen Lebensräumen nicht leisten könnten. Auch die Wechselbeziehungen zwischen den Organismen entwickelten sich über lange Zeiträume, nirgends sonst gibt es so viele symbiotische und so komplizierte innerartliche Beziehungen.

Brutpflege beim Nashornvogel

Im tropischen Regenwald gibt es viele Eiräuber, entsprechend vielfältig sind die Schutzmaßnahmen im Nist- und Brutverhalten: Mit ihren großen, auffällig gefärbten Schnäbeln ähneln die afrikanischen *Nashornvögel* (Familie Rackenvögel) den amerikanischen *Tukanen* (Ordnung Spechtvögel). Die Vögel bilden vergleichbare ökologische Nischen im Regenwald, sodass man von *Stellenäquivalenz* sprechen kann. Die Nashornvögel brüten 5 – 40 m über dem Erdboden in Baumhöhlen. Das Männchen bildet aus Lehm und Speichel Baumaterial, mit dem das Weibchen die Baumhöhle bis auf einen kleinen Spalt verschließt und sich dabei selbst einmauert. Dieser Höhlenverschluss hält während der Brutzeit Affen, Schlangen und andere Nesträuber fern. Durch den Spalt füttert das Männchen zunächst sein brütendes Weibchen und später auch die Jungvögel, Abfallstoffe befördert die Familie aus dem Spalt hinaus. Bei großen Arten verlassen die Weibchen vor den Jungen das Nest, um bei der Fütterung zu helfen. Die Jungen kleben den Eingang dann wieder zu, bis sie selbst flügge sind.

Staatenbildung bei Termiten

Termiten sind im tropischen Regenwald die wichtigsten Holzzersetzer. Sie zersetzen bis zu 16 % der organischen Biomasse. Bei einigen Arten wird die Zellulose im Enddarm durch symbiotische Flagellaten zerlegt, andere ernähren sich von Pilzen, die sie auf halb verdauten Holzkügelchen züchten. Durch ihre Bau- und Grabtätigkeiten machen die Termiten Calcium und Phosphor für die Pflanzen verfügbar. Termiten zeigen in ihrer Staatenbildung Konvergenzen mit den nicht näher verwandten Ameisen. Das weibliche Geschlechtstier kann sehr groß werden und täglich tausende von Eiern legen. Beim Belecken dieses Weibchens nehmen die Termiten ein Pheromon auf, das ihre eigene Geschlechtsreife verhindert. Die meisten Termiten eines Staates bleiben daher auf einer larvalen Entwicklungsstufe. Sie gehören verschiedenen Funktionsgruppen an, die man als *Kasten* bezeichnet. Die Soldaten sorgen für die Verteidigung des Staates, die Arbeiter für die Ernährung und ein günstiges Mikroklima. Sinkt die relative Luftfeuchte unter 92 %, so befeuchten die Arbeiter die Wände der Zellen mit Speichel. Ständig werden Eier und Larven in die Winkel des Nestes verlagert, die die günstigsten Temperaturbedingungen zeigen. Ameisenigel, Ameisenbeutler, Ameisenbären, Schuppentiere und Erdferkel vertilgen sehr viele Termiten.

Symbiose: Macaranga — Ameisen

Pflanzen der Gattung *Macaranga* aus dem malaysischen Regenwald bieten Ameisen spezielle, lipidhaltige Futterkörperchen als Nahrung und Nistraum in der hohlen Sprossachse. Als Gegenleistung verteidigen die Ameisen ihre Wirtspflanze gegen Raupen und andere Fressfeinde und verhindern durch Fraß das Auskeimen und Wuchern von Schlingpflanzen. Dadurch haben von Ameisen besiedelte Macarangapflanzen Vorteile gegenüber nicht besiedelten, obwohl die Ameisen Schildläuse pflegen und deren süße Aussscheidungen melken.

Feind — Beute: Warntrachten von Fröschen

Pfeilgiftfrösche erhielten ihren Namen, weil südamerikanische Indianer mit dem Sekret der Hautdrüsen ihre Pfeile für die Jagd vergifteten. Die Hautdrüsen bilden ein Nervengift, das lähmend wirkt. Die leuchtenden Farben der Frösche stellen eine wirksame Warntracht gegenüber Fressfeinden dar.

Konkurrenz um Licht und Mineralstoffe

Im dichten Blattwerk des Regenwaldes sind Licht und Mineralstoffe Mangelware. Die Konkurrenz um diese Ressourcen hat die Gestalt von Bäumen, Lianen und Epiphyten geprägt.

Blätter
Ledrig, oft elliptisch (Baumriesen); oft mit *Träufelspitzen* oder roten Blattunterseiten, schneller Austrieb vieler blasser Blätter als *„Schüttellaub"* ohne Knospenbildung (Bäume); Blatttrichter mit *Schuppenhaaren* (Epiphyten); Klettervorrichtungen (Lianen).

Spross
Aufstrebende Stämme ohne Jahresringe mit glatter, dünner Rinde (Bäume); biegungs- und torsionsfähige Sprosse (Lianen, Kletterpflanzen); reduzierter Spross (Epiphyten).

Wurzeln
Brettwurzeln liegen wie hochkantige Bretter bis zu 10 m hoch an (Baumriesen); *Haftwurzeln* (Epiphyten); grüne *Luftwurzeln* mit saugfähigen Außenschichten *(Velamen radicum* bei epiphytischen Orchideen); *Säulenwurzeln*: Luftwurzeln, die nach Erreichen des Bodens verdicken (Baumwürger, Hemiepiphyten), *Kletterwurzeln* (einige Lianen).

Blüten
Tierbestäubt, selten windbestäubt. *Kauliflorie*: Blüten entwickeln sich aus schlafenden Augen direkt am Stamm, etwa 1 000 Arten (z. B. Kakaobaum). Blütezeit über das ganze Jahr verteilt.

Aufgabe

① Beschreiben und erklären Sie Gestalt und Funktion der Pflanzenorgane typischer Regenwaldpflanzen.

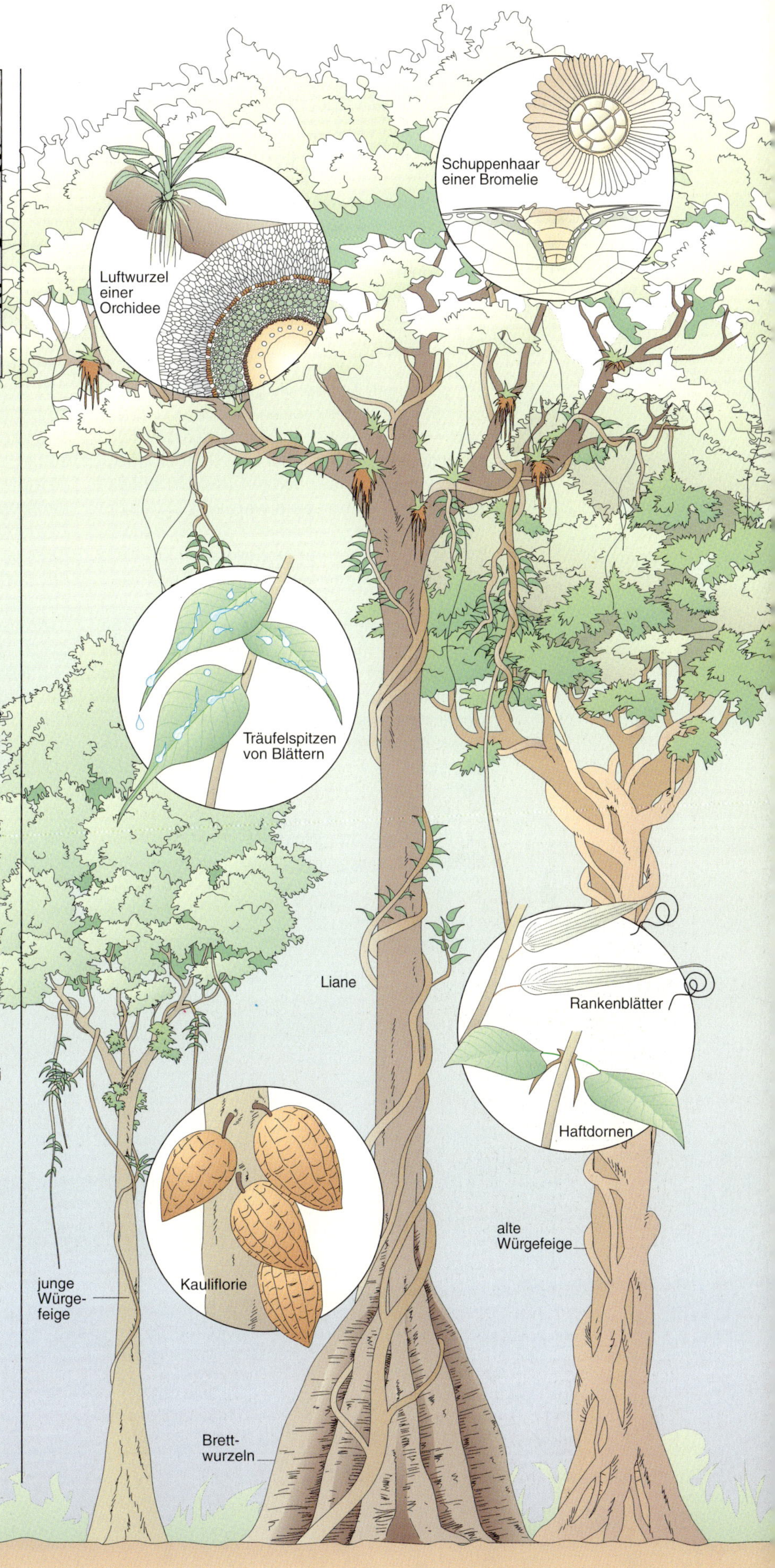

Abiotische und biotische Faktoren

Gartenteiche werden immer beliebter, denn sie bringen ein Stück Süßwasserwelt in den Naturgarten. Sie sollten mehr als 6 m^2 groß sein, einen Tiefenbereich von über 1 m vorweisen, täglich mindestens 6 bis 8 Stunden besonnt werden und keinem starken Blattfall ausgesetzt sein.

Ein günstiges Teichprofil gleicht einem Suppenteller mit einer breiten Flachwasserzone und einem zentralen Tiefenwasserbereich; dann gedeihen Sumpfpflanzen, Röhrichtpflanzen, Schwimmblattpflanzen und Unterwasserpflanzen. Schon bald werden sich Insekten, Weichtiere, Krebse und Amphibien einstellen. Sie leben im bodennahen Bereich *(Benthal)* oder im freien Wasser *(Pelagial)*.

Solche flachen, künstlich angelegten *Teiche* ähneln dem natürlichen *Weiher*. Den lichtdurchfluteten Uferbereich des Benthals nennt man *Litoral*. Seen sind tiefer; wegen der Lichtabsorption des Wassers liegt bei ihnen das untere Benthal im Dunkeln. Dieses lichtlose *Profundal* fehlt bei Teich und Weiher (Abb. 1).

Mit der Tiefe des Wassers verändern sich allmählich viele abiotische Bedingungen, z. B. Sauerstoffgehalt, Wasserdruck, Lichtintensität und Temperatur. Daher finden die Organismen im Flachwasserbereich andere Lebensbedingungen als im tieferen Wasser vor, die Besiedlung weist eine deutliche *Zonierung* auf.

Von der Landseite aus dringen solche Gefäßpflanzen in das Litoral vor, die zeitweise stauende Nässe und sauerstoffarmen Boden vertragen, z. B. Weiden und Erlen, aber auch Sumpfpflanzen wie Blutweiderich und Sumpfdotterblume. Die Pflanzen der *Röhrichtzone* sind dauernd überflutet. Hier sind Einrichtungen nötig, die die Wurzeln mit Sauerstoff versorgen. Die Röhrenbauweise der Schilfstängel erfüllt diese Funktion und stabilisiert die Gräser gleichzeitig im wellenexponierten Litoral. Schilfrohr verfestigt durch seine verflochtenen Wurzelstöcke und Neutriebe den Boden und bildet große Bestände. In Wassertiefen über 2 m kann es nicht gedeihen, da die Blätter keine Überflutung vertragen. Hier beginnt die *Schwimmblattpflanzenzone*. Die Blätter der Seerose weisen große Interzellularräume auf, die sie schwimmfähig machen. Spaltöffnungen auf der Blattoberseite sichern den Gaswechsel, spezielle Absorptionszellen auf der Blatt-

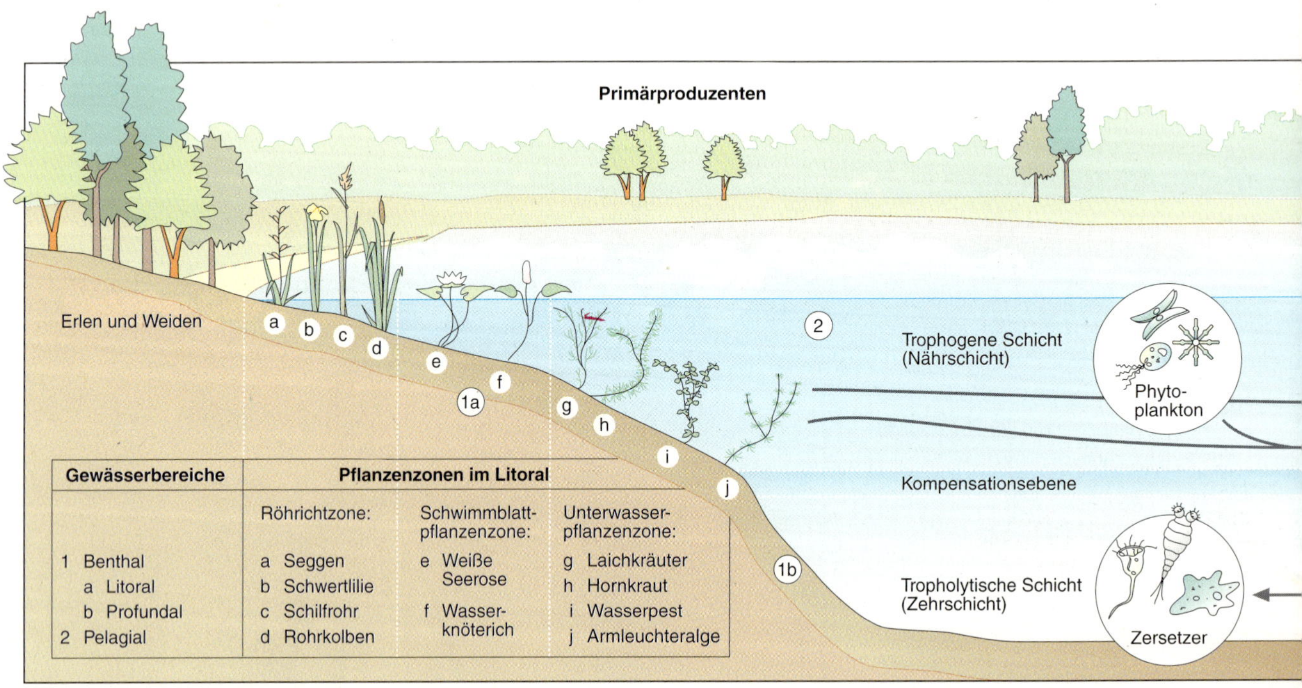

Gewässerbereiche	Pflanzenzonen im Litoral		
	Röhrichtzone:	Schwimmblatt-pflanzenzone:	Unterwasser-pflanzenzone:
1 Benthal	a Seggen	e Weiße Seerose	g Laichkräuter
a Litoral	b Schwertlilie		h Hornkraut
b Profundal	c Schilfrohr	f Wasser-knöterich	i Wasserpest
2 Pelagial	d Rohrkolben		j Armleuchteralge

1 Horizontale und vertikale Gliederung eines Sees

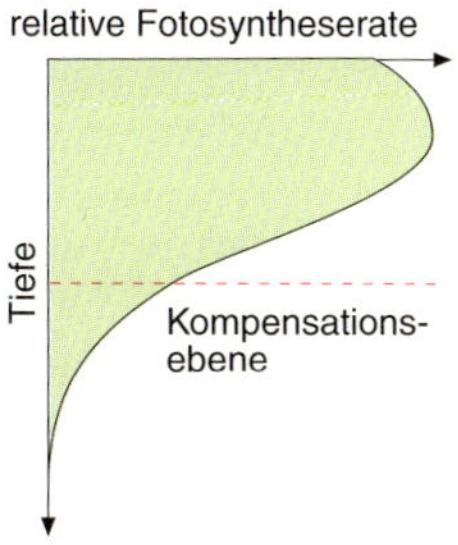

Relative Foto-
syntheserate im See

unterseite die Mineralstoffversorgung. Luftkanäle im Blattstiel versorgen Erdspross und Wurzeln mit Sauerstoff. Unterwasserpflanzen, wie die Wasserpest, sind von interzellularen Luftkanälen durchzogen. Sie können allerdings nur bis etwa 10 m Wassertiefe vordringen, da ein Wasserdruck von 100 kPa (≈ 1 atm) die Kanäle zudrückt. Im Tiefenwasser leben daher keine Gefäßpflanzen. Hier finden ursprüngliche Wasserpflanzen, z. B. die Armleuchteralgen, einen konkurrenzarmen Lebensraum vor.

Im *Pelagial* übernimmt das pflanzliche Plankton die Primärproduktion. Maximale Fotosyntheseraten findet man meist etwas unterhalb der Oberfläche, denn durch zuviel Licht werden die Chloroplasten fotochemisch geschädigt. Im tieferen Wasser verringert sich die Fotosyntheserate mit der Lichtintensität, also mit der Wassertiefe (s. Randspalte). Schließlich reicht die Fotosynthese gerade noch aus, um den eigenen Stoffwechsel mit Energie zu versorgen, die gebildeten Assimilate und der Sauerstoff werden durch die eigene Zellatmung wieder verbraucht. Eine Nettoprimärproduktion findet nicht mehr statt. Die zugehörige Wassertiefe wird als *Kompensationsebene* bezeichnet und liegt etwa in einer Tiefe, in die noch 1 % des Oberflächenlichtes gelangt. Das ist meistens bei 10 bis 15 m Tiefe der Fall, in klaren Seen bei bis zu 30 m Tiefe. Der Bereich oberhalb dieser Ebene wird als *trophogene Schicht* oder *Nährschicht* bezeichnet. Hier wird mehr Sauerstoff und Biomasse gebildet als verbraucht. In der *tropholytischen Schicht* oder *Zehrschicht* unterhalb der Kompensationsebene wird dagegen mehr Sauerstoff verbraucht als gebildet.

Die fotosynthetisch aktiven Organismen sind die Nahrungsgrundlage für alle Bewohner des Sees. Sie werden entweder von den Primärkonsumenten im lebenden Zustand gefressen, oder sinken mit anderen organischen Stoffen als *Detritus* zum Boden und dienen den Destruenten als Nahrung. Bakterien und Pilze remineralisieren das organische Material unter Sauerstoffverbrauch, verschiedene Sekundärzersetzer, wie der Ringelwurm Tubifex, fressen das Bakterien-Pilz-Detritus-Gemisch. Zusammen mit den Sekundär- und Tertiärkonsumenten bilden sie ein komplexes Nahrungsnetz.

Aufgaben

① Nennen Sie ökologische Gründe für die Anforderungen an einen Gartenteich.

② Der Tümpel unterscheidet sich vom Weiher dadurch, dass er zeitweise trockenfällt. Erläutern Sie mögliche ökologische Folgen und nennen Sie Faktoren, die den Wasserstand in stehenden Gewässern beeinflussen.

③ Warum kommen Seerosen an windexponierten Stellen des Sees nicht vor?

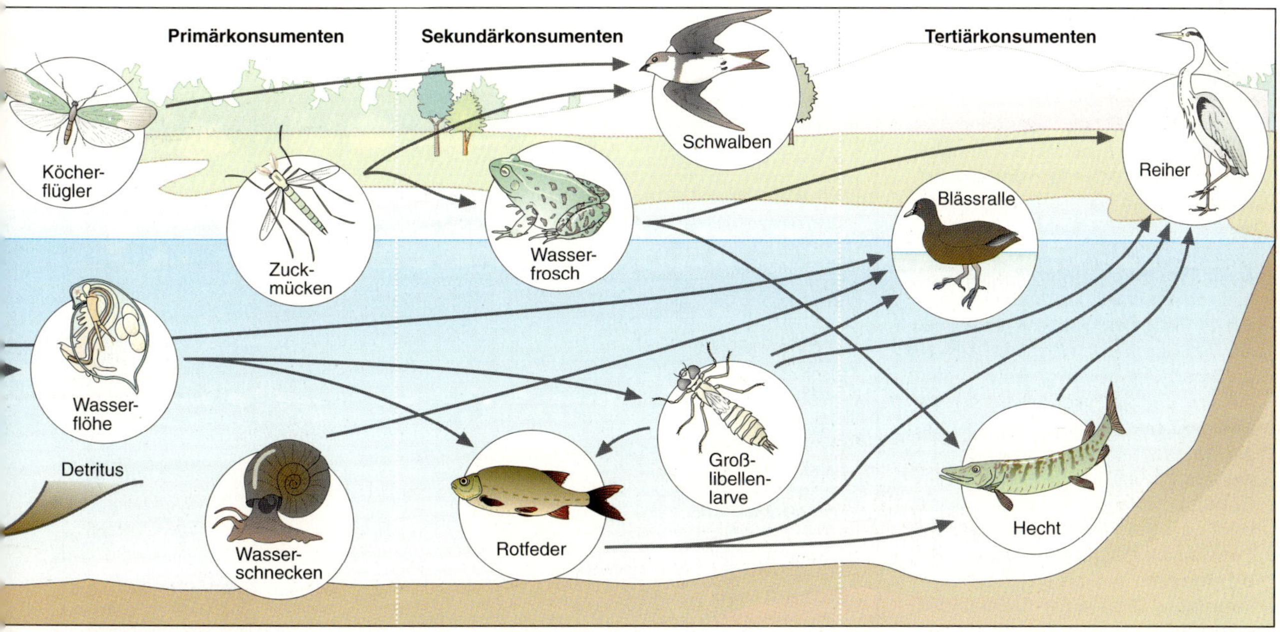

1 Nahrungsnetz im See

Gewässer

a) Freilanduntersuchungen

Die Freilanduntersuchnungen umfassen eine Vegetationsaufnahme, die Messung der abiotischen Faktoren sowie die Gewinnung von Proben für die Laboruntersuchungen.

Ausrüstung:
Landkarte, Bestimmungsbücher, Protokollformulare, Maßband, Thermometer, Schöpfflasche, Leine mit Längenmarkierungen, Gewicht, pH-Indikator, Testbesteck, Secchischeibe, Planktonnetz mit Bodenbecher, Thermosflasche für Planktonproben, Objektträgerhalterung, verschließbare Gefäße und Plastiktüten. Haushaltssieb oder Kescher.

1. Vegetationsaufnahme:
Fertigen Sie mithilfe der Landkarte eine vergrößerte Skizze des Gewässers an, in die Sie wichtige Merkmale aus der unmittelbaren Umgebung eintragen (Bebauung, landwirtschaftliche Nutzung, Bootsstege). Messen Sie nun mit dem Bandmaß die Breite der Litoralzonen und bestimmen Sie die Pflanzen. Protokollieren Sie dabei auch die Unterschiede zwischen den verschiedenen Ufern und die Bodenqualität.

2. Abiotische Faktoren:
Viele abiotische Faktoren ändern sich mit der Tiefe des Wassers, sie weisen ein Tiefenprofil auf. Wasserproben aus größerer Tiefe gewinnt man am besten mit einer Schöpfflasche (s. Abb.), die an einer Leine mit Längenmarkierungen befestigt wird. Beschweren Sie die verschlossene Flasche mit einem Gewicht und lassen Sie sie von einem Boot oder Steg aus in die gewünschte Tiefe absinken. Entfernen Sie nun durch kurzes, ruckartiges Ziehen den Verschluss. Warten Sie 30 Sekunden, bevor Sie die gefüllte Flasche für die Untersuchung wieder heraufziehen.

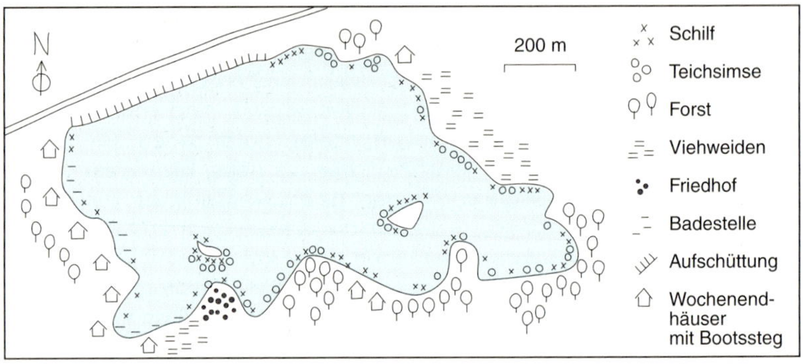

Protokollbogen zur Gewässerkartierung	
1. Gewässername:	Datum:
2. Größe:	Wetterlage: ....
3. Tiefe:	Lufttemperatur: ....
4. Umfang:	Wassertemperatur: ....
5. Durchmesser:	Wind: ....
Vegetation und Boden	
Vegetation am Ufer:	
Vegetation am Wasser:	
Vegetation im Wasser:	
Bodenzusammensetzung an der Uferlinie:	
Bodenarten in der Gewässerumgebung:	
sonstige Gewässermerkmale	
zivilisatorische Einflüsse:	
Verlandungserscheinungen:	
Zu- und Abflüsse:	
sonstige Wahrnehmungen:	
....	

Protokollbogen zur Gewässeranalytik				
1. Gewässername:	Datum:			
2. Größe:				
3. Tiefe:	Lufttemperatur:			
4. Umfang:	Wasserfarbe:			
5. Durchmesser:	Sichttiefe:			
Ort der Probenentnahme:				
Wassertiefe, aus der die Probe entnommen wurde:				
	1. Messung	2. Messung	3. Messung	
Temperatur (°C)				
pH-Wert				
Sichttiefe Secchischeibe (cm)				
Wasserhärte (dH)				
Nitrat (mg/l)				
Nitrit (mg/l)				
Ammonium (mg/l)				
Sauerstoff (mg/l)				
Phosphat (mg/l)				

Sauerstoffbestimmung durch Farbvergleich
0,75 mg/l
3 mg/l
6 mg/l
9 mg/l
12 mg/l

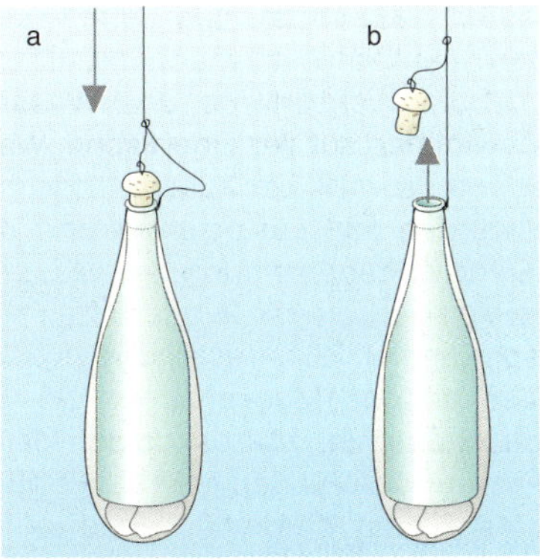

- *Temperatur:* Messen und protokollieren Sie die Temperatur.
- *pH-Wert:* Protokollieren Sie die Umfärbung von Indikatorpapier.
- *Sauerstoffgehalt:* Füllen Sie eine Glasstöpselflasche (100 ml) luftblasenfrei mit Probenwasser. Setzen Sie nacheinander 1 ml Manganchloridlösung [C] (40 mg $MnCl_2 \cdot 4\,H_2O$ auf 100 ml dest. Wasser) und 2 ml Natronlauge (44 g NaOH auf 100 ml dest. Wasser) zu. Verschließen Sie die Flasche mit dem Glasstopfen luftblasenfrei und schütteln Sie sie kräftig. Bei hohem Sauerstoffgehalt bildet sich ein brauner, bei fehlendem Sauerstoff ein weißer Niederschlag. Anhand der Farbskala (s. Abb. Seite 64) lassen sich die Braunabstufungen einem ungefähren Sauerstoffgehalt zuordnen.
- *Nitrat-, Nitrit-, Ammonium-, Phosphatgehalt:* Verwenden Sie zur Messung spezielle Testbestecke für die Gewässeranalytik und folgen Sie genau den Herstelleranweisungen. Wiederholen Sie die Messungen mehrfach, um Fehler zu vermindern.

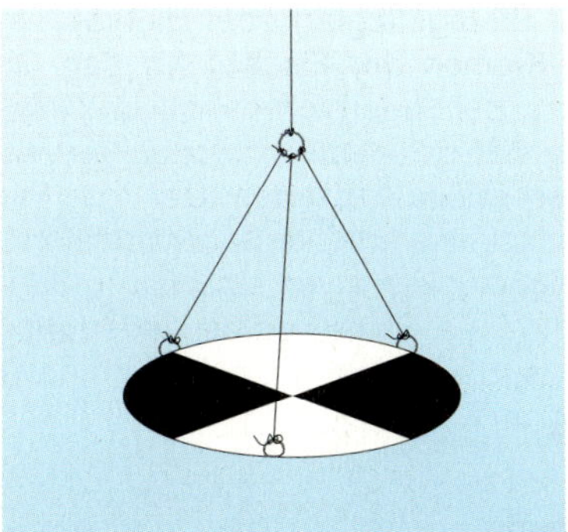

- *Sichttiefe:* Befestigen Sie die Secchischeibe an der Leine und bestimmen Sie die Wassertiefe, in der der Schwarz-Weiß-Kontrast zu verschwimmen beginnt.

3. Tiere am Gewässer:
Fangen Sie von der Wasseroberfläche Tiere mit einem Kescher, setzen Sie sie in ein Beobachtungsgefäß mit Teichwasser. Bestimmen Sie die Arten und notieren Sie, wie diese Tiere sich bewegen, ernähren und atmen. Verfahren Sie entsprechend bei den Bewohnern des Schlammes und der Wasserpflanzen. Setzen Sie nach der Beobachtung alle Tiere wieder in ihren Lebensraum zurück.

b) Probenentnahme

1. Litoralpflanzen:
Entnehmen Sie dem Teich nur Teile von Pflanzen, die nicht geschützt sind oder besorgen Sie Pflanzen aus Gärtnereien (Seerosen zählen zu den geschützten Pflanzen). Legen Sie das Pflanzenmaterial in Plastikbeutel, die Sie mit Artnamen und Standort beschriften.

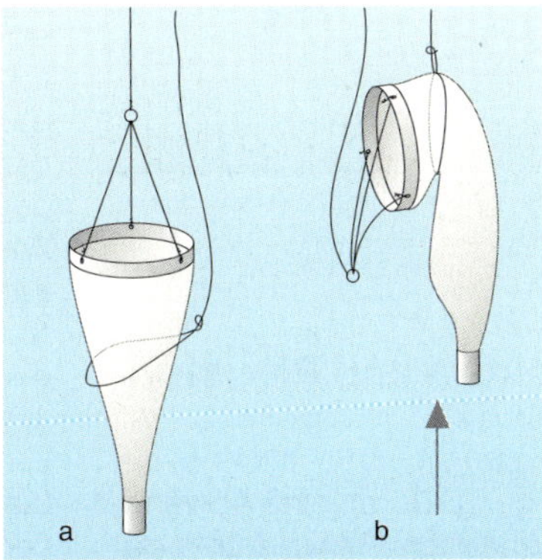

2. Plankton:
Ziehen Sie das Planktonnetz langsam durch das Wasser. Transportieren Sie die im Bodenbecher gewonnenen Proben in einer Thermosflasche zum Labor, um die empfindlichen Formen zu schonen.

3. Aufwuchs:
Pflanzen und Steine im Wasser bilden eine geeignete Unterlage für Bakterien, Algen und Pilze. Sie werden ihrerseits von Wimpertierchen, Ringelwürmern, Schnecken und anderen Konsumenten abgeweidet. Entnehmen Sie bewachsene Steine und Pflanzen und transportieren Sie diese in einem verschließbaren Gefäß zum Labor. Protokollieren Sie die Wassertiefe der Entnahmestelle. Für längerfristige Untersuchungen mikroskopisch kleiner Organismen eignen sich Halterungen mit Objektträgern, die in einer bestimmten Wassertiefe aufgehängt werden und Woche für Woche im Hinblick auf Veränderungen untersucht werden.

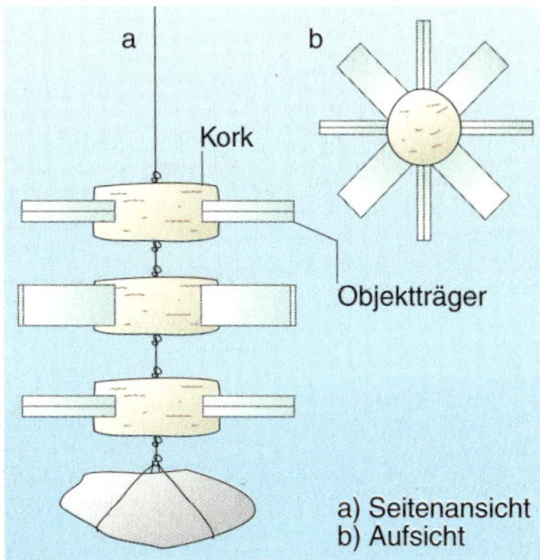

c) Laboruntersuchungen

1. Litoralpflanzen:
Schneiden Sie von einem Seerosenblatt den Blattrand etwa 2 bis 3 cm breit ab. Bringen Sie das Blatt unter Wasser und blasen Sie kräftig vom anderen Ende aus durch den Blattstiel. Deuten Sie Ihre Beobachtung!

Legen Sie ein Seerosenblatt mehrere Stunden lang in mit Eosin oder Neutralrot gefärbtes Wasser und betrachten Sie anschließend die Blattunterseite! Fertigen Sie von Seerose, Wasserpest oder Teichbinse Gewebeschnitte des Blattes an, um sie mikroskopisch zu untersuchen. Zeichnen Sie die Querschnitte und vergleichen Sie den Blattbau mit dem einer Landpflanze.

2. Plankton:
Entnehmen Sie der Thermosflasche die Planktonproben, geben Sie sie zum Mikroskopieren auf einen Objektträger. Vielleicht müssen Sie das Plankton zuvor mit einer Handzentrifuge vorsichtig anreichern. Suchen Sie nach Einrichtungen, die das Schweben ermöglichen oder als Fraßschutz dienen.

3. Aufwuchs:
Entnehmen Sie die Objektträger der Halterung und trennen Sie die beiden Objektträgerpaare. Trocknen Sie die nicht bewachsene Seite sorgfältig ab und legen Sie auf die bewachsene Seite zwei oder drei Deckgläschen. Bei Bedarf pipettieren Sie Wasser nach. Vergleichen Sie den Aufwuchs auf den horizontalen und vertikalen Objektträgern.

d) Auswertung:
Stellen Sie Tiefenprofile der gemessenen abiotischen Faktoren grafisch dar, indem Sie die Wassertiefe auf der y-Achse abtragen. Stellen Sie zusammen, wie Litoralpflanzen, Planktonorganismen und Aufwuchsorganismen an ihren Standort angepasst sind.

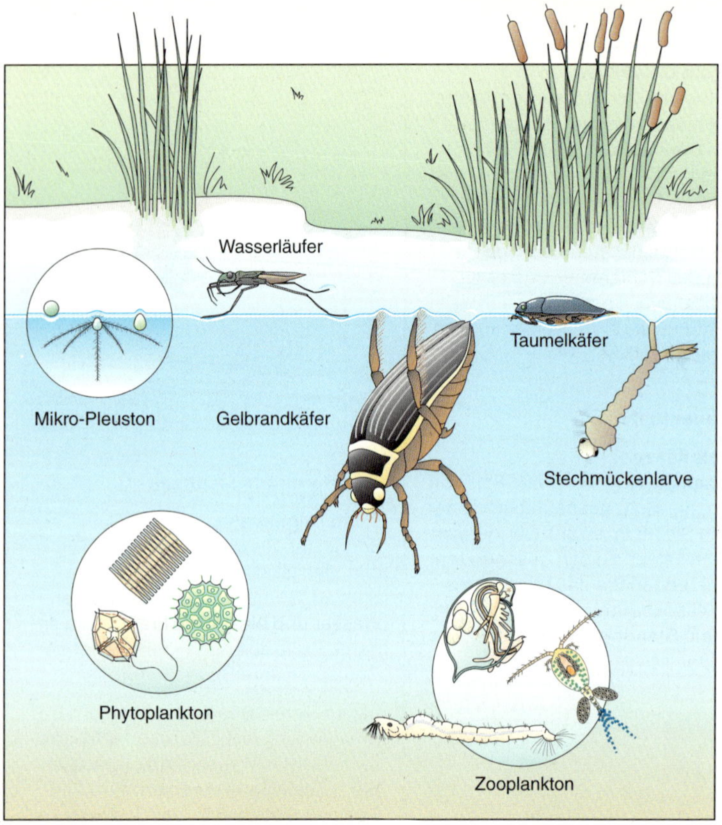

1 Plankton, Nekton und Pleuston

Plankton, Nekton und Pleuston

Wasserflöhe verdanken ihren Namen der hüpfenden Bewegung: Durch eine Abwärtsbewegung der behaarten Fühler drückt der Wasserfloh sich nach oben, sinkt aber nach jedem Ruderschlag wieder ab, weil sein Körper spezifisch schwerer als Wasser ist (s. Randspalte). Rudereinrichtungen können dem Absinken zwar entgegenwirken, beanspruchen aber Betriebsenergie. Energetisch günstig ist die Einlagerung von Öl oder Gas, wodurch z. B. die Larven von Büschelmücken im Wasser schweben. Schirmgestalt oder Schwebefortsätze erhöhen den Formwiderstand und verringern auf diese Weise die Sinkgeschwindigkeit. Insgesamt ist die Eigenbewegung dieser Organismen, des *Planktons,* unbedeutend, da sie Strömungen nicht widerstehen können.

Kräftige Insektenlarven, Fische und Amphibien schwimmen aktiv gegen die Wasserbewegung. Man fasst sie unter dem Begriff *Nekton* zusammen. Die meisten bewegen sich durch Ruderbewegungen von Flossen oder Extremitäten. Luftgefüllte Schwimmblasen oder Lungen verringern das spezifische Gewicht.

spezifisches Gewicht (g/ml)

Wasser (max.)	1,000
Luft (25 °C)	0,001
Protoplasma	1,02 – 1,1
Skelettsubstanz	2 – 3
Fette, Öle	0,8 – 0,9
Protein	1,33

Sinkgeschwindigkeit

$$\frac{\text{Übergewicht}}{\text{Formwiderstand} \times \text{Viskosität}}$$

Auftrieb
Entgegen der Schwerkraft gerichtete Kräfte bei Verdrängung von Luft oder Wasser durch einen Körper.

Als *Pleuston* bezeichnet man Lebewesen, die an der Grenzschicht zwischen Luft und Wasser leben. Wasserfarne und Wasserlinsen schwimmen auf der Oberfläche, Wasserläufer und Taumelkäfer huschen darüber hin. Sie werden von Luftpolstern und der großen Oberflächenspannung des Wassers getragen. Von der Unterseite aus heften sich Rückenschwimmer, Süßwasserpolypen, Lungenschnecken und Mückenlarven an das Oberflächenhäutchen. Mikroskopisch kleine Algen, Pilze und Bakterien stehen als Nahrung zur Verfügung. Körperflächen, die Kontakt zum Oberflächenhäutchen haben, sind stark wasserabweisend *(hydrophob).*

Gelbrandkäfer nutzen die Oberflächenspannung nur, um ihren Körper kurzzeitig beim Luftholen zu stabilisieren. Mit einem am Körper getragenen Luftvorrat tauchen sie wieder ab. Alle Insekten sind ursprünglich Landtiere mit einem hohen Betriebsstoffwechsel. Für sie reicht der Sauerstoffgehalt des Wassers oft nicht aus. Der Luftvorrat funktioniert als physikalische Kieme beim Tauchen. Über das Tracheensystem wird das Kohlenstoffdioxid aus der Atmung in die Luftblase abgegeben und diffundiert in das umgebende Wasser, der verbrauchte Sauerstoff wird auf umgekehrtem Wege ergänzt. Trotzdem muss regelmäßig neue Luft „getankt" werden, da sich die Blase durch Stickstoffverluste allmählich verkleinert. Nur bei Hakenkäfer und Grundwanze bleibt der dünne Luftfilm erhalten, denn feine Haare verhindern den Stickstoffschwund.

Bei kleinen Planktonorganismen reicht die Diffusion des im Wasser gelösten Sauerstoffs für die Atmung aus. Größere Tiere besitzen oft Kiemen, bei denen die austauschende Oberfläche stark vergrößert ist. Entweder sorgen Tracheen (Tracheenkiemen der Eintagsflügler) oder Blutkapillaren (innere Kiemen der Fische) für den Gastransport. Bei Sauerstoffmangel im Gewässer kann man gelegentlich beobachten, dass Daphnien rötlich aussehen. Der rote Farbstoff besitzt eine erhöhte Sauerstoffaffinität. Rote Zuckmückenlarven sind durch Sauerstoff bindende Hämoglobine dauerhaft rot gefärbt, sie leben am sauerstoffarmen Gewässergrund.

Aufgabe

① Wie wirkt sich eine Temperaturerhöhung auf die Sinkgeschwindigkeit des Planktons aus? Berücksichtigen Sie dabei die Wassereigenschaften.

Lexikon

Wassereigenschaften

Die bedeutende Rolle des Wassers im Stoffhaushalt der Natur lässt sich auf die spezielle Molekülstruktur und die damit verbundenen Eigenschaften des Wassers zurückführen.

Assoziation der H_2O-Moleküle

Die H-Atome im Wassermolekül bilden einen Winkel von ca. 105 Grad. Durch die Stellung der positiven und negativen Ladungen entsteht ein Dipol. Die Wassermoleküle bilden untereinander Wasserstoffbrücken und vereinigen sich vorübergehend zu *„Clustern“*. Diese sind umso größer, je weiter sich die Temperatur dem Gefrierpunkt nähert: Nahe 0 °C assoziieren etwa 65 Moleküle pro Cluster, nahe 100 °C nur etwa 12.

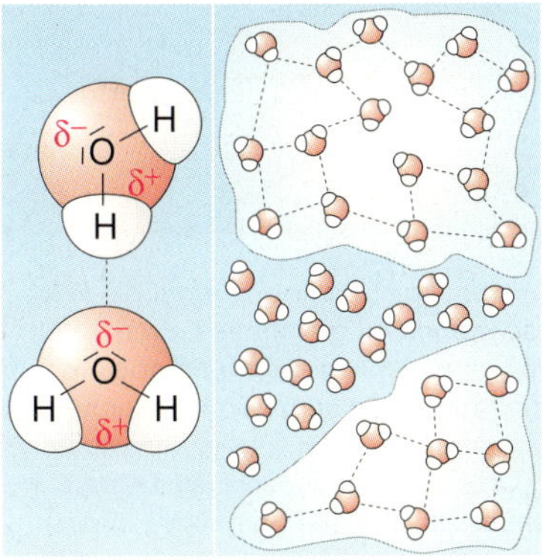

Dichteanomalie

Beim Gefrieren ändert sich die Struktur des Wassers sprunghaft zu einem weiträumigen Gittersystem, bei dem jedes Sauerstoffatom tetraedrisch von vier H-Atomen umgeben ist, zwei sind durch Atombindung, zwei durch H-Brücken gebunden. Die Dichte der Moleküle im Eis ist geringer als die im flüssigen Zustand, Eis schwimmt daher an der Wasseroberfläche. Beim Schmelzen steigt die Dichte zunächst durch die zunehmende Assoziation der Moleküle, um danach aufgrund der Wärmeausdehnung wieder zu sinken. Die größte Dichte und damit das größte spezifische Gewicht erreicht Wasser bei 4 °C, nämlich 1g/cm^3. Wegen dieser Dichteanomalie sinkt 4 °C warmes Wasser nach unten, sodass ein See immer von der Oberfläche aus zufriert.

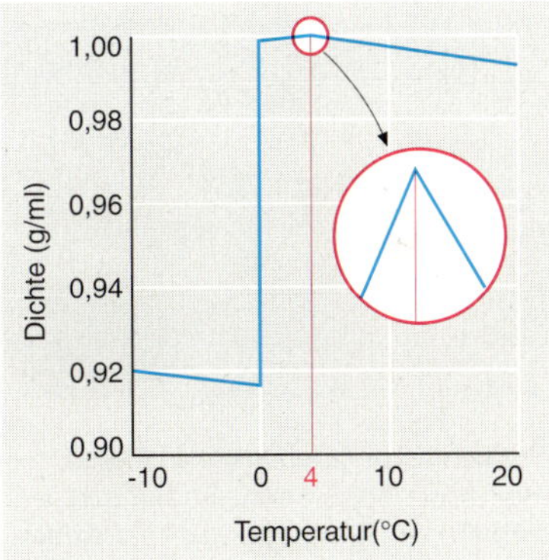

Wärmespeicherung

Temperaturänderungen in einem Gewässer verlaufen relativ langsam und voraussehbar, da Wasser einerseits eine hohe spezifische Wärme, andererseits nur eine geringe Wärmeleitfähigkeit besitzt: Wasserkörper speichern Wärme.
Spezifische Wärmekapazität: Um 1 kg Wasser von 15 auf 16 °C zu erwärmen ist eine Wärmemenge von 4,186 kJ (= 1 kcal) nötig.
Wärmeleitfähigkeit: Durch einen 1 cm^3 großen Würfel fließt eine Wärmemenge von nur 0,00569 J/ cm/s/K.

Viskosität und Strömungsverhalten

Die assoziierten Wassermoleküle setzen dem freien Fließen einen Widerstand entgegen. Diese „innere Reibung“ wird als *Viskosität* bezeichnet, sie sinkt mit steigender Temperatur. Warmes Wasser ist also „flüssiger“. Die Assoziation der Wassermoleküle zwingt diese oft zu synchroner Bewegung, sie bewegen sich auf parallelen Stromlinien *(laminare Strömung)*.

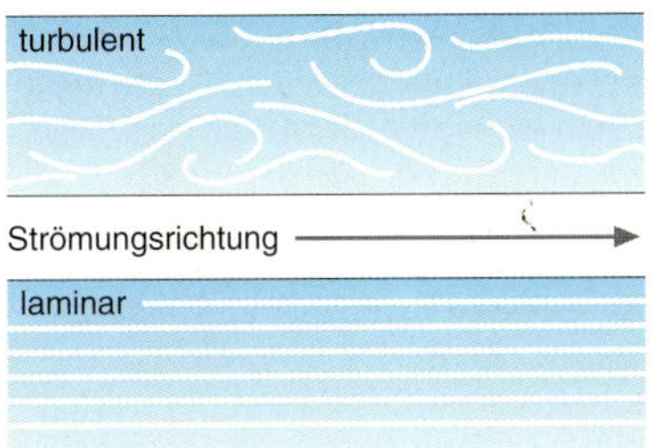

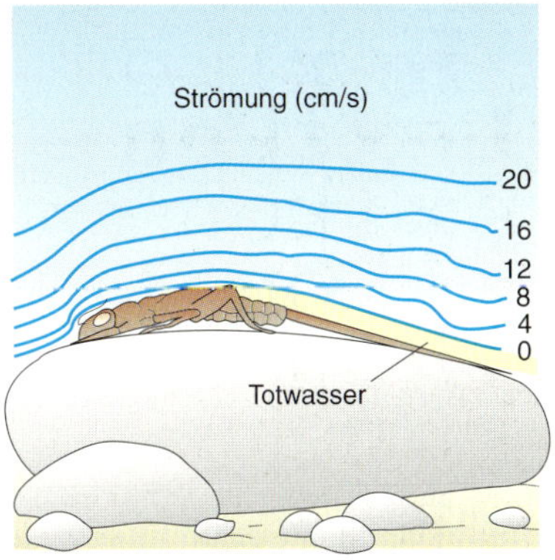

Bei Erhöhung der Strömungsgeschwindigkeit bleibt zwar die Strömungsrichtung der gesamten Wassermasse erhalten, die Bahnen der einzelnen Wasserteile werden dagegen unregelmäßig, die Strömung ist turbulent. Wassermoleküle treten nicht nur miteinander *(Kohäsion)*, sondern auch mit anderen Stoffen in Wechselwirkung *(Adhäsion)*. Daher bildet sich an der Oberfläche fester Stoffe eine Grenzschicht verminderter Wasserbewegung aus, das sogenannte *Totwasser*. Solche Grenzschichten umgeben und begleiten auch die Lebewesen im Wasser und verhindern beispielsweise das Verdriften von Insektenlarven am Bachgrund.

Oberflächenspannung

Jedes Molekül im Inneren einer Flüssigkeit wird rundherum von benachbarten Molekülen beeinflusst, sodass deren Kräfte sich ausgleichen. Auf ein Molekül an der Oberfläche wirkt dagegen eine resultierende Kraft nach innen. Daher neigen Flüssigkeiten dazu, ihre Oberfläche zu verkleinern (Tropfenbildung). Ihre Oberfläche steht um so mehr unter Spannung, je stärker die Kohäsion der Flüssigkeitsteilchen ist. Die Oberflächenspannung des Wassers wird nur von der des Quecksilbers übertroffen. Ist die Adhäsion an einen Gegenstand größer als die Kohäsion des Wassers, wird die Oberfläche des Gegenstandes benetzt, der Gegenstand ist *hydrophil. Hydrophobe* Oberflächen sind nicht benetzbar, sie ermöglichen das Prinzip der physikalischen Kieme, d. h. die Atmung mittels einer Gasblase.

Sauerstoff-, Kohlenstoffdioxidgehalt

Mit steigender Temperatur nimmt die Löslichkeit für Gase im Wasser ab. Der Sauerstoffgehalt im Süßwasser ist deutlich geringer als der in der Luft, aber höher als der im Salzwasser.

Lexikon

Wechselbeziehungen im See

Parasitismus:
Teichmuschel — Fische

Die bis zu 20 cm lange *Teichmuschel* lebt am Grund von Stillgewässern, wo sie den Schlamm durchpflügt und aufgewirbelten Detritus durch ihren Kiemenapparat pumpt. Sie wird gerne in Gartenteiche eingesetzt, denn sie kann wie ein biologischer Filter die Wassertrübung vermindern. Teichmuscheln sind getrenntgeschlechtlich, im Kiemenraum des Weibchens entwickeln sich 300 000 bis 400 000 Eier. Durch diese Brutpflege kann ein planktonisches Stadium umgangen werden. Nach einigen Monaten werden die schlüpfenden Muschellarven *(Glochidien)* mit dem Atemwasser ausgestoßen und sinken zu Boden. Die zweiklappigen Schalen der winzigen Glochidien sind mit Haken besetzt. Sobald ein gründelnder Fisch sie berührt, schlagen sich die Klappen in seine Flossenhaut ein. Die kleine Wunde in der Fischepidermis heilt schnell, dabei wird die Glochidie überwachsen und lebt wochenlang parasitisch vom Fischgewebe. Schließlich platzt die Epidermisblase und die Muscheln gehen zur filtrierenden Lebensweise über. Ausgewachsene Teichmuscheln können

von kleinen Fischen *(Bitterlingen)* als Brutkammer genutzt werden. Das Fischweibchen legt seine Eier mittels einer langen Legeröhre in den Kiemenraum der Muschel ab. Das Fischmännchen besamt die Eier anschließend über die Atmungsöffnung der Muschel.

Symbiose:
Chlorohydra — Zoochlorellen

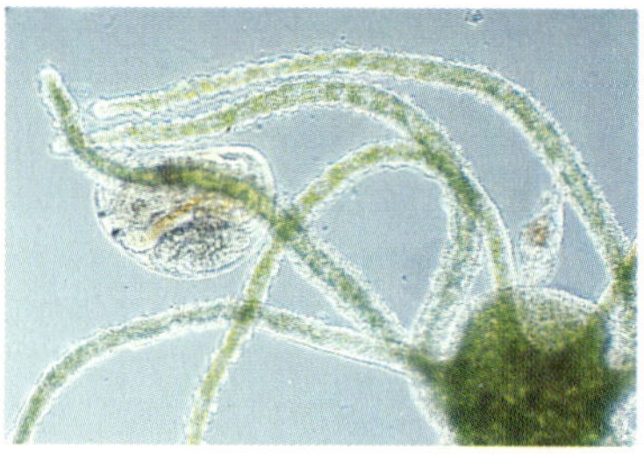

Süßwasserpolypen leben in klaren, pflanzenreichen Seen. Oft heften sie sich an der Unterseite von Teichlinsen fest, wo sie mit ihren leimrutenartigen Tentakeln Wasserflöhe und andere Kleintiere fangen und dem Magen-Darm-Raum zuführen. Die Größe der Beute kann die der nur wenige Millimeter großen Räuber bei weitem übertreffen. *Chlorohydra* ist eine grün gefärbte Gattung der Süßwasserpolypen. Ihre Farbe ist auf *Zoochlorellen* (Grünalgen) zurückzuführen, die endosymbiontisch im Inneren der Entodermzellen leben. Die Zoochlorellen versorgen ihren Partner mit Sauerstoff aus der Fotosynthese, vielleicht auch mit Assimilaten. Gelegentlich verdaut der Polyp einige seiner Endosymbionten. Die Zoochlorellen selbst beziehen Kohlenstoffdioxid und die Vorteile einer „Behausung“ von ihrem Symbiosepartner. Schon die Eier von Chlorohydra nehmen Algenzellen des Muttertiers auf, sodass die Partnerschaft auch für die Folgegeneration gesichert ist.

Feind — Beute:
Wasserschlauch — Kleinkrebs

Der *Wasserschlauch* ist ein Rachenblütler mit frei schwimmendem Spross und fein zerteilten Blättern. Einige Zipfel der Blätter sind in kleine Blasen umgewandelt, die als Tierfallen dienen. Im fangbereiten Zustand sind die Blasenwände durch Kohäsion stark nach innen eingedellt, denn 40 % des Füllwassers werden von der Pflanze aktiv nach außen gepumpt. Eine ventilartige Klappe verschließt die Blasenöffnung. Am äußeren Rand der Fangblase sind hebelartige Borsten angebracht. Berühren Wassertiere diese Borsten, so öffnet sich die Klappe, die Blase ent-

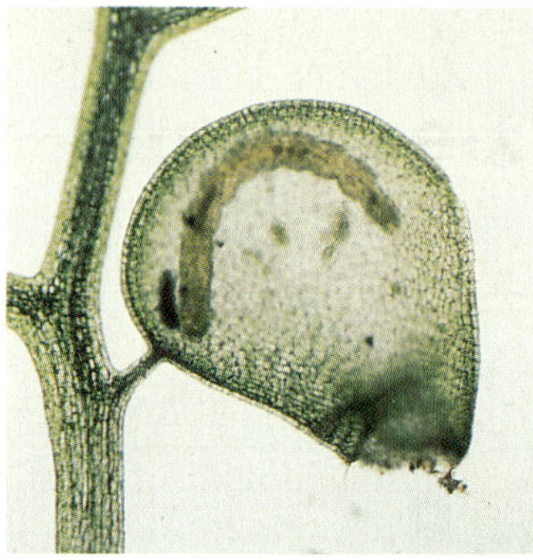

spannt sich, Wasser strömt ein und reißt das Beutetier mit sich in die Blase. Die Klappe springt wieder in die Ausgangsstellung und verhindert ein Entweichen der Beute. Verdauungshaare im Innern der Blase scheiden Verdauungssäfte aus und nehmen schließlich die organischen Stoffe aus dem Wasser auf. Gelegentlich können auch größere Wassertiere, wie Mückenlarven, dem Wasserschlauch zum Opfer fallen. Durch Nahrungsreste verstopfte Fangblasen verfärben sich schwarz und werden durch nachwachsende Stängel mit neuen Fallen ersetzt.

Feind — Beute:
Wasserspinne — Wasserasseln

Als einzige Spinne verbringt die *Wasserspinne* ihr gesamtes Leben unter Wasser. Ihr Hinterleib ist fedrig dicht behaart und glänzt durch den mitgeführten Luftvorrat silbrig. Mindestens einmal täglich erneuert sie die Luft, indem sie mit den Spinnwarzen das Oberflächenhäutchen des Wassers durchstößt. Das tägliche Luftholen steigert sie beträchtlich, wenn sie sich unter Wasser eine Wohnglocke baut. Dazu webt sie zwischen Wasserpflanzen ein Netz, das sich durch die nach und nach eingetragene Luft glockenförmig wölbt. In der Glocke lauernd oder beim Umherstreifen erbeutet sie vor allem *Wasserasseln*, die sie innerhalb der Glockenluft verzehrt. Zur Brutpflege werden spezielle Eiglocken angelegt, die durch das Weibchen mit Frischluft versorgt werden.

Räuber beeinflussen das Zooplankton

Aufgaben

① Rädertiere sind kleine, meist planktonische Rundwürmer. Viele pflanzen sich rein parthenogenetisch fort. *Brachionus rubens* und *B. calyciflorus* (0,5 mm) fressen Phytoplankton und Detritus. *Asplanchna spec.* (2,5 mm) ist ein räuberisches Rädertier, das nur unbedornte Rädertiere verschlingt.
Beschreiben Sie die in Abb. 1 dargestellten Befunde an Algenkulturen mit Rädertieren. Wie wirkt sich die Anwesenheit von Asplanchna auf die relative Dornenlänge von Brachionus calyciflorus und das Konkurrenzverhältnis in einer Kultur der beiden Brachionusarten aus?

② Eine Regel besagt, dass die Größenzusammensetzung des Zooplanktons in einem See Rückschlüsse auf den Fischbesatz zulässt. Belegen Sie das mit Abb. 2.

③ Über das Zooplankton wirkt sich der Fischbesatz indirekt auch auf das Phytoplankton aus. Eine praktische Anwendung dieses „Fischeffektes“ ist die Biomanipulation stark veralgter Seen. Dazu wird z. B. der Fischbesatz dezimiert. Wie lässt sich die Dichte des Phytoplanktons dadurch vermindern?

④ Zur Dichtekontrolle in einer Lebensgemeinschaft werden zwei Vorstellungen oft kontrovers diskutiert:
„bottom-up“: Viel Beute kann viele Feinde ernähren.
„top-down“: Wo viele Feinde sind, bleibt wenig Beute übrig.
Bewerten Sie, inwiefern diese Prinzipien auf die in Abbildung 2 dargestellten Sachverhalte bzw. auf die in Aufgabe 3 angesprochene Biomanipulation zutrifft.

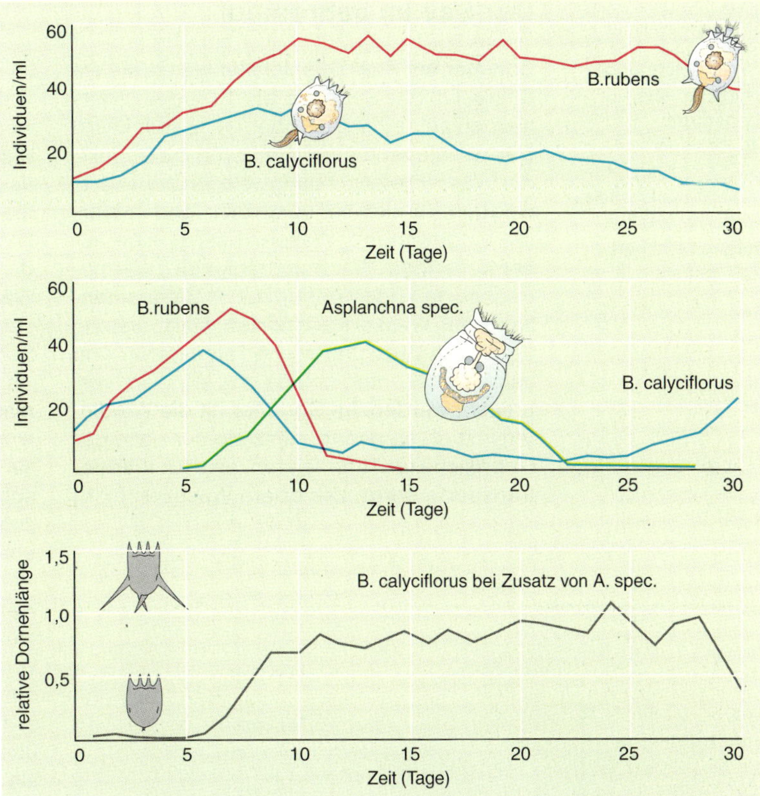

1 Einfluss eines Feindes auf die Konkurrenz zweier Rädertiere

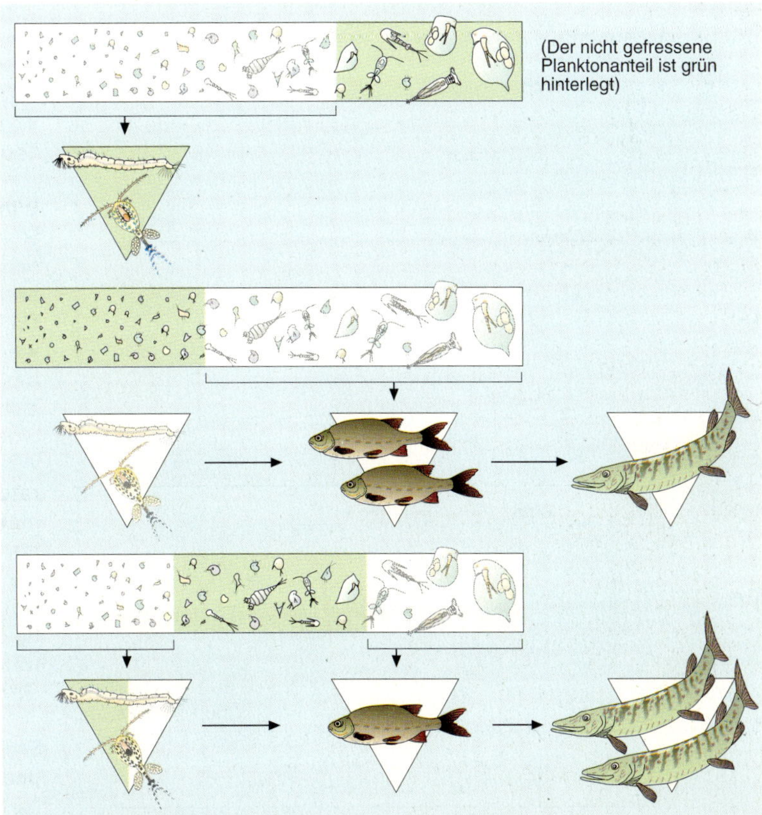

2 Einfluss von Fischbesatz auf das Zooplankton

Der See im Jahreslauf

-al: kennzeichnende Endung für einen Lebensraum (z. B. Pelagial)

-on: kennzeichnende Endung für eine Lebensgemeinschaft (z. B. Plankton)

Sommer am See: Das Wasser glänzt wie ein Spiegel in der Sonne. 6 bis 10 % des Lichts werden an der Wasseroberfläche reflektiert. Das eindringende Licht wird mit zunehmender Wassertiefe vom langwelligen zum kurzwelligen Bereich hin absorbiert und in Wärme umgewandelt. Wasser besitzt eine äußerst geringe Wärmeleitfähigkeit, Wärmetransporte finden daher nur in Zusammenhang mit Wassertransporten statt, welche durch den Wind und durch Temperatur- und damit Dichteunterschiede des Wassers verursacht werden. Im Sommer ist die Windintensität oft so gering, dass sie nur nahe der Oberfläche für Turbulenzen, also für Wärmetransporte sorgt. Die obere Wasserschicht ist daher gut durchmischt und warm, ihre Viskosität ist gering. Kühleres Wasser sinkt wegen der größeren Dichte ab. Das tiefere Wasser ist also kälter und damit viskoser als das Oberflächenwasser. Umgekehrt nimmt die Einwirkung des Windes mit der Tiefe ab. Im Sommer „schwimmt" das wärmere auf dem kälteren Wasser. Letzteres ist vom Wärmeaustausch mit der Oberfläche abgeschnitten. Es entsteht eine relativ stabile Schichtung *(Sommerstagnation)*. Zwischen warmem *Epilimnial* und kälterem *Hypolimnial* liegt die Sprungschicht oder das *Metalimnial*, in der sich die Temperatur um mehr als 1 °C pro Tiefenmeter ändert. Aus historischen Gründen sind die etwas irreführenden Bezeichnungen *Epilimnion, Metalimnion* und *Hypolimnion* geläufiger.

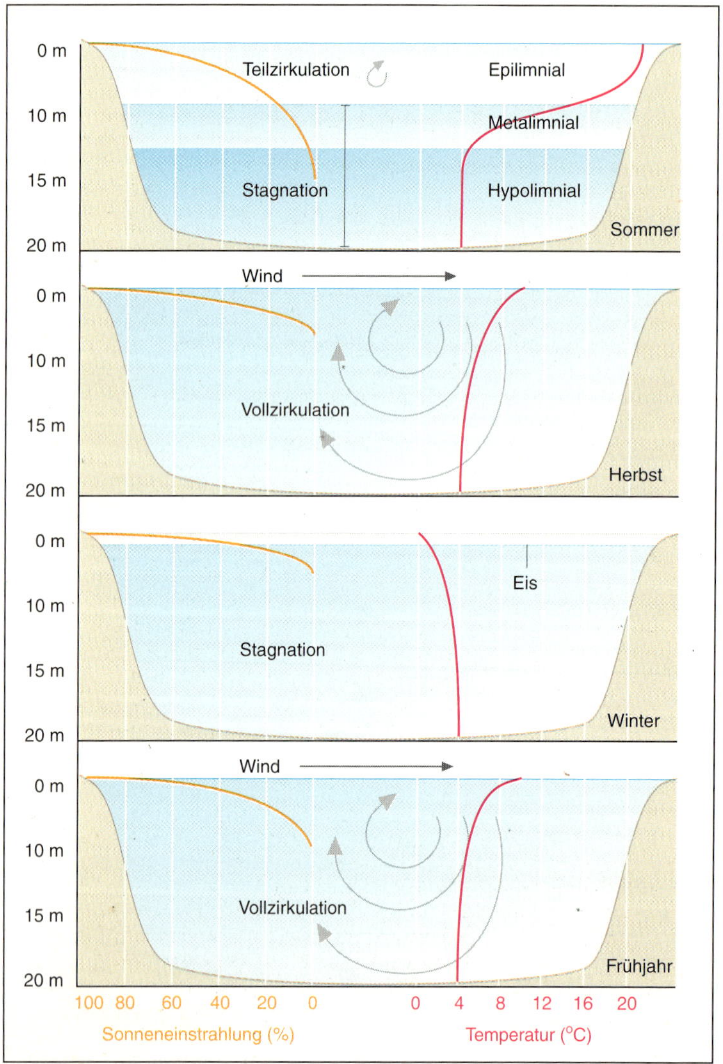

1 Stagnation und Zirkulation im Jahreslauf

Herbst am See: Es ist regnerisch und bewölkt, die Winde können sich zu Stürmen verstärken, in den Nächten ist es oft schon empfindlich kalt. Da der Wärmeaustausch zwischen Gewässer und Umgebung immer über die Oberfläche erfolgt, kühlt diese auch als erste wieder ab. Wegen der erhöhten Dichte sinken die abgekühlten Wasserkörper in die Tiefe und bleiben dort, bis sie von noch dichterem Wasser verdrängt werden. Der Wind begünstigt den Wärmeaustausch und die Turbulenzen im Wasser. In flachen Seen kann schließlich das gesamte Wasser durchmischt und von einheitlicher Temperatur sein *(Herbstzirkulation)*.

Winter am See: Es friert, der See erstarrt. Sobald die Temperatur 4 °C unterschreitet, sinkt das Oberflächenwasser nicht mehr ab, sondern bleibt infolge seiner verringerten Dichte oben. Kaltes Wasser schwimmt auf weniger kaltem Wasser, der See friert von der Oberfläche aus zu. Schließlich bildet sich eine Eis- und Schneedecke und unterbindet die durchmischende Einwirkung des Windes. Das Tiefenwasser hat eine Temperatur von 4 °C, denn es kann wegen seiner maximalen Dichte weder durch kälteres noch durch wärmeres ersetzt werden. Für die Lebensgemeinschaft im See erweist sich dieser Tatbestand als überlebenswichtig: Schon bei einer Tiefe von 70 cm können windgeschützte Teiche nicht bis auf den Grund durchfrieren *(Winterstagnation)*.

Frühling am See: Die Tage werden länger und wärmer. Der Wind frischt auf. Das Eis taut in der Sonnenwärme. Das Schmelzwasser sinkt zunächst ab, bis die Temperaturen 4 °C überschreiten. Danach wird das warme Oberflächenwasser durch Windeinfluss in tiefere Schichten transportiert *(Frühjahrszirkulation)*.

Aufgaben

① Unter welchen Bedingungen kann das Tiefenwasser kälter als 4 °C sein?

② Die meisten Seen der gemäßigten Breiten zirkulieren im Frühjahr und Herbst *(dimiktische Seen)*. Die *monomiktischen Seen* der Polargebiete zirkulieren nur im Sommer. Flachseen können mehrmals jährlich zirkulieren. Erklären Sie.

③ Mit den veränderten Lebensbedingungen im Jahreslauf ändert sich die Zusammensetzung des Planktons (Abb. 1, 2). Beschreiben Sie diese jährlich wiederkehrende Sukzession. Wie wirkt sich ein erhöhter Mineralstoffeintrag aus?

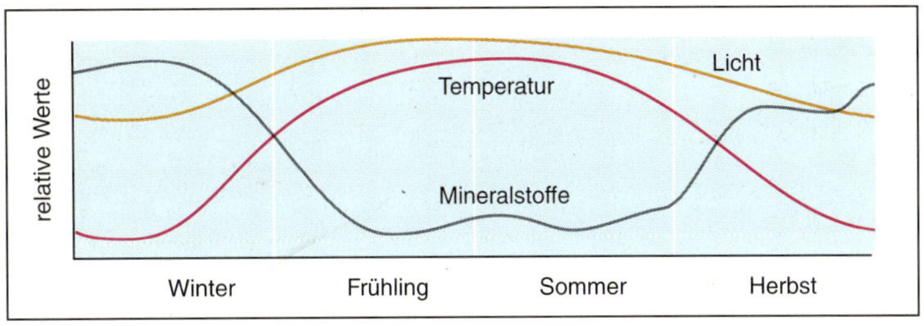

1 Abiotische Faktoren im Jahreslauf

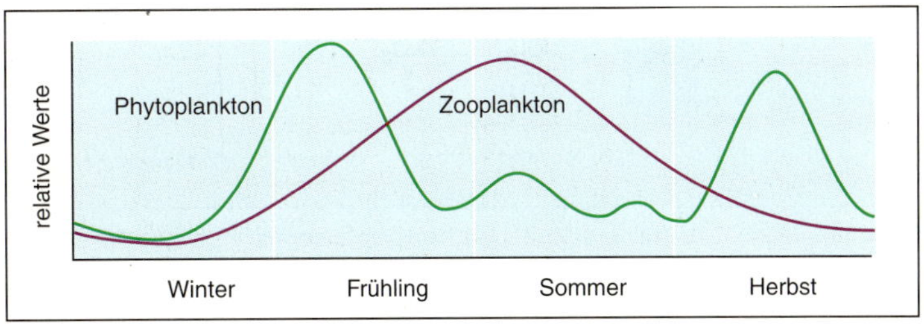

2 Phytoplankton und Zooplankton im Jahreslauf

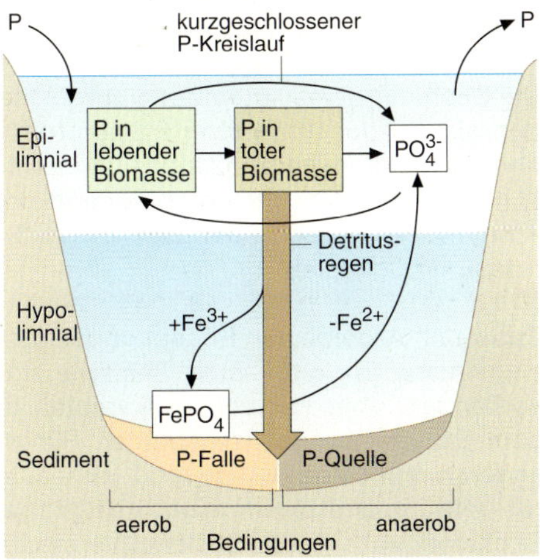

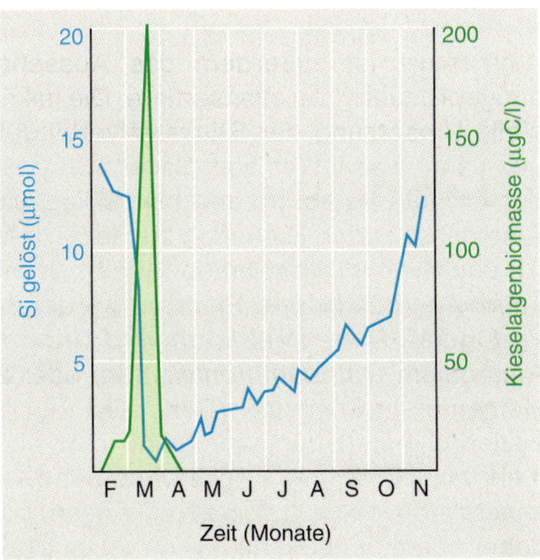

Der Phosphor- und Siliziumkreislauf

Durch Gesteinsverwitterung gelangen anorganische Phosphorverbindungen in den See. Planktonalgen und Bakterien aus der Nährschicht der Seen bauen sie in die organische Substanz ein und schleusen das Phosphat in die Nahrungskette. Das absterbende Plankton wird teilweise schon im freien Wasser zersetzt, sodass frei werdende Phosphate direkt wieder genutzt werden können und mehrmals in einem kurzgeschlossenen Kreislauf zirkulieren. Ein anderer Teil des Planktons sinkt mit Schwebstoffen und Bakterien als „Detritusregen" zu Boden und führt das Phosphat mit sich.

Im *Interstitialwasser* des Sediments ist die Konzentration im Vergleich zum freien Wasser daher erhöht. Phosphate müssten dem Konzentrationsgefälle folgend ständig diffundieren. Das Schicksal des im Sediment angereicherten Phosphats hängt jedoch vom Sauerstoffgehalt ab: Unter aeroben Bedingungen reagiert es mit $Fe(OH)_3$ zu Eisenphosphat ($FePO_4$), das sich als oxidierte Grenzlamelle auf das Sediment legt und eine Diffusionsbarriere bildet. Aerobes Sediment ist daher eine P-Falle, es fängt Phosphate und schließt sie ein. Im anaeroben Milieu bei Konzentrationen unter 0,5 ml O_2/l löst sich die Grenzlamelle auf und lässt Phosphat aus dem Sediment frei. Das Sediment ist zur P-Quelle geworden. Diese P-Freisetzung wird durch Wasserturbulenzen, aufsteigende Gasblasen und wühlende Tiere gefördert. Bei Vollzirkulation gelangt das Phosphat wieder bis in die obersten Wasserschichten und regt das Algenwachstum an. Düngemittel der Landwirtschaft und häusliche Abwässer sorgen für zusätzliche Phosphateinträge.

Das Silizium in den Gewässern stammt aus der Verwitterung von Silikatmineralien. Siliziumdioxid (SiO_2, „Kieselsäure") ist ein bedeutender Baustoff für die Kieselalgen. Der Gehalt an freier Kieselsäure im Seewasser ist daher an die Entwicklung der Kieselalgen gebunden und nach der Frühjahrsblüte besonders gering. Abgestorbene Kieselalgenschalen zerfallen nur langsam im Wasser; es dauert 50 Tage, bis die Hälfte des Silikates gelöst ist. Auch bei Verdauung durch Zooplankter bleiben die Kieselschalen weitgehend unversehrt. Mit den absterbenden Kieselalgen gelangt das Silizium ohne Umwege in das Sediment, es gibt also keinen kurzgeschlossenen Siliziumkreislauf im Epilimnial. Chemische Ausfällungen von Kieselsäure kommen nicht vor. Die Rückführung aus dem Sediment ist gering und langsam, sie steigt mit der Temperatur, ist aber nicht sauerstoffabhängig.

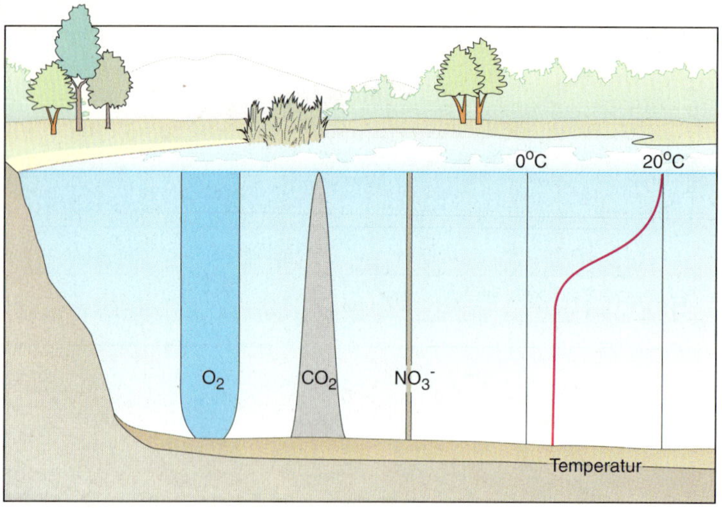

1 Sommerliche Gas-, Mineralstoff- und Temperaturprofile im oligotrophen See

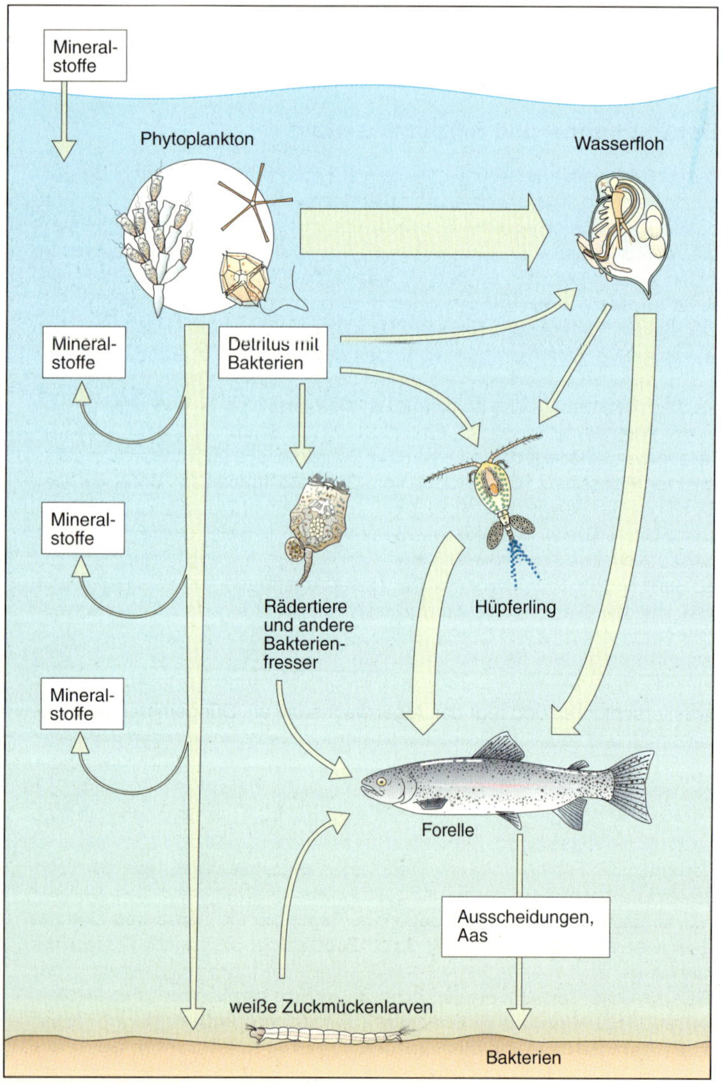

2 Nahrungsnetz in einem oligotrophen See

Der oligotrophe See

Das klare Wasser blauer Voralpenseen lockt im Sommer viele Urlauber. Schmale, kaum bewachsene Seeufer und tiefe Seebecken laden zum Wassersport ein.

Im Verhältnis zum Volumen ist das Einzugsgebiet dieser Seen klein, weshalb der Mineralstoffeintrag relativ gering ist und das pflanzliche Wachstum begrenzt. Die Algenproduktion wird durch Pflanzen fressende Planktonkrebse wirksam kontrolliert, sodass auch im Sommer das Wasser klar bleibt. Auf dem weiten Weg des absterbenden Planktons zum Grund wird bereits ein großer Teil der organischen Substanz remineralisiert. Ganzjährig ist bis in die tiefsten Wasserschichten Sauerstoff vorhanden (Abb. 1). Die Sedimentoberfläche ist oxidiert. Dadurch wird die Rückresorption von Phosphaten verhindert. Im aeroben Sediment ernähren sich weiße Zuckmückenlarven der Gattung *Tanytarsus* vom Detritus, sie sind die *Zeigerorganismen* für solche mineralstoffarmen oder *oligotrophen* Seen.

Die Seen der gemäßigten Zone unterscheiden sich in der Höhe ihrer Primärproduktion. Produktionsbegrenzend ist immer der Mineralstoff, der nicht entsprechend dem Atommassenverhältnis der pflanzlichen Biomasse verfügbar ist:
(C : H : O : N : P = 106 : 180 : 44 : 16 : 1).
Das ist im Allgemeinen Phosphor. Gelöster elementarer Stickstoff ist im See zwar stets vorhanden, aber nur von Prokaryoten mit dem Enzym Nitrogenase nutzbar. Für alle anderen dienen gelöstes Nitrat (NO_3^-), Nitrit (NO_2^-) und Ammonium (NH_4^+) als Stickstoffquelle. Diese Stickstoffverbindungen stammen aus Zuflüssen, Niederschlägen und dem Grundwasser.

Ammonium ist außerdem das Ausscheidungsprodukt vieler Wassertiere. Die mikrobielle Umsetzung der Stickstoffverbindungen hängt wesentlich vom Sauerstoffgehalt der Umgebung ab. Im aeroben Milieu wird Ammonium durch Bakterien zunächst in Nitrit und dann in Nitrat umgewandelt *(Nitrifikation)* und steht den Pflanzen wieder zur Verfügung. Ohne Sauerstoff wird Nitrat zu Ammonium *(Nitratammonifikation)* oder zu elementarem Stickstoff *(Denitrifikation)* reduziert und steht dann den Eukaryoten nicht mehr zur Verfügung. Oligotrophe Seen und mineralstoffreiche, d. h. *eutrophe* Seen, sind dabei charakteristische Typen einer Übergangsreihe.

Der eutrophe See

Seen im mitteleuropäischen Flachland haben eine braungrüne Farbe, ihre ausgedehnte Uferzone ist dicht bewachsen und das Seebecken vergleichsweise flach.

Im Vergleich zum Wasservolumen ist das Einzugsgebiet eutropher Seen oft ausgedehnt. Daher werden relativ große Mineralstoffmengen eingetragen, die das pflanzliche Wachstum anregen. Auch im Sommer kommen massive Algenblüten von Grünalgen oder Cyanobakterien vor. Sie können in den oberen Schichten zu einer Übersättigung mit Sauerstoff führen. Das Zooplankton kann die sommerliche Algenproduktion kaum verzehren; daher sinkt das absterbende Plankton in einem dichten Detritusregen abwärts. Für eine vollständige Zersetzung im freien Wasser reicht die Tiefe nicht aus. Der größte Teil des Detritusregens bildet am Grund eine schlammige, faulende Sedimentschicht. Hier lebt als Zeigerart die rote Zuckmückenlarve *Chironomus*.

Der Sauerstoff wird verbraucht und kann während der Stagnationsphasen nicht aus den oberen Schichten ersetzt werden. Aus dem anaeroben Sediment gelangt andererseits Phosphat in den freien Wasserkörper zurück. Im Spätherbst kann das zu einer rasanten Eutrophierung führen, da bei Vollzirkulation das Algenwachstum erneut angeheizt wird. In geologischen Zeiträumen verlanden solche eutrophen Seen.

Zusätzliche Mineralstoffeinträge aus häuslichen und landwirtschaftlichen Abwässern können die Situation verschärfen und zur *Hypertrophierung* des Sees führen. Die Produktivität hypertrophierter Seen ist verringert, da das Wasser kaum noch durchlichtet wird. Übelriechende Schwefelwasserstoffblasen steigen vom Boden auf. Faulende, sauerstoffarme Bereiche vergrößern sich zeitlich und räumlich und führen zu einer Verarmung an Arten.

Aufgaben

① Stellen Sie die Merkmale des oligotrophen und des eutrophen Sees tabellarisch gegenüber!

② Skizzieren Sie den Kreislauf des Stickstoffs im See und erklären Sie die vertikalen Stickstoffprofile im See!

③ Wie kommt die blaue Farbe des oligotrophen Sees, wie die braungrüne Farbe des eutrophen Sees zustande?

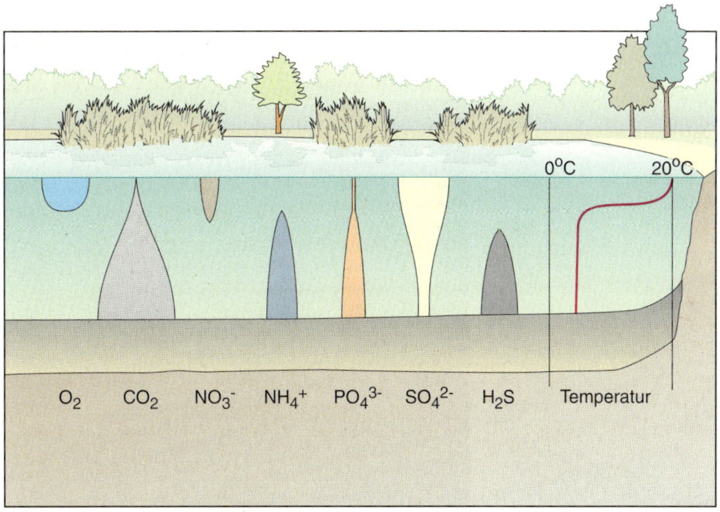

1 Sommerliche Gas-, Mineralstoff- und Temperaturprofile im eutrophen See

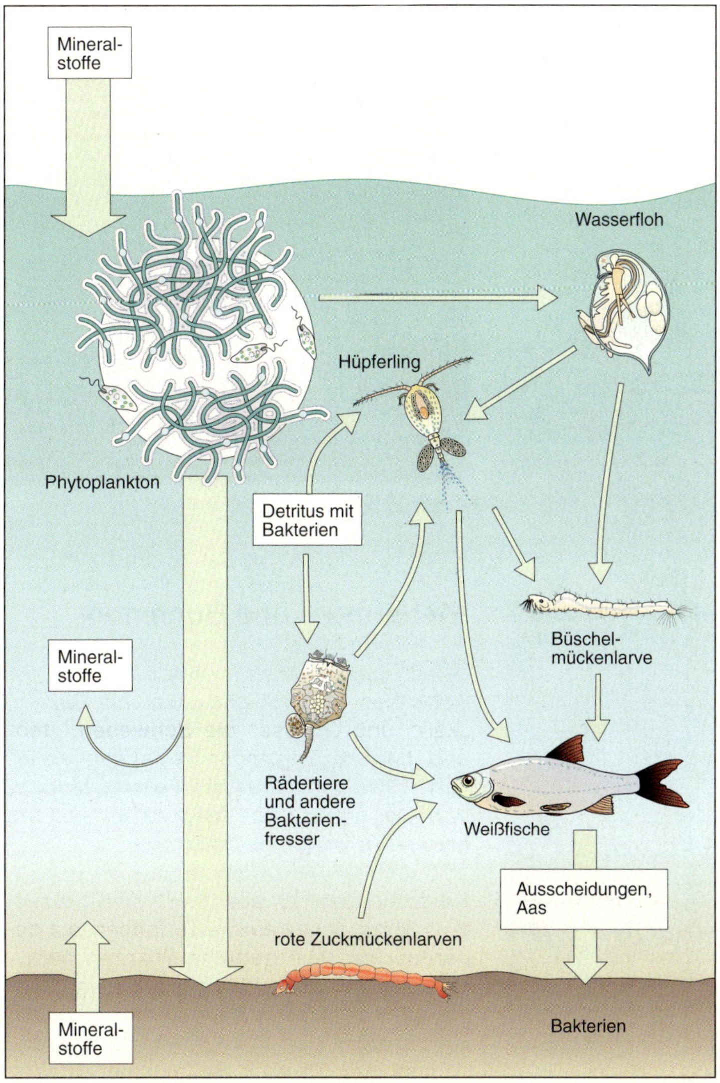

2 Nahrungsnetz in einem eutrophen See

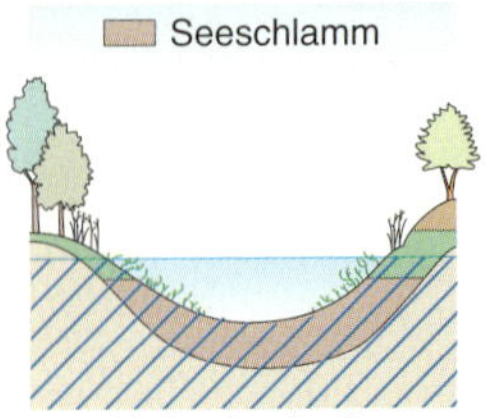

Verlandender See

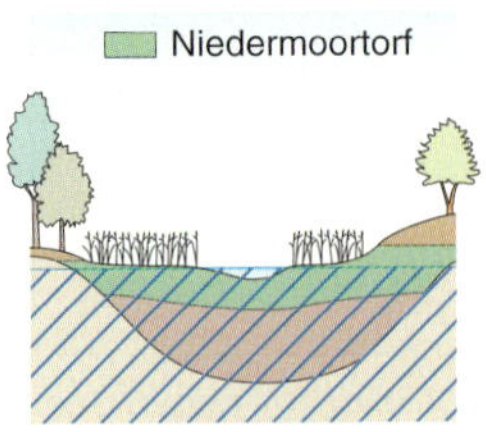

Niedermoor

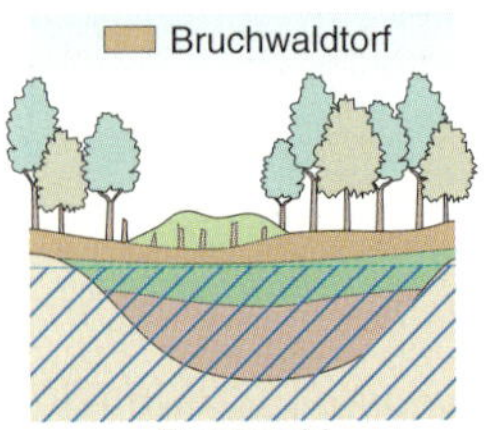

Bruchwald

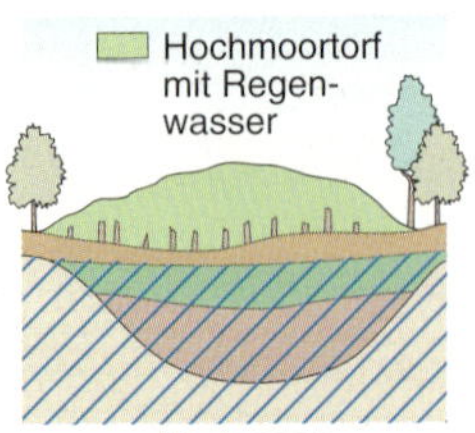

Hochmoor

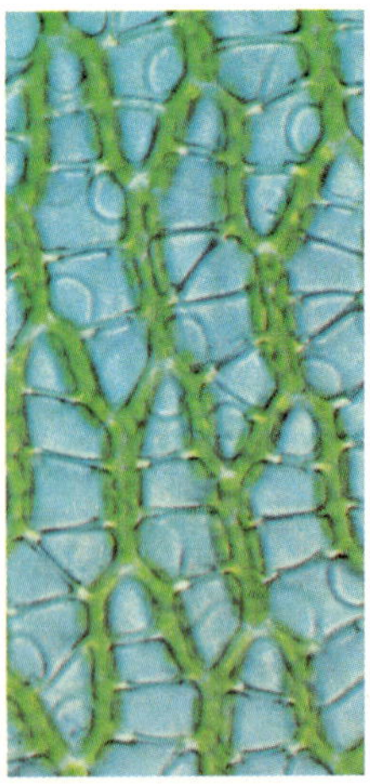
Wasserspeicherzellen des Torfmooses

1 Niedermoor

2 Hochmoor

Niedermoor und Hochmoor

„Ried“ und „Moos“ unterscheiden die Schwaben, „Moos“ und „Filz“ die Bayern, „kärr“ und „mosse“ die Schweden, „fen“ und „bog“ die Engländer. Selbst der Laie erkennt also zwei unterschiedliche Moortypen: Das saftig grüne *Niedermoor* und das braune bis graugrüne *Hochmoor*.

Kennzeichnend für alle Moore sind mindestens 30 cm dicke, feuchte Torfböden, auf denen nur nässeverträgliche Pflanzen gedeihen. *Torf* besteht aus abgestorbenen Pflanzenteilen, die wegen Sauerstoffmangel nicht vollständig in Humus umgewandelt werden, sodass ihre Struktur weitgehend erhalten bleibt.

Am Anfang der Moorentwicklung steht oft die Verlandung eines Sees. Abgestorbene, sinkende Pflanzenteile erhöhen den Seeboden, die Litoralpflanzen können weiter zur Seemitte hin vordringen und schließen allmählich die offene Wasserfläche. Die Torfschicht aus unzersetzten Blütenpflanzen wird ständig mächtiger. Solange sich diese Vorgänge im Einflussbereich des Grundwassers abspielen, spricht man von einem Niedermoor. Je nach der Zusammensetzung des Grundwassers ist es mehr oder minder mineralstoffreich. Die kräftig grüne Farbe der Niedermoore ist auf Gräser (Schilf, Seggen), großblättrige Kräuter, einzelne Sträucher und Laubbäume (Erlen, Weiden) zurückzuführen.

In niederschlagsreichem Klima können sich auf einer ständig durchfeuchteten Oberfläche die bräunlichen *Torfmoose* ansiedeln. Man unterscheidet 30 Arten mit etwas unterschiedlichen Standortansprüchen. Durch ihren spezialisierten Bau können Torfmoose das 15- bis 30fache ihres Trockengewichtes an Wasser aufsaugen und festhalten (siehe Randspalte). Die wurzellosen Moospflänzchen wachsen an der Spitze immer weiter, während die aus Licht- und Luftmangel absterbenden unteren Teile zu Torf werden. Auf diese Weise hebt sich die Pflanzendecke aus dem Einflussbereich des Grundwassers und wird schließlich nur noch über das mineralstoffarme Regenwasser gespeist. Die ursprüngliche Vegetation erstickt, ein baumarmes Hochmoor ist entstanden. Solche zeitliche Abfolgen von Pflanzengesellschaften bezeichnet man als *Sukzessionen*. Dabei schafft eine Lebensgemeinschaft die Voraussetzungen für die Folgegemeinschaft. Eine ungestörte Hochmoorfläche bildet ein Mosaik aus wassergefüllten Vertiefungen *(Schlenken)* und höher gelegenen, kissenförmigen Buckeln *(Bulten)*. Auf den trockeneren Standorten wachsen Heidekrautgewächse. Seltene Tiere wie Sumpfohreule, Birkhuhn, Ringelnatter und Moorfrosch finden hier einen Lebensraum. Entwässerungsmaßnahmen zur Torf- oder Weidelandgewinnung zerstörten bereits zahlreiche Hochmoore und hinterließen allenfalls einen Moorbirkenwald. Der Schutz und die Renaturierung der Hochmoore ist ein Arbeitsschwerpunkt des Naturschutzes und der Landschaftspflege.

Aufgabe

① Stellen Sie die Eigenschaften von Nieder- und Hochmoor gegenüber.

Renaturierung von Seen und Hochmooren

Ungenügend geklärte Abwässer belasten viele Seen so stark, dass der gesamte Sauerstoff im Tiefenwasser durch Fäulnisprozesse verbraucht wird und giftiger Schwefelwasserstoff entsteht. Hier können keine aeroben Tiere mehr leben. Um diesem sogenannten „Umkippen" des Gewässers zu begegnen, werden verschiedene technische Maßnahmen erprobt. So versucht man, mithilfe eines speziellen Belüftungsgerätes das Tiefenwasser mit Sauerstoff anzureichern, um die aeroben Zersetzungsprozesse wieder in Gang zu bringen. Gleichzeitig werden dem Tiefenwasser phosphatfällende Salze zugeführt, um das Pflanzenwachstum zu vermindern. Eine andere Maßnahme besteht darin, das mineralstoffreiche Tiefenwasser zu entnehmen. Den für den selbsttätigen Ablauf notwendigen hydrostatischen Druck liefert ein Wehrüberstau am Auslauf des Sees.

Aufgaben

① Es gibt zwei Ansätze zur Renaturierung: Eine „Sanierung" vermindert den Mineralstoffeintrag, eine „Restaurierung" vermindert die Folgen der Eutrophierung. Ordnen Sie die beschriebenen Maßnahmen zu.

② Beschreiben Sie die Auswirkung der Seebelüftung auf die abiotischen Faktoren im See (Abb. 1). Bestimmen Sie die zugehörige Jahreszeit. Welche Auswirkungen auf die Tiefenprofile erwarten Sie bei der Tiefenwasserentnahme?

③ Hochmoore sollen von selbst weiter wachsen, nachdem die Folgen von Entwässerungsmaßnahmen beseitigt wurden. Entwickeln Sie einen Maßnahmenkatalog für die Renaturierung!

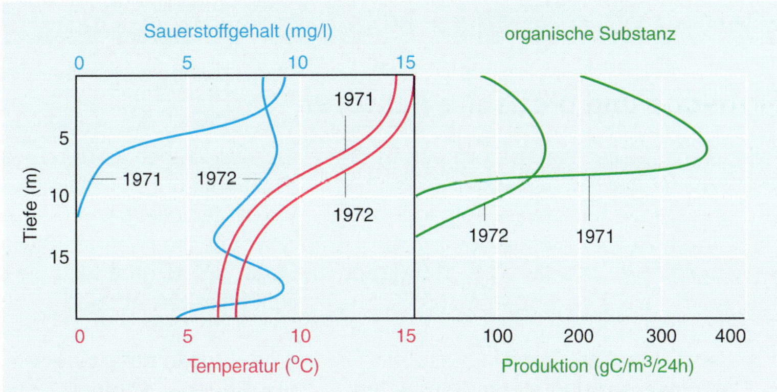

1 Profile im See

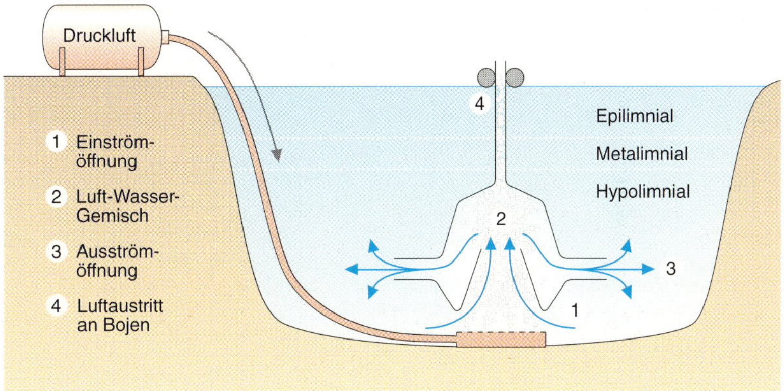

2 Belüftung

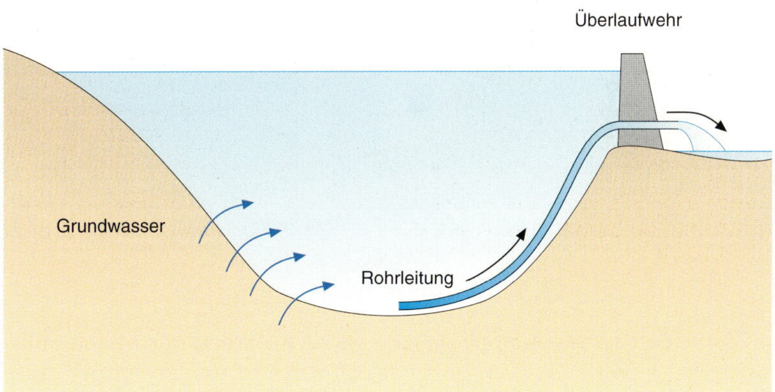

3 Tiefenwasserentnahme

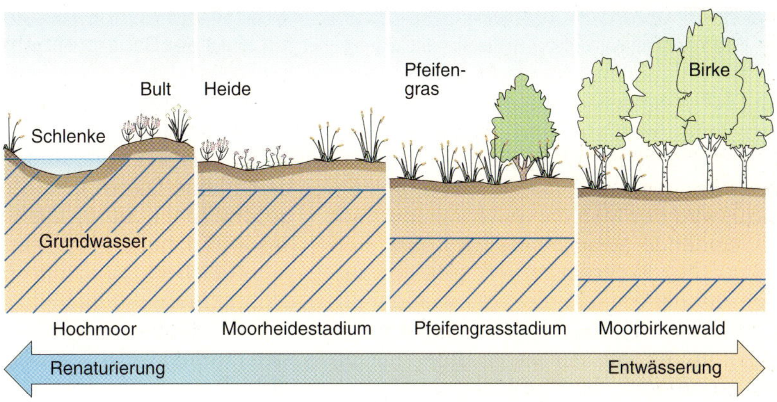

Abiotische und biotische Faktoren

Flüsse, Bäche, Seen und Moore haben die Landschaft in charakteristischer Weise geprägt, obwohl sie mit etwa 2 Millionen km^2 nur 0,4 % der Erdoberfläche einnehmen – das ist, verglichen mit den 71 % der Meere, wenig.

Der augenfällige Unterschied zwischen einem Fließgewässer und einem See besteht in der *Strömung* des Wassers von der Quelle zur Mündung. Ausschlaggebend für die *Fließgeschwindigkeit* ist vor allem das Gefälle des Baches oder Flusses. Damit be-

Erosion an der Außenkurve der sogenannte *Prallhang*, durch Akkumulation an der Innenkurve der *Gleithang* (siehe Randspalte). Je geringer die Fließgeschwindigkeit in einem Fluss, um so größer ist die ökologische Ähnlichkeit mit einem See.

Einer Quelle entspringt im Allgemeinen kaltes Regen-, Schmelz- oder Grundwasser. Die *Wassertemperatur* steigt dann flussabwärts, da über eine größere Wasseroberfläche mehr Wärme mit der Luft ausgetauscht wird.

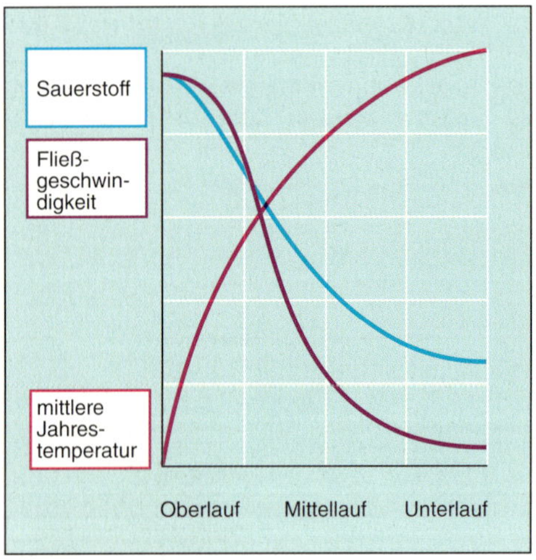

1 Abiotische Faktoren im Flussverlauf

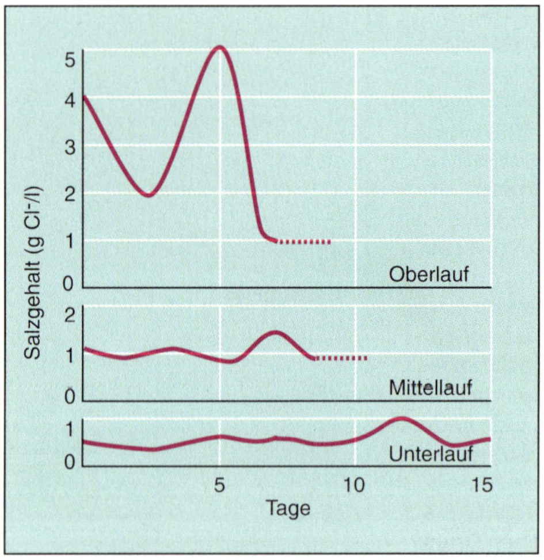

2 Flussabwärts fließende Salzwelle

zeichnet man den Höhenunterschied zwischen Quelle und Mündung, bezogen auf die Länge des Verlaufes. Fließgewässer lassen sich grob in einen *Ober-*, einen *Mittel-* und einen *Unterlauf* unterteilen, die sich in der Fließgeschwindigkeit unterscheiden.

Bei Fließgeschwindigkeiten im Oberlauf von über 3 m/s werden Geröll und Steine vom Untergrund abgetragen. Diese Tiefen- und Seitenerosion formt das Flussbett. Im Mittellauf wird das Material weitertransportiert. Einmündende Nebenflüsse vergrößern die Flussbreite, die Strömung wird geringer. Beträgt die Fließgeschwindigkeit weniger als 1 m/s, sinkt das Geröll entsprechend der Größe ab; es akkumuliert im Unterlauf. Un mäandrierenden Flüssen bildet sich durch

Aufgrund der Temperatur- und Strömungsbedingungen ist der *Sauerstoffgehalt* des Wassers im Quellbereich am höchsten: Bewegtes Wasser ist gut durchlüftet, kaltes Wasser löst mehr Sauerstoff. Zur Mündung hin sinkt der Sauerstoffgehalt (Abb. 1).

Ein Salzeintrag oder ein anderer Vorgang im Oberlauf macht sich erst nach längerer Zeit im Mittellauf und noch später im Unterlauf bemerkbar. Dabei hat sich seine Stärke abgeschwächt (Abb. 2). Die Dynamik des Flusses wird daher oft mit einer „fließenden Welle“ verglichen. Die abiotischen Bedingungen an der Quelle unterscheiden sich also deutlich von denen an der Mündung, obwohl sie sich im Flussverlauf nur allmählich veränderten.

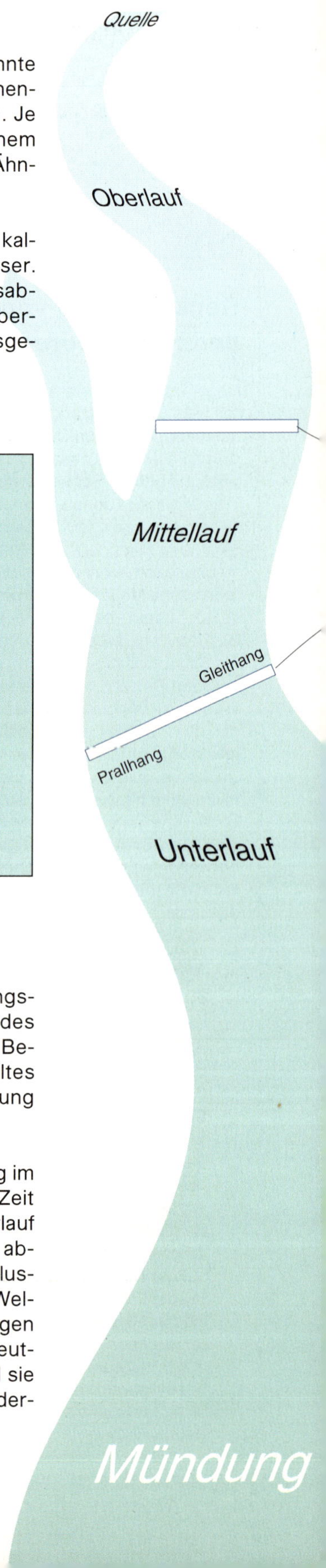

strömungsangepasste Fließwassertiere

Eintagsflüglerlarve

Köcherflüglerlarve

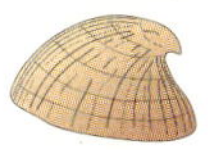

Flussmützenschnecke

Fließgeschwindgkeit in Flussquerschnitten (m/s)

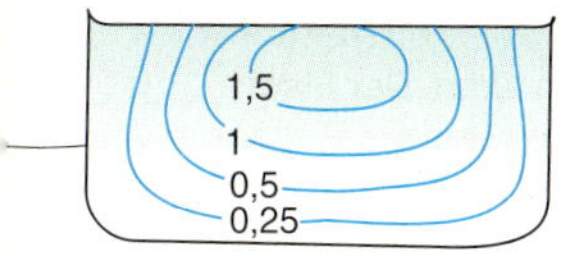

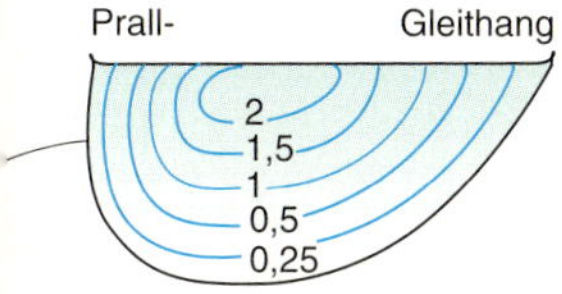

Den abiotischen Bedingungen entsprechend, ändert sich die Zusammensetzung der Biozönose kontinuierlich im Flussverlauf. Untersucht man einzelne Steine und Pflanzen aus dem schnell fließenden Oberlauf eines Flusses, so entdeckt man Lungenschnecken und Larven von Eintagsflüglern oder Köcherflüglern. Diese heften sich mit Saugscheiben oder Krallen an der Unterlage fest; sie bevorzugen den Strömungsschatten. Eine stromlinienförmige Gestalt vermindert die Gefahr, mit dem Wasser verdriftet zu werden (s. Randspalte). Das freie Wasser ist in schnell fließenden Gewässern kaum besiedelt.

Im Unterlauf und in anderen langsam fließenden Flussabschnitten fängt man dagegen mit einem Planktonnetz oder Kescher Planktonalgen und Wasserflöhe, also an das Leben im freien Wasser angepasste Organismen, die auch in vielen Seen zu finden sind.

Wasserpflanzen, pflanzlicher Aufwuchs und pflanzliches Plankton bilden fotosynthetisch organische Substanz, sie sind die *Erzeuger (Produzenten)* im Fließgewässer. Die organische Substanz der Lebewesen einer Biozönose, gewogen in Gramm, nennt man *Biomasse*. Pflanzenfresser *(Erstkonsumenten, Herbivore)*, wie Schnecken, Wasserflöhe und Eintagsflüglerlarven, ernähren sich von der pflanzlichen Biomasse. Die Erstkonsumenten dienen wiederum den räuberischen Arten, wie z. B. Fischen oder Libellenlarven, als Nahrung *(Zweitkonsumenten, Carnivore)*. Zum Teil werden die Zweitkonsumenten ihrerseits von Konsumenten höherer Ordnung, wie z. B. Hecht oder Zander, gefressen.

Abgestorbene und ausgeschiedene organische Stoffe werden von verschiedenen Ringelwürmern oder Schnecken gefressen und schließlich von Bakterien und Pilzen in Mineralstoffe zersetzt *(Reduzenten, Destruenten, Zersetzer)*. So stehen sie den Produzenten wieder zur Verfügung. Auch die Zersetzer werden von Konsumenten höherer Ordnung gefressen. Die Nahrungsbeziehungen sind vielfach verflochten, sie bilden ein *Nahrungsnetz*.

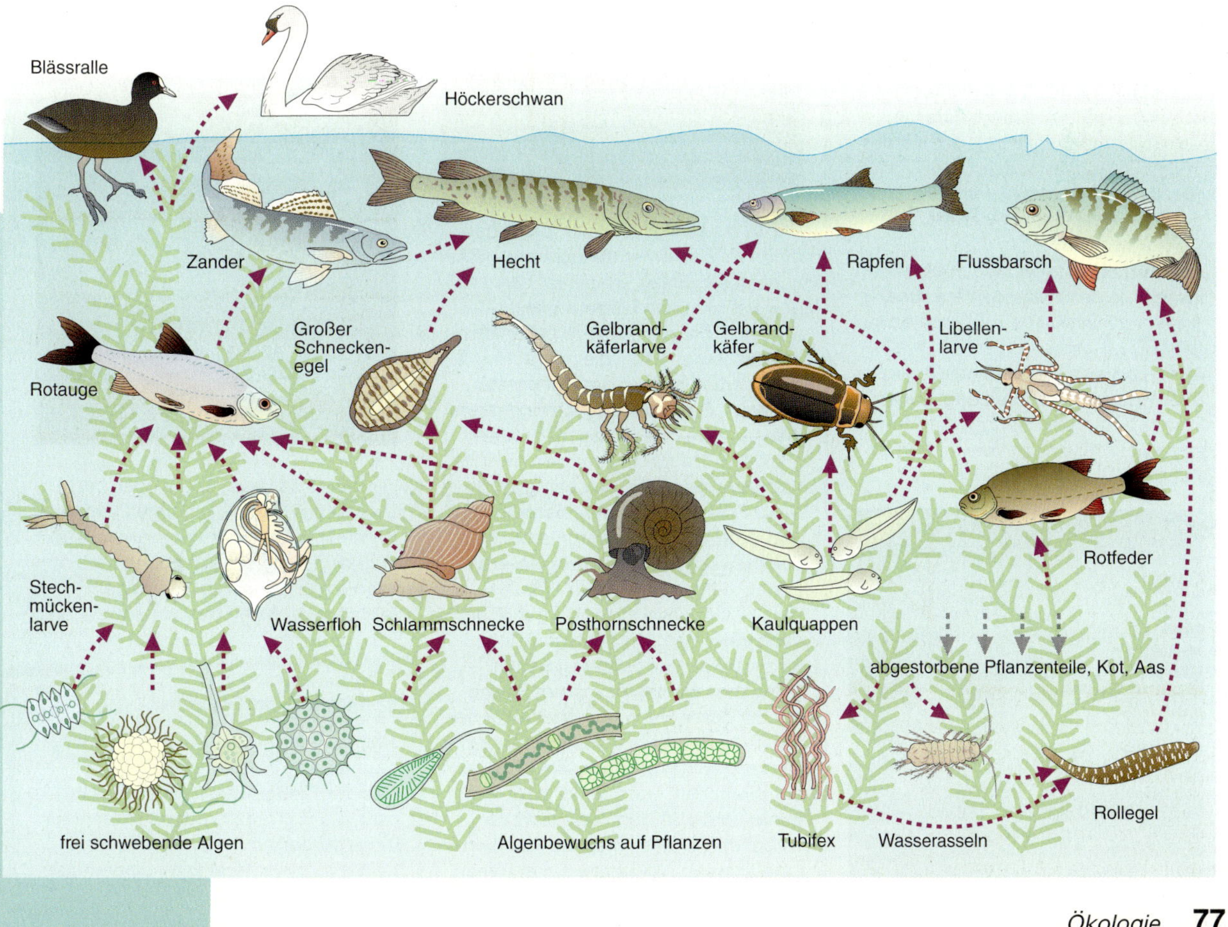

Lexikon
Lexikon
exikon
xikon
ikon
kon
on

Wechselbeziehungen im Fließgewässer

Parasitismus und Konkurrenz: Flusskrebse — Krebspest

Der 12 bis 25 cm lange *Europäische Flusskrebs* lebt in mäßig strömenden Bächen und nimmt eine gemischte Kost aus Muscheln, Schnecken, Insektenlarven und Pflanzen zu sich. Er ist ein geschätzter Speisekrebs. Heute kommt er nur noch sporadisch in Mittelgebirgsbächen vor, denn im vergangenen Jahrhundert breitete sich die *„Krebspest"* epidemieartig in den Populationen aus. Verursacher ist ein parasitischer Schimmelpilz, der über die weichen Gelenkhäute in Binde- und Nervengewebe des Krebses eindringt und zum Tod führt. Parasiten vermindern grundsätzlich das Körper- und Populationswachstum des Wirtes, führen aber nur selten wie hier zum regionalen Aussterben einer Art.

Als Ersatz für den wirtschaftlichen Verlust wurde der etwas kleinere *Amerikanische Flusskrebs* in Europa eingeführt. Er ist immun gegen die „Krebspest" und weniger empfindlich gegenüber Wasserverschmutzung. Daher konnte er in vielen Bächen die Stelle seines europäischen Verwandten einnehmen.

Der kleinste einheimische Zehnfußkrebs ist der *Steinkrebs* (8 – 10 cm). Er wurde durch den amerikanischen Flusskrebs aus den wärmeren Gewässern verdrängt und kommt heute vorwiegend in kühlen Bächen mit starker Strömung vor, wo sich die größeren Krebsarten nicht halten können.

Parabiose: Flussnapfschnecke — Ringelwurm

Im mützenförmigen Gehäuse der *Flussnapfschnecke* leben gelegentlich spezialisierte *Ringelwürmer*. Eine nur 5 mm große Schnecke kann von 10 bis 15 Würmern bewohnt werden. Die Ringelwürmer fügen ihrem Wirt keinen ersichtlichen Schaden zu, sie fressen wie die Schnecke Algen und profitieren von dem Versteck- und Transportmittel.

Konkurrenz bei Flohkrebsen

Die 15 bis 20 mm großen *Flohkrebse* leben als Zersetzer am Boden von Bächen und Flüssen, wo sie vor allem aufgeweichtes Laub bis zum Blattskelett abnagen. Es gibt mehrere äußerlich sehr ähnliche Arten, die sich aber in ihrer Toleranz gegenüber Temperatur, pH-Wert, Strömungsgeschwindigkeit, Wasserhärte oder Salzgehalt unterscheiden. Dadurch verringert sich die Konkurrenz um die gleichartige Nahrung. So entwickeln sich *Bachflohkrebse* am besten in sommerkühlen Fließgewässern, *Flussflohkrebse* dagegen in sommerwarmen Flüssen. Das Weibchen legt die Eier nur direkt nach einer Häutung in einen Brutbeutel zwischen den vorderen Beinen ab. Männchen wählen bevorzugt Partnerinnen, deren Häutung unmittelbar bevorsteht. Dabei informieren chemische Lockstoffe sie über den Ovarialzyklus der Weibchen. Um den richtigen Zeitpunkt für die Befruchtung nicht zu verpassen, schwimmen die Paare oft tagelang eng umklammert zusammen.

Parasitismus: Gemeiner Fischegel und Fisch

Egel gehören zu den Ringelwürmern und besitzen am Vorder- und Hinterende einen Saugnapf. Mit dem Endsaugnapf setzt sich der Fischegel an Wasserpflanzen fest und verharrt dort, bis ein Fisch sich nähert. Jetzt beginnt der Egel zu schwingen, sodass sein vorderer Saugnapf den Fisch berühren und sich festsaugen kann. Der Fischegel ernährt sich vom Blut des Fisches.

Feind — Beute: Köcherflügler — Kleintiere

Die Vollinsekten der *Köcherflügler* ähneln äußerlich Motten mit langen Fühlern, aber ohne Saugrüssel. Im Gegensatz zu den gefräßigen Larven nehmen sie meist keine Nahrung auf. Der Köcher umgibt den weichhäutigen

Hinterleib der wasserlebenden Larve. Er wird aus Seide gesponnen und mit Sandkörnchen oder Pflanzenstücken verstärkt. Es gibt auch köcherlose Arten. Einige fangen ihre Beutetiere in fein gesponnenen Netzen, andere sind Pflanzen- oder Detritusfresser.

Konkurrenz bei Forellen

Bachforellen sind Leitfische der Bergbachregion. Wasserbelastung, Ausbau der Fließgewässer und die Nahrungskonkurrenz mit der aus Amerika eingebürgerten *Regenbogenforelle* haben zu ihrem Rückgang beigetragen.

Libellen am Fluss

An Sonnentagen kann man an Gewässern mit geringer Strömung *Libellen* beobachten, die in elegantem Flug nach Insekten jagen. Die Männchen verteidigen ihr Revier aggressiv gegenüber Konkurrenten und grenzen so den Laichplatz für das Weibchen ab. Die Lebensdauer der Vollinsekten beträgt oft nur wenige Wochen. In dieser Zeit findet die Begattung statt, bei der Männchen und Weibchen mancher Arten ein charakteristisches Paarungsrad bilden. Viele Großlibellen lassen ihre Eier in das freie Wasser fallen, Kleinlibellen stechen sie sitzend in Pflanzenteile ein.

Libellenlarven leben unter Wasser in der Ufervegetation. Ihre Unterlippe ist als Fangmaske ausgebildet, mit der sie Wasserinsekten, Würmer oder Kleinkrebse blitzschnell fangen und zerstückeln. Kleinlibellenlarven besitzen drei blattförmige Hinterleibsanhänge, die sie zum Rudern und zur Atmung benutzen *(Tracheenkiemen)*. Großlibellenlarven atmen über Tracheen im Enddarm und bewegen sich nach dem Rückstoßprinzip fort. Libellenlarven durchlaufen im Wasser 10 bis 15 Larvenstadien, wobei sie sich stufenweise, oft über Jahre, in das Vollinsekt verwandeln. Durch den Ausbau und die Verschmutzung der Gewässer sind Libellen hochgradig gefährdet.

Aufgaben

① Vergleichen Sie die Laichplätze der Libellen und die Lebensweisen der Larven.
② Welche Bedeutung messen Sie dem ausgeprägten Revierverhalten der Männchen bei?
③ Die untere Abb. zeigt die Bestandsentwicklung von Libellenlarven an einem Fluss. Mahd und Bearbeitung der Uferböschung wurden ab 1988 eingeschränkt. Erklären Sie.

Durchströmte Gewässer mit Schottergrund. Larven im Wurzelfilz

Schwimmblattbestände verlandeter Altarme. Larven zwischen Wasserpflanzen

Stark verlandete Altarmausläufer. Larven zwischen Wasserpflanzen auf Schlammgrund

Offene Uferstellen der Altarme. Larven zwischen Wasserpflanzen

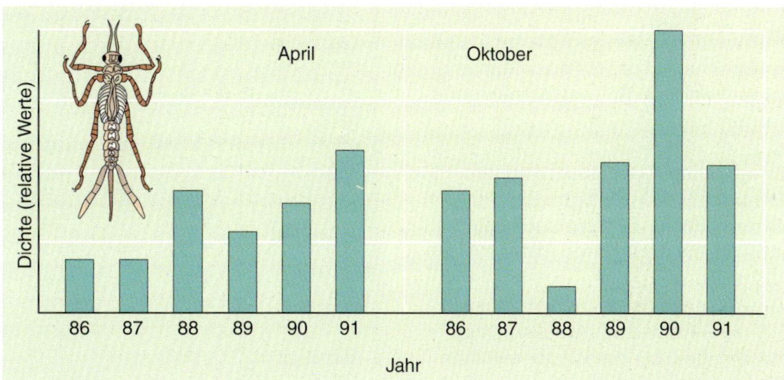

Fließgewässer

Ausrüstung:
Schlauchwaage (11 m lang, Ø 1 cm), Thermometer mit $^{1}/_{10}$° Einteilung, Tafelgeodreieck, Bandmaß, Lot, Korken, Stoppuhr, farblose Probenflaschen, Imhofftrichter oder tütenförmiger Messbecher, Testbesteck zur chemischen Wasseranalyse, Weithalskunststoffflasche für die Abfallchemikalien, engmaschiges Metallsieb, kleine Schaufel, Pinsel, Lupe, Federstahlpinzette, weiße Petrischalen, Foto- oder Zeichenausrüstung, geografische Karte vom Fließgewässer und seinem Einzugsbereich, Bestimmungsbücher und -tabellen, Erhebungsbogen für die Stationen, Protokollbögen für wiederkehrende Messungen.

a) Stationsdaten

Die Probenstationen sollen die Eigenarten eines bestimmten Gewässerabschnittes, z.B. Ober-, Mittel-, Unterlauf oder Prall- bzw. Gleithang, widerspiegeln. Tragen Sie die Lage der Stationen in die Landkarte ein und weisen Sie Ufervegetation, Zuflüsse, Einleitungen usw. mit geeigneten Symbolen in der Karte aus. Inwieweit wurde die Böschung durch Baumaßnahmen verändert oder der Fluss begradigt (Ausbaugrad)?

Nun werden diejenigen Stationsdaten erhoben und protokolliert, die kaum jahreszeitlichen Schwankungen unterworfen sind:

Beschreibung der Böschung und Ufervegetation: Fertigen Sie eine Skizze oder ein Foto an und bestimmen Sie die wichtigsten Pflanzenarten.

Gewässerbreite und -tiefe: Messen Sie die Gewässerbreite mithilfe des Bandmaßes. Mit dem Lot bestimmen Sie die maximale Tiefe.

Gefälle: Als Schlauchwaage kann ein durchsichtiger Schlauch von 11 m Länge und 1 cm Durchmesser dienen. Füllen Sie diesen Schlauch blasenfrei mit Wasser und versenken Sie ihn gestreckt so in Flussrichtung, dass die Schlauchenden im Abstand von 10 m aus dem Wasser herausschauen. Die Wasserspiegel an beiden Enden befinden sich in gleicher Höhe *(Prinzip der kommunizierenden Röhren)*. Messen Sie jetzt im flussabwärts gelegenen Schlauchende den Abstand zwischen dem Umgebungs- und dem Schlauchwasserspiegel. Damit haben Sie den Höhenunterschied auf 10 m ermittelt.

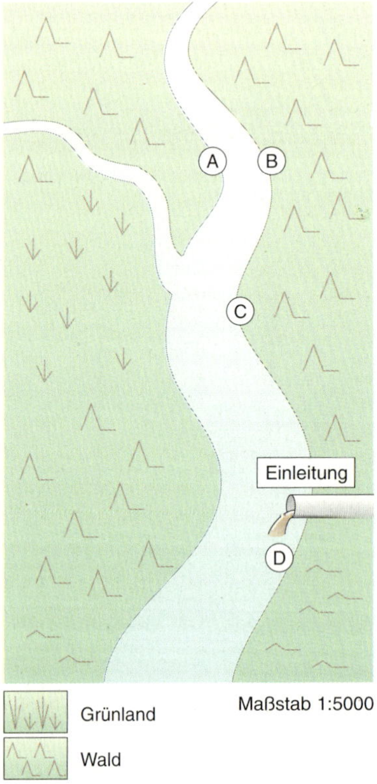

Station	A	B	C	D
Breite				
Böschungswinkel				
maximale Tiefe				
Gefälle				
Untergrund				
Ufervegetation				
Ausbaugrad				

Böschungswinkel: Benutzen Sie das Tafelgeodreieck, um den Winkel zwischen Wasserspiegel und Ufer zu berechnen. Dabei kann eine Holzlatte an der Böschung als Messunterlage dienen.

Beschreibung des Untergrundes: Grobschotter, Kies, Sand oder Schlick

b) veränderliche abiotische Daten

Luft- und Wassertemperatur: Diese werden mit dem Thermometer gemessen.

Fließgeschwindigkeit: Bestimmen Sie mithilfe des Bandmaßes und der Stoppuhr, wie lange ein Korken zum Zurücklegen von 10 m braucht.

Trübung, Farbe und Geruch: Füllen Sie eine farblose Flasche mit Flusswasser und halten Sie sie gegen einen weißen Hintergrund. Ist das Wasser klar, schwach getrübt, stark getrübt oder undurchsichtig? Die Geruchsprobe sollte nach kräftigem Schütteln möglichst von mehreren Personen vorgenommen werden und zwar hinsichtlich Intensität (geruchlos, schwacher oder starker Geruch) und Art des Geruches (erdig, modrig, faul oder jauchig). Protokollieren Sie die Farbe der Wasserprobe, nachdem sich eventuell vorhandene Schwebstoffe abgesetzt haben.

Absetzbare Stoffe: Lassen Sie eine Wasserprobe im Imhofftrichter 2 Stunden lang ruhig stehen. Lesen Sie dann die Menge der absetzbaren Stoffe an der Graduierung ab und berechnen Sie den Anteil am Gesamtvolumen.

Gelöste Stoffe: Spülen Sie die Probengefäße mehrmals mit dem zu untersuchenden Wasser aus und entnehmen Sie dann in 20 — 50 cm Wassertiefe eine Wasserprobe. Die qualitative und quantitative Bestimmung der gelösten Stoffe (Karbonathärte, pH-Wert, Sauerstoffgehalt, Ammonium-, Nitrit- und Nitratgehalt) erfolgt mithilfe eines käuflichen Testbestecks nach der zugehörigen Gebrauchsanweisung.

BSB_2, BSB_5: Wasserbewegungen und pflanzliche Fotosynthese reichern Fließgewässer mit Sauerstoff an. Je mehr organische Substanzen das Wasser enthält, desto mehr Sauerstoff wird andererseits durch reduzierende Bakterien verbraucht. Der *biochemische Sauerstoffbedarf (BSB)* ist ein Maß für die Belastung einer Wasserprobe mit organisch abbaubaren Substanzen. Er wird folgendermaßen gemessen: Füllen Sie zunächst eine größere Flasche halb mit Flusswasser und schütteln Sie kräftig, um Sauerstoff anzureichern. Geben Sie nun dieses Probenwasser luftblasenfrei in zwei Winklerflaschen aus dem Testbesteck. Messen Sie den Sauerstoffgehalt in einer davon sofort und stellen Sie das andere Fläschchen bei 20 °C dunkel. In der Probe vorhandene Bakterien zersetzen nun die organischen Substanzen und verbrauchen dabei Sauerstoff. Je größer die organische Belastung des Wassers, desto größer wird der Sauerstoffverbrauch sein. Bestimmen Sie den verbleibenden Sauerstoffgehalt nach 2 bzw. 5 Tagen. Die Differenz zwischen O_2-Sofortgehalt und O_2-Gehalt nach 2 bzw. 5 Tagen ergibt den BSB_2 bzw. BSB_5, gemessen in mg O_2 / l.

c) biotische Daten

Untersuchen Sie alle charakteristischen Substrate der Probenstation (Steine, Sand, Uferpflanzen) hinsichtlich ihrer Besiedlung. Benutzen Sie für jedes Substrat eine andere weiße Schale und setzen Sie die ausgesiebten bzw. ausgesammelten Teile dort hinein. Versuchen Sie, die Arten zu bestimmen und ihre Häufigkeit zu schätzen.

d) Auswertung

Chemische und physikalische Daten geben eine Momentaufnahme der abiotischen Bedingungen, die Analyse der Arten hat dagegen den Charakter einer Langzeitbestimmung. Tiere und Pflanzen können aufgrund ihrer ökologischen Potenzen nur ganz bestimmte Umweltbedingungen tolerieren. Das Vorkommen solcher sogenannter *Zeigerarten* lässt daher Rückschlüsse auf die vorausgegangenen Bedingungen zu. Das *Saprobiensystem* (s. Abb. unten) ist eine Zusammenstellung von Zeigerorganismen, die den Belastungsgrad des Gewässers anzeigen.

Aufgabe

① Auf welche Gewässergüte können Sie aufgrund ihrer biotischen Daten schließen? Stimmt das Ergebnis mit den aktuellen abiotischen Daten überein?

Abiotische Daten	Datum:			
Station	**A**	**B**	**C**	**D**
Lufttemperatur				
Wassertemperatur				
Trübung				
Farbe				
Geruch				
absetzbare Stoffe				
Sauerstoff				
pH-Wert				
Gesamtstickstoff				
BSB_2				
BSB_5				
Artenliste				
auf Steinen				
im Sand				
in den Pflanzen				

Güteklasse	Grad der organischen Belastung	Chemische Parameter: BSB_5 (mg/l)	N in NH_4^+ (mg/l)	O_2-Minima (mg/l)	wichtige Indikatororganismen	Fische
I	unbelastet bis sehr gering belastet	1	höchstens Spuren	> 8	Steinflüglerlarven, Flussperlmuschel 	Bachforelle 
I-II	gering belastet	1-2	um 0,1	> 8	Köcherfliegerlarven, Steinflüglerlarven, Strudelwürmer, Erbsenmuschel 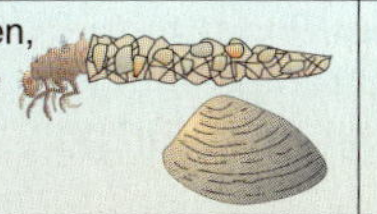	Äsche, Bachforelle 
II	mäßig belastet	2-6	< 0,3	> 6	Flussnapfschnecken, Eintagsflüglerlarven, Köcherflüglerlarven, Bachflohkrebse 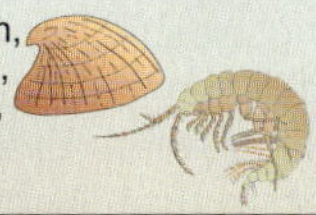	Barbe, Äsche, Hecht, Nase, Flussbarsch 
II - III	kritisch belastet	5-10	< 1	> 4	Egel, Schnecken, Moostierchen, Kleinkrebse, Grünalgenkolonien 	Aal, Karpfen, Schleie, Brachsen 
III	stark verschmutzt	7-13	0,5 bis mehrere mg/l	> 2	Wasserasseln, Rollegel, Wimpertierchenkolonien, Schwämme 	Schleie, Plötze 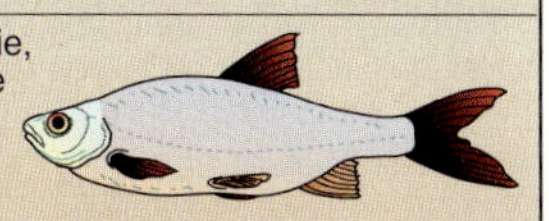
III - IV	sehr stark verschmutzt	10-20	mehrere mg/l	< 2	Rote Zuckmückenlarven, Schlammröhrenwürmer, Wimpertierchen 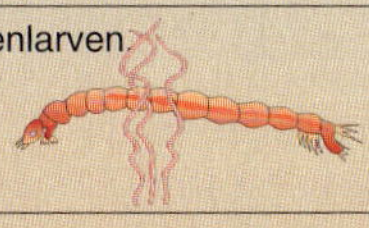	
IV	übermäßig verschmutzt		mehrere mg/l	< 2	Schmutzpantoffeltierchen, Schwefelbakterien, Geißeltierchen, Wimpertierchen 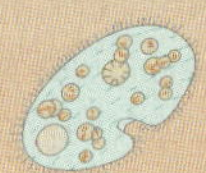	

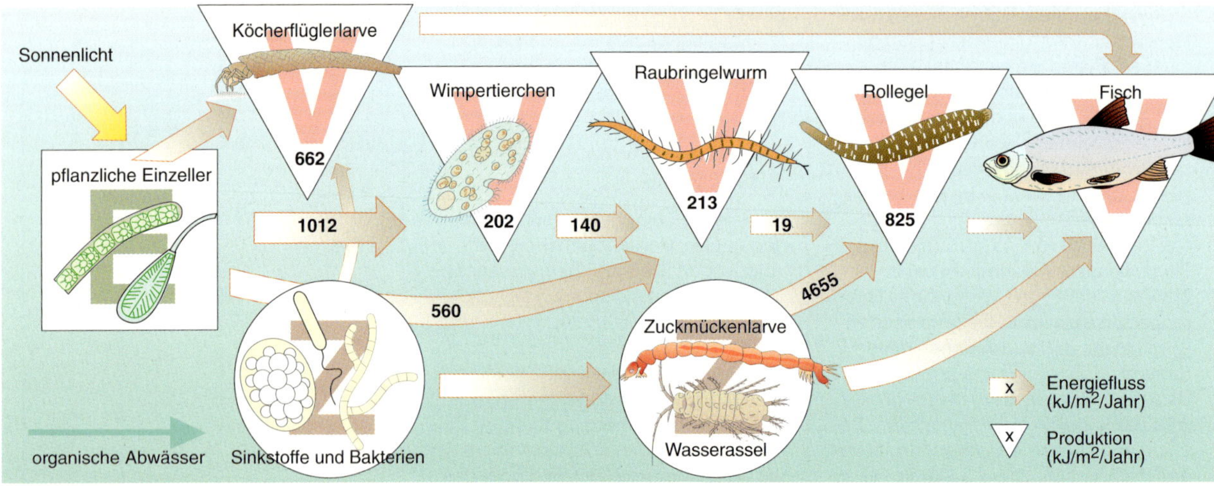

1 Energiefluss im Nahrungsnetz des Unterlaufes der thüringischen Saale

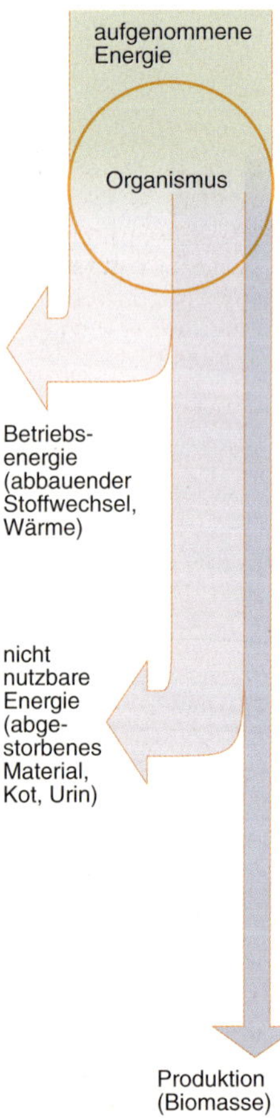

Energiefluss im Einzelorganismus

Energiefluss im Nahrungsnetz eines Fließgewässers

Der Unterlauf der thüringischen Saale ist stark durch Abwässer belastet. Zersetzende Bakterien nutzen nicht nur die organischen Stoffe aus der Biozönose, sondern auch die der Abwässer, weshalb sie hohe Dichten erreichen. Bakterienhaltige Sinkstoffe bilden neben pflanzlichen Einzellern die Nahrungsgrundlage für die Konsumenten. Die Wichtigkeit einer Nahrungsbeziehung lässt sich anhand der verzehrten Biomasse abschätzen und in biochemisch gebundene Energie umrechnen: 1 g Biomasse (Trockengewicht) hat einen Energiegehalt von etwa 20 kJ. Nahrungsbeziehungen sind dann nichts anderes als Energietransportwege von Produzenten zu Konsumenten steigender Ordnung. Man spricht vom *Energiefluss*.

Das Nahrungsnetz in der Saale lässt sich auf 3 Nahrungsketten vereinfachen (Abb. 1):

1) Von pflanzlichen Einzellern über Wimpertierchen und Raubringelwürmern zu Rollegeln, die nur selten von Fischen gefressen werden.
2) Von pflanzlichen Einzellern und bakterienhaltigen Sinkstoffen über die Köcherflüglerlarven zu den Fischen.
3) Vom bakterienhaltigen Detritus über Zuckmückenlarven, Tubifex und anderen Ringelwürmern zu den Fischen.

Betrachten wir die erste Nahrungskette unter energetischen Gesichtspunkten: Die pflanzlichen Einzeller setzen Sonnenenergie in Biomasse um. Die Wimpertierchen nehmen jährlich Einzeller mit einem Energiegehalt von 1012 kJ/m² auf und wandeln etwa 20 % davon (202 kJ/m²) in körpereigene Substanz um. 80 % der aufgenommenen Biomasse liefern einerseits die Betriebsenergie für Nahrungssuche und -verdauung, also für energieentwertete Prozesse, oder werden andererseits als unverdauliche Substanz ausgeschieden. Letztere sinkt zu Boden und wird dort mit den abgestorbenen Individuen von Bakterien zersetzt. Die Raubringelwürmer fressen jährlich etwa 700 kJ/m² in Form von Wimpertierchen und pflanzlichen Einzellern. Davon setzen sie 213 kJ/m², also 30 %, in körpereigene Substanz um. Die restlichen 70 % verteilen sich auch hier auf Energieabgabe durch den abbauenden Stoffwechsel (Atmung) und durch Abgabe unverdaulicher organischer Stoffe.

Auf dem Weg vom Produzenten zum Endkonsumenten wird grundsätzlich nur ein Teil der Energie in neue Biomasse umgewandelt. Ein großer Teil unterhält die abbauenden Stoffwechselprozesse und geht den Lebewesen in Form von Wärme verloren. Ein dritter Teil besteht aus unverdaulicher Substanz. Der Zugewinn an Biomasse pro Zeiteinheit wird als *Produktion* bezeichnet. Die Produktion bestimmt das individuelle Wachstum und über die Vermehrung auch das Populationswachstum.

Aufgabe

① Ermitteln Sie, welchen prozentualen Anteil der aufgenommenen Biomasse der Rollegel in körpereigene Substanz umwandelt.

Materialien

Das Sediment — ein Langzeitgedächtnis

a) Sedimentation

Am Grunde von Gewässern lagern sich mit der Zeit organische und anorganische Materialien ab, die man in ihrer Gesamtheit als *Sediment* bezeichnet. Durch Strömungen kann es transportiert und in Bereichen geringerer Wasserbewegung wieder abgelagert werden. Das Sediment bietet Lebensraum für viele Bodenorganismen. Außerdem finden hier verschiedene chemische Umsetzungen zwischen Wasser und Boden statt.

Aufgaben

① Erläutern Sie die Sedimenationsquellen in einem Gewässer (Abb. 1).

② Schlagen Sie ein Verfahren vor, mit dem man die Sedimentationsrate im Gewässer bestimmen kann.

③ Das Sediment wird oft als „Langzeitgedächtnis" des Gewässers bezeichnet. Erklären Sie!

b) Schwermetallablagerung

Schwermetalle dienen als Zusatzstoffe für Benzin, Lacke, Farben, Kunststoffe, Glas, Batterien und gelangen über Niederschlag, Staub, Abwasser und Auswaschungen erzhaltigen Gesteins in die Gewässer. Mit Ausnahme von Blei und Cadmium sind sie in Spuren lebensnotwendig, in erhöhten Konzentrationen aber schädlich. Schwermetalle sind biologisch nicht abbaubar, sie reichern sich daher in den Lebewesen an. Ihre Sedimentation hängt von verschiedenen abiotischen Faktoren ab.

Aufgaben

① Welchen Einfluss hat der pH-Wert auf die Anreicherung von Schwermetallen im Sediment (Abb. 2)?

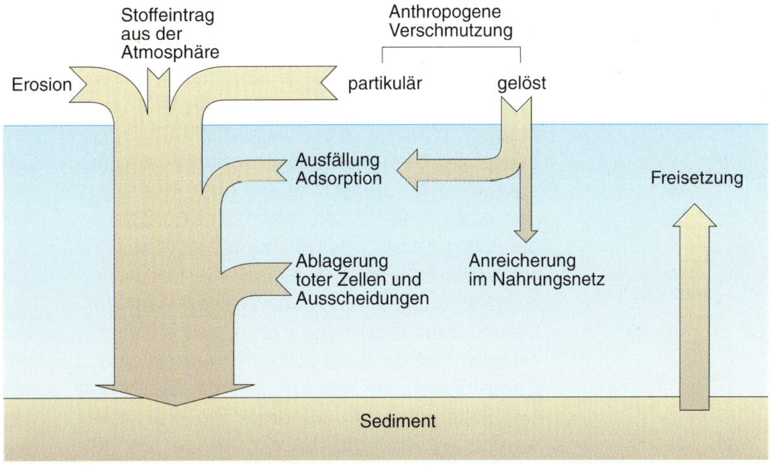

1 Sedimentationsquellen

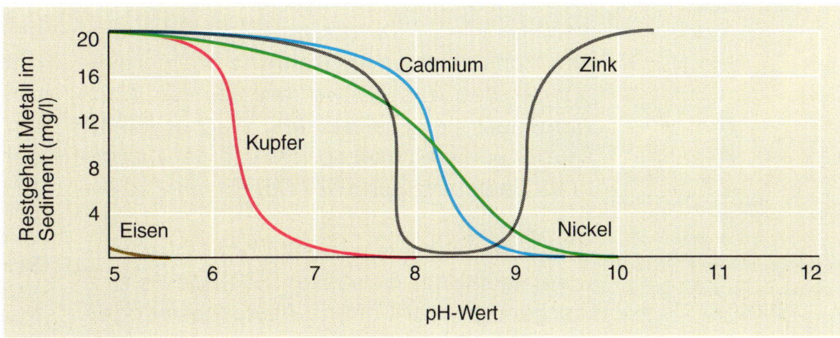

2 Schwermetalle im Sediment

② Welchen Einfluss hat die Korngröße des Sedimentes auf die Anreicherung?

c) Bioturbation

Das Phytoplankton nimmt gelöste Mineralstoffe auf, welche später mit dem Detritusregen zu Boden sinken. Also beeinflussen auch biotische Faktoren die Sedimentation. Sediment fressende Tiere verschlingen am Gewässerboden das Gemisch aus pflanzlichem Detritus, Bakterien, Algen und mineralisierten Stoffen. Zuckmückenlarven bauen Sedimentgänge, durch die sie mit wellenförmigen Körperbewegungen frisches Wasser pumpen, Ringelwürmer der Gattung *Tubifex* sitzen mit dem Vorderteil im Schlamm und geben das verdaute Substrat auf die Sedimentoberfläche ab. Fische durchwühlen den Boden auf der Suche nach den Sedimentfressern.

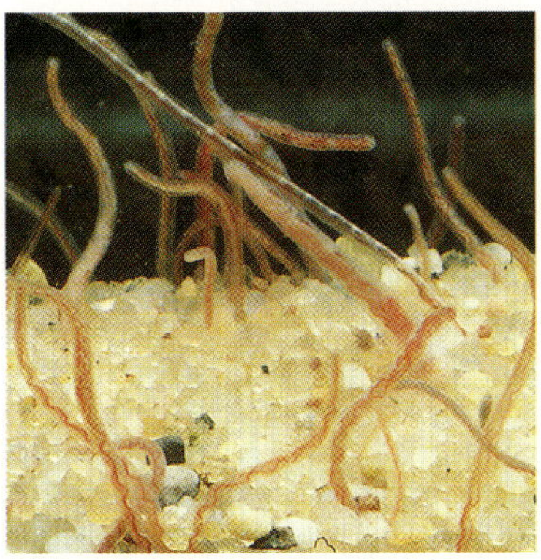

Aufgabe

① Wie wirken sich die im Beispiel genannten Tiere auf die abiotischen Bedingungen im Sediment aus?

d) Paläolimnologie

Anaerobe Abbauprozesse verlaufen langsamer als aerobe, in vielen Gewässern wirkt das Sediment daher als Deponie schwer abbaubarer oder verschütteter organischer Substanzen. Die *Paläolimnologie* versucht, die Geschichte eines Gewässers anhand der organischen Reste zu rekonstruieren.

Aufgabe

① Schwer abbaubare organische Substanzen wurden erdgeschichtlich stellenweise in großen Mengen abgelagert. Nennen Sie Beispiele.

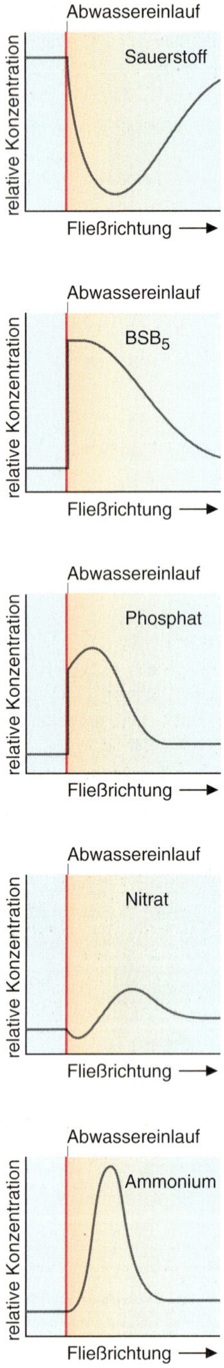

Selbstreinigungsvorgänge in einem Fließgewässer

Selbstreinigung und Abwasserbelastung

In jedem Gewässer entstehen Selbstverunreinigungen durch abgestorbene Pflanzenteile, Tierleichen oder Ausscheidungsprodukte. Sie bestehen aus komplexen organischen Verbindungen, wie Kohlenhydraten, Proteinen und Fetten. Wurzeln und Zweige der Uferpflanzen fangen einige grobe Teile ab, andere sinken in Stillwasserbereichen auf den Grund, werden gefressen oder zerfallen allmählich. Feinere organische Partikel werden bei guter Wasserzirkulation durch Sand- und Kiesschichten gefiltert. Bakterien und Pilze zersetzen sie unter Sauerstoffverbrauch in Kohlenstoffdioxid, Wasser und Mineralstoffe. Die Mineralstoffe fördern das Pflanzenwachstum, sodass neuer Sauerstoff gebildet wird. Pflanzen und Zersetzer dienen Konsumenten als Nahrung. Verunreinigungen des Wassers werden also vom Nahrungsnetz verarbeitet, das Wasser bleibt sauber und klar. Man spricht von der *natürlichen Selbstreinigung der Gewässer*.

Abwässer bilden eine zusätzliche Fremdverunreinigung der Gewässer. Solange es sich um geringe, nicht giftige Abwassermengen handelt, entwickeln sich viele zersetzende Mikroorganismen in unmittelbarer Nähe der Einleitung. Sie setzen unter Sauerstoffverbrauch Mineralstoffe frei, die das Pflanzenwachstum fördern und Konsumenten anziehen. In einiger Entfernung von der Einleitungsstelle ist das Wasser wieder klar (s. Randspalte). Die Selbstreinigung der Gewässer hat jedoch natürliche Grenzen. Abwässer können das Ökosystem Gewässer empfindlich stören.

Eutrophierung

Aus den Äckern sickern überschüssige Gülle und andere Düngemittel in die Gewässer ein. Einzelne Mineralstoffe, wie Phosphor- und Stickstoffverbindungen, deren geringe Konzentration normalerweise das pflanzliche Wachstum begrenzt, liegen dann oft im Überschuss vor und führen zu starkem Wachstum von Uferpflanzen und pflanzlichem Plankton. Man nennt diese Überdüngung auch *Eutrophierung*. Massenvermehrungen des Phytoplanktons, sogenannte *Algenblüten*, die sonst auf das Frühjahr begrenzt sind, dauern jetzt bis in den Herbst hinein an. Wie viel und wie schnell diese organische Substanz von den Zersetzern und den Konsumenten abgebaut werden kann, hängt besonders von der im Wasser gelösten Sauerstoffmenge ab. Ohne Sauerstoff erfolgt der Abbau organischer Substanzen durch Fäulnis. Anaerobe Bakterien herrschen vor und produzieren übel riechende Gasblasen von Schwefelwasserstoff. Pflanzen und Tiere können in solchen Bereichen nicht leben.

Die Fäkalien und Waschmittelrückstände in häuslichen Abwässern enthalten ebenfalls Stickstoff- und Phosphorverbindungen. Noch 1970 gelangten 54 % der Abwässer der Bundesrepublik ungeklärt in die Gewässer, heute werden über 90 % zuvor in Kläranlagen erfasst (s. Kasten auf der folgenden Seite). Fehlt den Klärwerken eine chemische Reinigungsstufe, können Phosphate die Gewässer eutrophieren. Inzwischen gibt es phosphatfreie Waschmittel im Handel, die stattdessen das Silikat Zeolith enthalten. Es führt nicht zur Eutrophierung, sinkt jedoch auf den Gewässergrund ab. Langfristige Folgen sind noch nicht bekannt.

Schwermetallbelastung

Industrielle Abwässer können die natürliche Schwermetallkonzentration in Fließgewässern deutlich erhöhen. Blei- und Chromverbindungen treten an Schwebstoffe gebunden auf und reichern sich daher im Sediment an. Cadmium-, Zink- und Nickelverbindungen kommen überwiegend gelöst vor und werden weiter flussabwärts transportiert. Schwermetalle und ihre Verbindungen wirken in hohem Maße giftig auf die Organismen. Ihre spezifische Wirkung hängt von der Konzentration und der Organismenart ab und ist nicht immer bekannt. Viele Tierarten lagern Schwermetalle im Fettgewebe ab, sodass sich Schäden erst langfristig bemerkbar machen. Über das Nahrungsnetz gelangen Schwermetalle auch in die höheren Konsumentenstufen.

Versauerung

Beim Kontakt von Regenwasser mit dem Schwefeldioxid industrieller Abgase entsteht saurer Regen, welcher über das Oberflächenwasser in die Gewässer gelangt. Niedrigste Jahres-pH-Werte werden bezeichnenderweise nach längeren Niederschlägen und nach der Schneeschmelze gemessen. Saures Wasser verlangsamt die abbauenden Stoffwechselprozesse, Arten- und Individuenzahlen gehen zurück. Auch hier gibt es spezifische Unterschiede in der Verträglichkeit. Fische sind besonders empfindlich gegenüber Versauerung. In sauren Gewässern werden Schwermetalle und andere Metalle (z. B. Aluminium) leichter aus dem Sediment freigesetzt und können dann ihre giftige Wirkung entfalten.

Wärmebelastung

Eine Erwärmung der Fließgewässer ist in erster Linie auf das Kühlwasser von Kraftwerken zurückzuführen. Nach der RGT-Regel beschleunigt ein Temperaturanstieg die Stoffwechselprozesse, u. a. die Atmung und den biochemischen Sauerstoffbedarf, gleichzeitig sinkt die Löslichkeit von Sauerstoff in Wasser. Ein erhöhter Sauerstoffbedarf steht also einem geringeren Sauerstoffgehalt gegenüber. Eine Temperaturerhöhung von nur 5 °C kann bereits zu anaeroben Zuständen im Fließgewässer führen und die Flora und Fauna drastisch verändern. Die Selbstreinigungskraft eines Gewässers erhöht sich nur dann mit der Temperatur, wenn die Sauerstoffversorgung ausreicht. Das ist meistens nur bei künstlicher Belüftung der Fall.

Aufgaben

① Erkundigen Sie sich, welche Kläranlage für Ihre häuslichen Abwässer zuständig ist und welche Reinigungsstufen sie aufweist.

② Vergleichen Sie natürliche Selbstreinigung und Abwasserklärung.

Schema der Abwasserklärung in einer dreistufigen Kläranlage

Die Klärung häuslicher Abwässer aus der Kanalisation (1) erfolgt in drei Stufen: Die *mechanische Reinigungsstufe* entspricht den Stillwasser- und Filterbereichen des Fließgewässers. Hier werden mit Rechen (2) und Sandfang (3) gröbere Stoffe aus dem Abwasser entfernt. Noch vorhandene Schwebstoffe sinken größtenteils im Absetzbecken (4) zu Boden. Sie werden dem Faulturm zugeleitet.

In der darauf folgenden *biologischen Reinigungsstufe* werden die gelösten organischen Stoffe aus dem Abwasser entfernt. Bakterien sorgen wie bei der Selbstreinigung für ihre Mineralisierung. Bestimmte Wimpertierchen ernähren sich von diesen Bakterien. Um auch auf kleinem Raum hohe Abbaugeschwindigkeiten zu erreichen, werden die Abwasserbakterien im Belebungsverfahren (5) künstlich belüftet. Aufgrund der guten Nährstoff- und Sauerstoffversorgung vermehren sie sich stark. Es bilden sich flockenartige Ansammlungen von Bakterien und Wimpertierchen, die sich im Nachklärbecken (6) absetzen. Ein Teil der Flocken wird in das Belüftungsbecken zurückgeleitet und leitet die biologische Klärung des nächsten Abwassers ein. Der Hauptteil gelangt in den Faulturm. Hier wird der anfallende Schlamm von anaeroben Bakterien abgebaut, wobei Methangas entsteht. Der ausgefaulte Schlamm wird abtransportiert.

Erst in der *chemischen Reinigungsstufe* werden die gelösten Phosphate als Eisen- oder Aluminiumsalz ausgefällt (7). Das Abwasser gelangt in das Mischbecken (8). Auch für einige Stickstoffverbindungen gibt es inzwischen verbesserte Eliminierungsverfahren. Allerdings fehlt vielen Klärwerken diese chemische Reinigungsstufe. Das geklärte Abwasser gelangt in den Vorfluter (9), wo weitere Organismen leben.

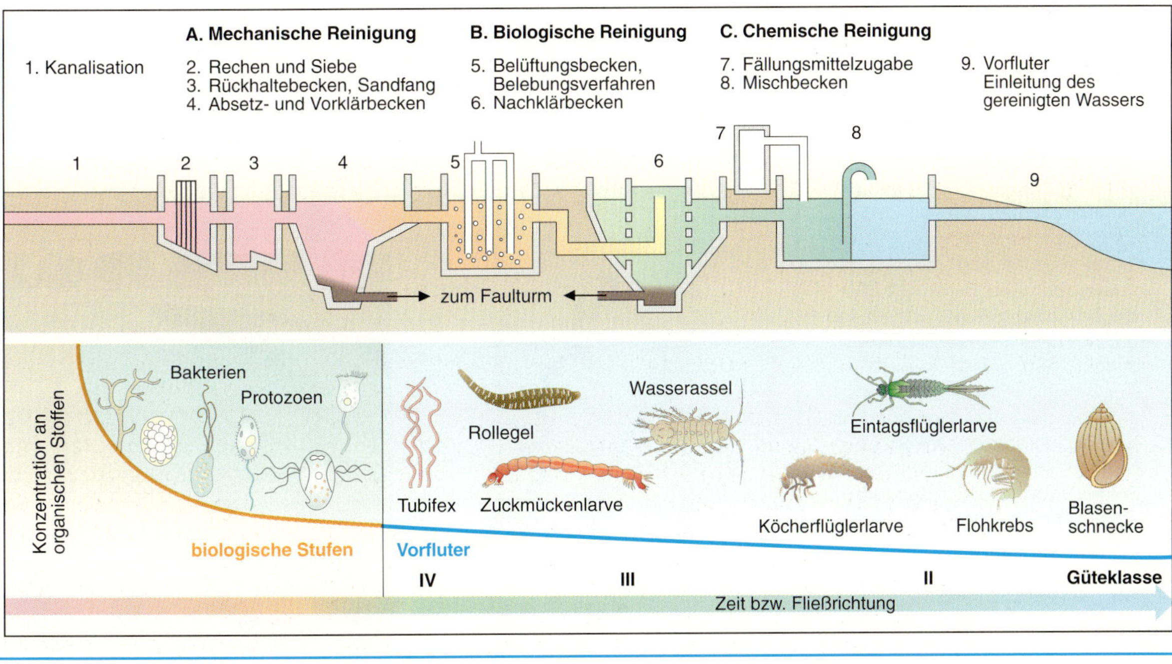

Die Erft: Ein Fluss im Industriegebiet

Die Erft ist ein 110 km langer Nebenfluss des Rheins mit einem Einzugsgebiet von 975 m² im rheinischen Braunkohlerevier. Die Fließzeit von der Quelle bis zur Mündung beträgt 40 Stunden. Mit Ausnahme kurzer Abschnitte ist die Erft völlig ausgebaut. Der Veybach (km 75) führt ihr Grubenwasser zu, das aus einem ehemaligen Bleibergwerk stammt. Bei km 45 – 35 werden große Mengen *Sümpfungswasser* eingeleitet. Es entstammt den Grundwasserabsenkungen aus dem Braunkohletagebau, ist eisenhaltig, sauerstoffarm und enthält keine sauerstoffzehrenden Stoffe. Der gesamte Mittelbereich der Erft weist eine hohe Siedlungsdichte und landwirtschaftliche Nutzung auf. In den letzten Jahren wurden viele Kläranlagen mit Phosphatfällungsstufen versehen. Rekultivierte Tagebaustätten dienen als Rückhaltebecken bei Hochwasser, Bäche und Altarme wurden renaturiert.

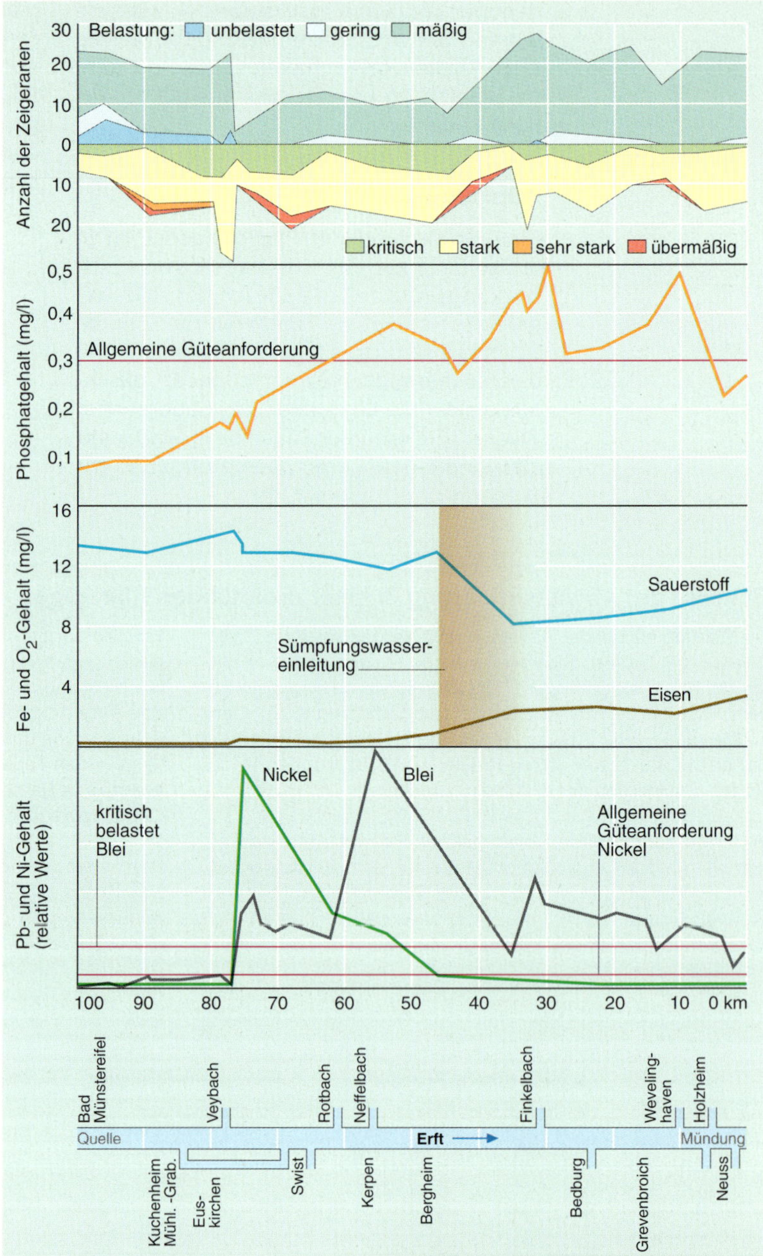

Aufgaben

1. Erläutern Sie, wodurch die Erft belastet wird und welche Gegenmaßnahmen ergriffen werden.
2. Viele Organismen aus der Erft lassen sich bestimmten Belastungsstufen zuordnen. Beurteilen Sie die Gewässergüte der Erft anhand der Besiedlungszusammensetzung (s. Abb. oben).
3. Der Gehalt an Phosphorverbindungen übersteigt in einigen Abschnitten die Güteanforderungen. Nennen Sie mögliche ökologische Folgen. Worauf führen Sie die abschnittsweise Verringerung des Phosphatgehalts zurück?
4. Wie wirken sich die Einleitungen aus dem Veybach und das Sümpfungswasser (s. Abb.) auf die abiotischen Faktoren in der Erft aus?

Praktikum

Gewässer in der Stadt

An städtischen Bächen und Seen genießen viele Menschen die parkartige Naturkulisse, füttern die zahlreichen Wasservögel oder führen ihren Hund spazieren.

Aufgaben

① Erstellen Sie anhand eines Stadtplans eine Liste der Gewässer in Ihrem Wohnort und informieren Sie sich über ihre Nutzung. Wählen Sie eines der Gewässer für eine genauere Untersuchung aus. Gehen Sie das Ufer des Gewässers an charakteristischen Stellen ab, protokollieren Sie naturnahe und vom Menschen überformte Bereiche, wie Wehranlagen, Staustufen, Abwassereinleitungen, Kläranlagen, Bootsstege, Promenaden usw. Erkundigen Sie sich nach der Entstehung des von Ihnen untersuchten Gewässers und der Regulation seines Wasserstandes.

② Erfassen Sie Vegetation und Tierwelt im Uferbereich und vergleichen Sie dabei naturnahe und naturferne Abschnitte. Gehen Sie dabei auf die im Praktikum „Fließgewässer" bzw. Praktikum „Gewässer" beschriebene Weise vor. Erklären Sie die vorhandenen Unterschiede und berechnen Sie den sogenannten *„Artenfehlbetrag"*, der die Artenzahl im naturnahen Bereich (N_a) mit der Artenzahl im naturfernen Bereich (N_b) vergleicht:
Artenfehlbetrag (%) =

$$\frac{N_a - N_b}{N_a} \times 100$$

③ Der Limnologe THIENEMANN stellte folgende ökologischen Regeln auf, die auch als *Biozönotische Grundprinzipien* bezeichnet werden:
Regel 1: Vielseitige Lebensbedingungen ermöglichen eine große Artenvielfalt, die Arten sind jedoch nur mit wenigen Individuen vertreten.
Regel 2: Einseitige und extreme Lebensbedingungen führen zur Artenarmut, die vorhandenen Arten sind individuenreich.
Inwieweit bestätigen Ihre Ergebnisse diese Regeln?

④ Stadtteiche sind mehr als Stadtbäche vom Umfeld Stadt geprägt. Erklären Sie.

⑤ Diskutieren Sie im Hinblick auf den Stickstoffkreislauf Vorteile und Nachteile der Entenfütterung (Abb. 1). Beurteilen Sie die Rolle des Fischbesatzes und der häufig auftretenden Blüten von Cyanobakterien!

⑥ Entnehmen Sie Planktonproben aus dem Teich oder aus Staubereichen des Baches und ordnen Sie die Formen zu.

⑦ Stellen Sie die Ergebnisse Ihrer Untersuchung als Poster mit Fotos, Grafiken und Texten dar, und entwickeln Sie Vorschläge für eine Sanierung Ihres Stadtgewässers.

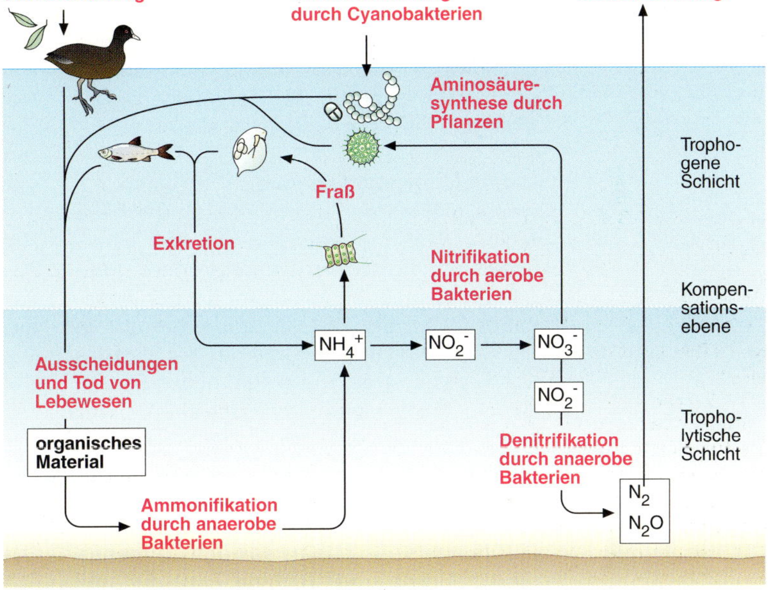

1 Stickstoffkreislauf im Stadtparkteich

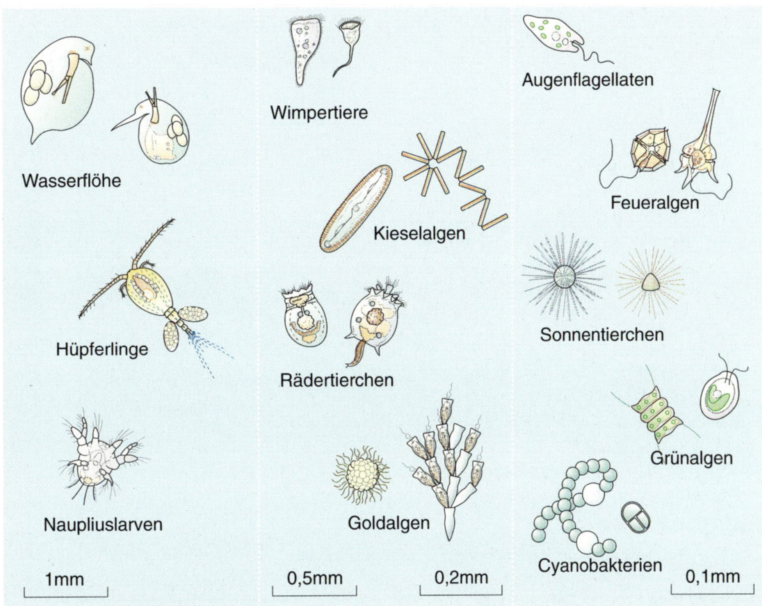

2 Plankton im Stadtparkteich

Flussauen als Rückzugsraum

Auen
natürliche Begleitlandschaften des Flusses

Typische Auenlandschaften in Deutschland:
Rheinauen
Elbauen
Donauauen

Rheinwasser in Kölner Kellern und Elbwasser in Hamburger Straßen – Hochwasser hinterlässt Millionenschäden und ratlose Stadtplaner.

Zu allen Zeiten schwankte der Wasserstand in den Flüssen. Schneeschmelze, starke Regenfälle, Aufstauungen durch Eis oder Astwerk lassen das Flusswasser über die Ufer treten. Es durchspült die Seitenarme, formt neue Abbruchkanten, schwemmt Holz- und Laubreste auf und hinterlässt Kies, Sand und mineralstoffhaltige Tone. Jedes Hochwasser führt zu Erosion und Sedimentation. Im gesamten Überschwemmungsgebiet folgt das Grundwasser den Wasserstandsschwankungen, wobei es durch die Ufersedimente gefiltert und mit Sauerstoff angereichert wird.

Überflutungen behindern die Wurzelatmung, weshalb Bäume in unmittelbarer Ufernähe fehlen. Erst bei weniger als 200 Überschwemmungstagen jährlich können Weiden und Grauerlen wachsen, die den flussnahen Wald, die *Weichholzaue*, formen. In flussferneren Gebieten, die nur bei Spitzenhochwasser erreicht werden, bilden Esche, Ulme und Stieleiche die *Hartholzaue*. Unter ihrem schütteren Laubdach wachsen lichtbedürftige Kräuter, wie Geißfuß, Schlüsselblume oder Springkraut. Hopfen und Waldrebe erklettern die Bäume. Die Pflanzen profitieren vom hohen Mineralstoffgehalt und der Feuchte des Bodens. Auwälder sind ein Rückzugsraum für bedrohte Amphibien, Greifvögel und Fledermäuse. Hier leben Storch, Kranich, Laubfrosch und Biber.

Flussauen sind Ausgleichsräume bei erhöhtem Wasseraufkommen: Das Wasser verteilt sich, versickert im Boden und verdunstet über das Laub. Die fruchtbare Auenlandschaft zog menschliche Siedlungen an, welche bei Hochwasser oft bedroht waren. Durch den Bau von Dämmen, die Abtrennung von Seitenarmen und die Begradigung der Oberläufe versuchte man, sich zu schützen und die Flüsse schiffbar zu machen. Dadurch erhöhte sich die Fließgeschwindigkeit so sehr, dass die Tiefenerosion zunahm und der Grundwasserspiegel sank. Die Auwälder vertrockneten, Trinkwasserbrunnen versiegten, Ernteerträge gingen zurück. Die Regulierung der Flüsse bannte zwar die Hochwassergefahr in den Oberläufen, verlagerte sie aber stromab in die dicht besiedelten Gebiete, wo die Böden durch Häuser und Straßen versiegelt sind.

Heute wird die Bedeutung der Auen als Rückzugsgebiet für Wasser und Natur anerkannt. Der Schutz der Auen liegt daher im ökologischen und ökonomischen Interesse.

Aufgaben

① Bei Flussauen spricht man von *Anlandung*, bei Seen von *Verlandung*. Nennen Sie Unterschiede und berücksichtigen Sie dabei besonders die Sedimente.
② Wie wirkt sich ein erhöhtes Wasseraufkommen auf den Wasserstand in städtischen Gebieten aus?
③ In der Weichholzaue fehlt der Frühjahrsaspekt. Erklären Sie.

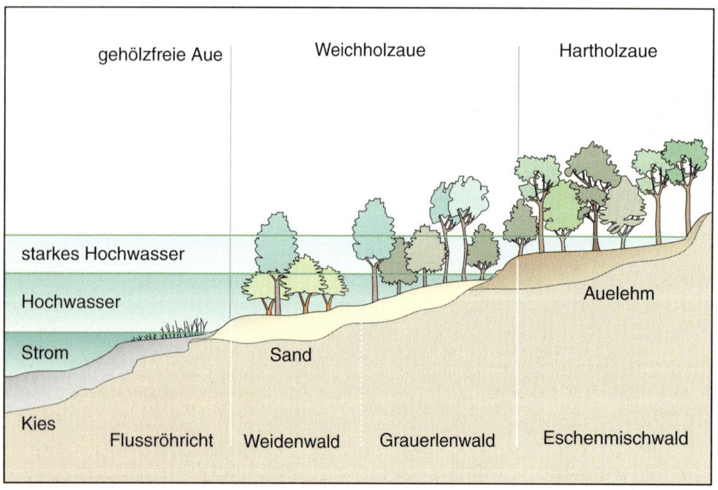

1 Gliederung der Flussauen

2 Auenlandschaft

1 Naturfernes Fließgewässer

2 Naturnahes Fließgewässer

Renaturierung von Fließgewässern

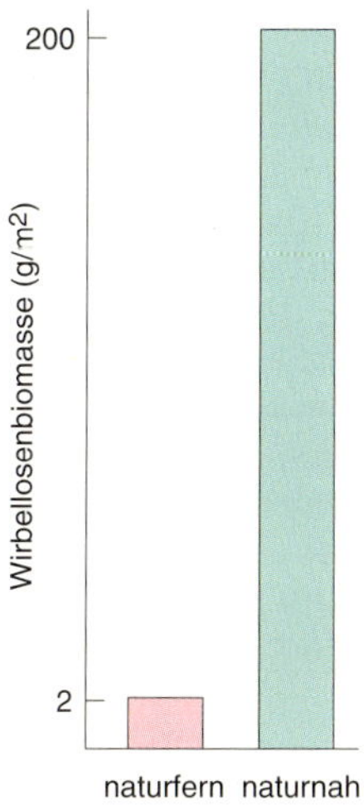

Besiedlungsvergleich

Fließgewässer sind *natürliche* Entwässerungssysteme mit Transportfunktion und Selbstreinigungskraft. Schon seit frühgeschichtlicher Zeit hat der Mensch die Fließgewässer entsprechend genutzt und oft für seine Zwecke umgestaltet. Dabei wurde in erster Linie die Fließgeschwindigkeit des Wassers verändert. Begradigung und Vertiefung des Flussbettes erhöhen die Fließgeschwindigkeit. Dadurch werden die Flüsse schiffbar und die umgebende Landschaft entwässert. Der erhoffte Hochwasserschutz erwies sich jedoch als trügerisch. Bei hohem Wasseraufkommen fehlen die Überschwemmungslandschaften, sodass die Städte von Hochwasser betroffen sind. Anstauungen und Wehre verringern dagegen die Fließgeschwindigkeit und ermöglichen Wasserentnahme, Fischzucht und die Nutzung der Strömungsenergie.

Solche Maßnahmen zur Flussregulierung stellen jedoch einen erheblichen Eingriff in das Ökosystem dar. Im Sauerland reduzierte allein die Begradigung der Bäche die Fischdichte auf 14 % des Ausgangsbestandes. Die Selbstreinigungskraft regulierter Flüsse ist stark verringert, sodass aus einem natürlichen Fließgewässer oft eine *naturferne* Schmutzwasserrinne geworden ist (Abb. 1).

Renaturierungsmaßnahmen können den ursprünglichen Zustand zwar nicht zurückbringen, dem Fließgewässer aber einen *naturnahen* Charakter geben (Abb. 2). Ziel ist die Wiederherstellung der Güteklasse I mit 80 % Sauerstoffsättigung oder zumindest Güteklasse II. Neben der Einrichtung von Kläranlagen sind dafür oft bauliche und gärtnerische Eingriffe notwendig. Ackernutzung muss vom Uferbereich ferngehalten werden, Altarme und Hochwasserbecken *(Auen)* müssen wieder an den Fluss angeschlossen werden. Mäander mit Prall- und Gleithängen müssen erhalten oder gestaltet sowie die Böschungswinkel verkleinert werden. Als bester Untergrund erwies sich die Steinschüttung mit Schilf sowie die Uferbepflanzung mit Schwarzerlen. Diese Bäume festigen das Ufer durch ihr Wurzelwerk, verhindern mit ihrem Schatten eine übermäßige Verkrautung und bieten außerdem Lebensraum für Vögel und Insekten.

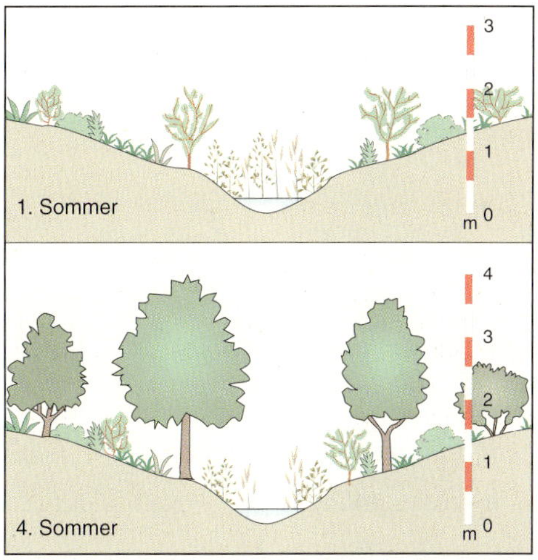

3 Erlenpflanzung am Bach (1. und 4. Jahr)

Abiotische und biotische Faktoren

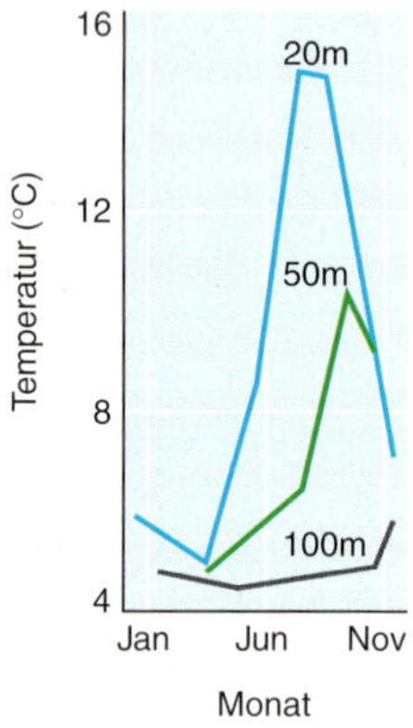

Jahresgang der Temperatur in verschiedenen Wassertiefen

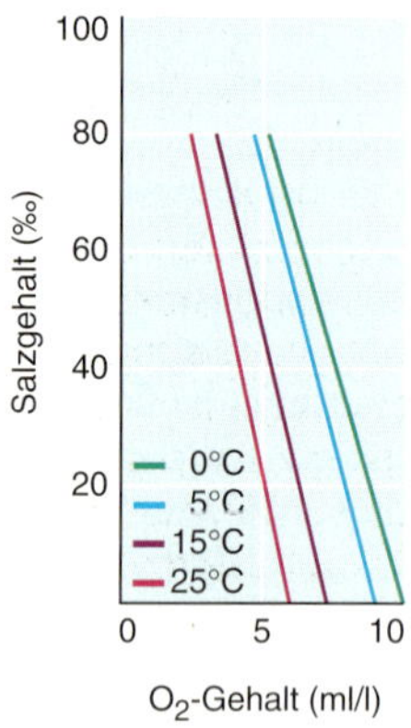

Sauerstoffgehalt in Abhängigkeit von Temperatur und Salzgehalt

„Das Meer ist alles. Es bedeckt sieben Zehntel der Erdoberfläche. Der Seewind ist gesund und rein. Es ist eine unermessliche Einöde, in der der Mensch doch niemals allein ist, denn er fühlt, wie das Leben um ihn herum pulst . . . Die Meere sind eine ungeheure Wohnstätte der Natur. Am Anfang des Lebens war das Meer und wer weiß, ob es nicht auch am Ende wieder über dem Leben zusammenschlägt.“ So lässt Jules Verne den Kapitän Nemo vom Unterwasserschiff Nautilus über das Meer schwärmen.

Was macht diese Faszination aus, was unterscheidet Meere von anderen Teilen der Biosphäre? Sicher ist an erster Stelle die überwältigende Größe der Ozeane zu nennen. Bei einer durchschnittlichen Tiefe von 3 800 m beträgt das Volumen der Meere etwa das 200fache der belebten Bereiche auf dem Land. Im Gegensatz zu den voneinander getrennten Kontinenten stehen die Wassermassen der Ozeane untereinander in Verbindung. *Meeresströmungen* werden durch Wind, unterschiedliche Dichte, sowie durch die Form der Kontinente, Meeresschwellen, Erdumdrehung und Gezeiten verursacht. Durch vertikale Strömungen kann mineralstoffreiches Tiefenwasser an die Oberfläche gelangen und hier die Primärproduktion fördern. Dem Meer kommt durch die ungeheure Wasserverdunstung eine entscheidende Bedeutung für den Wärmehaushalt der Erde und für das Klima zu.

Die Meeresbiozönosen sind weniger topografisch als ökologisch durch veränderte Umweltfaktoren unterscheidbar. Die Oberflächentemperatur liegt am Äquator im Jahresmittel bei 25 °C und sinkt zu den Polen hin auf unter 5 °C. Dabei schwankt sie in den gemäßigten Breiten um 10 °C, in den Polargebieten und in weiten Teilen der Tropen um weniger als 2 °C jährlich, also deutlich weniger als an Land. In vertikaler Richtung sinken Temperatur und Schwankungsbreite (s. Randspalte). Ganzjährig hohe Oberflächentemperaturen bewirken am Äquator oft eine stabile *Wasserschichtung*. Der niedrige Sauerstoffgehalt des warmen Wassers und die fehlende Durchmischung mit mineralstoffreichem Tiefenwasser senken die Produktivität äquatorialer Gewässer, obwohl sie durch den günstigeren Einfallswinkel besser mit Licht versorgt sind als Gewässer der gemäßigten Zonen. Durchschnittlich erreicht das Licht Tiefen von etwa 200 m, welches die Tange am Boden *(Benthal)* und das Phytoplankton im freien Wasser *(Pelagial)* für die Primärproduktion nutzen. Das Dämmerlicht zwischen 200 und 1 000 m Tiefe reicht allenfalls für die Orientierung *(Bathyal)*. Unter 1 000 m ist es absolut dunkel. Da viele Planktonorganismen Vertikalwanderungen unternehmen, können die Grenzen im Pelagial im Vergleich zum Benthal nach unten verschoben sein. Die Tiefsee *(Abyssal)* und die Tiefseegräben *(Hadal)* nehmen durch den hohen Druck eine Sonderstellung ein (Abb. 1).

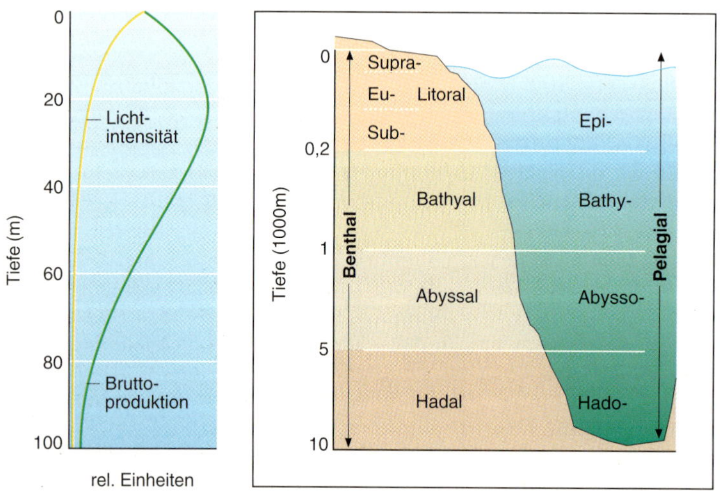

1 Gliederung der Meere sowie Produktion, Tiefe und Lichtintensität

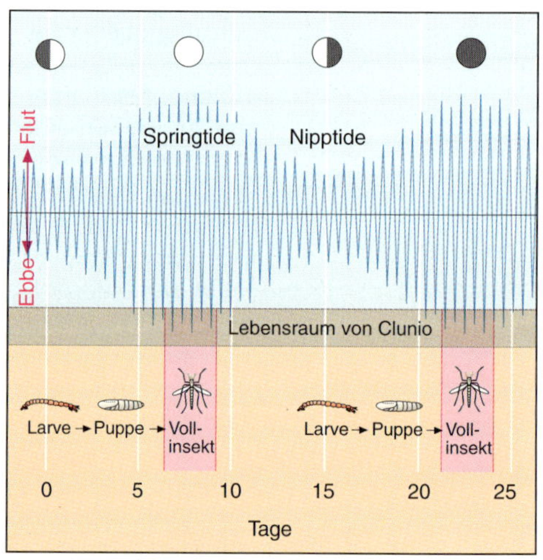

2 Gezeitenrhythmik bei Zuckmücken

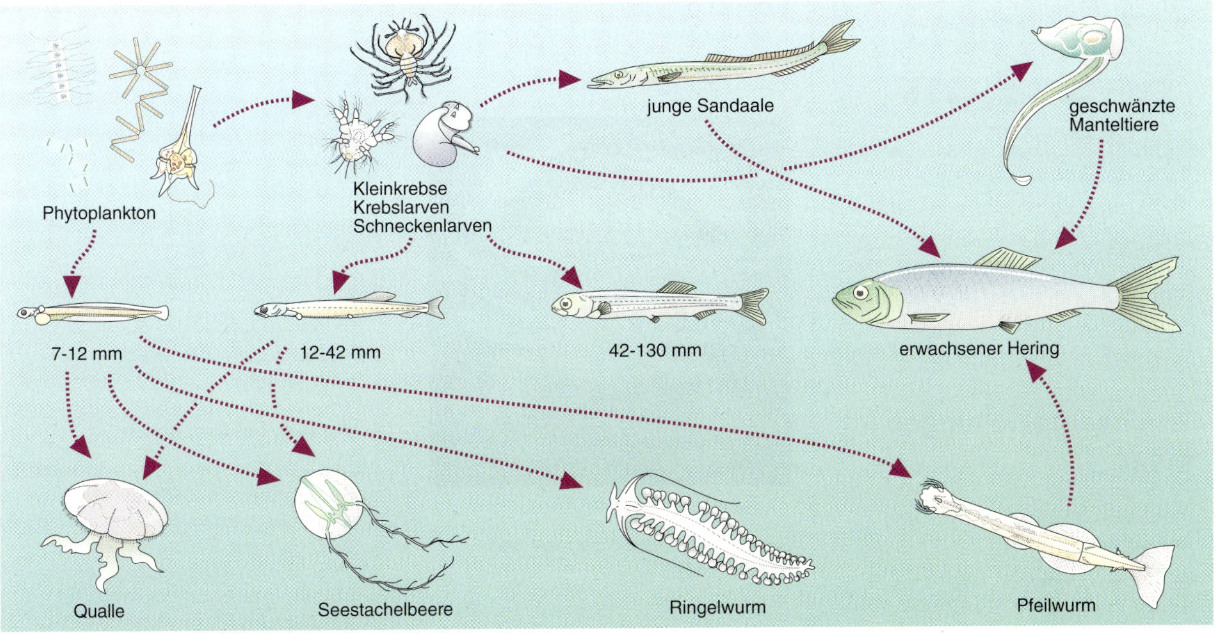

1 Der Hering im Nahrungsnetz des Meeres

Salzgehalt
- Meerwasser: 30 – 50 ‰
- Brackwasser: 0,5 – 30 ‰
- Süßwasser: < 0,5 ‰

Ionengehalt (%) von Meerwasser (M) und Süßwasser (S)

	M	S
Cl^-	55,0	5,7
Na^+	30,6	5,8
SO^{2-}	7,7	12,1
Ca^{2+}	1,2	20,4
CO_3^{2-}/ HCO_3^-	0,4	35,1
SiO_2	–	11,7
sonst.	5,1	9,2

osmot. Druck (10^5 Pa)	**Salzgehalt** 2 ‰	34 ‰
0 °C	1,3	22,4
10 °C	1,4	23,2
Gefrierpunkt	-0,1 °C	-1,9 °C

Der *Salzgehalt* der Meere beträgt durchschnittlich 35 ‰. Die biologische Bedeutung des Salzgehaltes besteht in der osmotischen Wirkung. Bei vielen Meeresorganismen stimmt die Körperionenkonzentration mit der des Meeres überein. Abweichende Salzgehalte werden nur bedingt und nicht bei jeder Temperatur vertragen, zumal der osmotische Druck mit der Temperatur steigt. Die physikalische Bedeutung des Salzgehaltes liegt in der Dichteerhöhung des Wassers: Salzwasser erreicht erst bei unter 0 °C seine größte Dichte, salzarmes Wasser schwimmt auf salzreichem Wasser und gefriert früher. Durch unterschiedliche Temperatur- und Salzgehalte entstehen horizontale Wassergrenzen, die als *Sprungschichten* auch eine Passage der Lebewesen verhindern.

An den Küsten des Atlantiks und der Nordsee schwankt der Meeresspiegel etwa im 12,5 Stundentakt zwischen Hoch- und Niedrigwasser. Das Steigen des Wassers wird *Flut*, das Sinken *Ebbe* genannt. Die Gezeiten *(Tiden)* entstehen durch die Anziehung der Sonne und des Mondes auf die Wassermassen der Erde, es gibt also Sonnen- und Mondgezeiten. Je nach der Stellung der beiden Gestirne zueinander, verstärken sich diese Kräfte halbmonatlich zur *Springflut* (bei Vollmond und Neumond) oder schwächen einander zur *Nippflut* ab. Das *Litoral* lässt sich daher weiter unterteilen in das regelmäßig überflutete *Eulitoral*, das bei Springfluten erreichte *Supralitoral* und das nur bei extremem Niedrigwasser wasserfreie *Sublitoral*. Aus dem Meer stammende Litoraltiere, wie Miesmuscheln und Seepocken, entfalten ihre Hauptaktivität bei Hochwasser. Bei Niedrigwasser werden dagegen die vom Land aus eindringenden Tiere aktiv, z. B. Watvögel und Insekten.

Das *Nahrungsnetz* im Meer ist durch die vielfältige Verknüpfung der Teillebensräume sehr komplex. Man betrachtet daher im Allgemeinen Einzelaspekte, z. B. eine bestimmte geografische Region oder die Rolle einer einzelnen Art.

Aufgaben

① Nennen Sie Gemeinsamkeiten und Unterschiede der Gliederung und der Umweltfaktoren von Meer und See.

② Larven der Zuckmücke *Clunio* leben im Algenaufwuchs des Sublitorals. Die Puppenruhe dauert 3 bis 5 Tage. Die Vollinsekten haben keine Mundwerkzeuge und leben nur wenige Stunden, die sie für Partnersuche, Paarung und Eiablage nutzen. Beschreiben Sie anhand Abbildung 90. 2, wie die Entwicklung der Zuckmücke an den Gezeitenrhythmus angepasst ist.

③ Erläutern Sie, wie sich die Rolle des Herings im Nahrungsnetz in Abhängigkeit von seinem Alter ändert (Abb. 1).

Lexikon
Lexikon
e**x**ikon
x**i**kon
i**k**on
k**o**n
o**n**

Wechselbeziehungen im Meer

Parabiose: Muschelwächter und Miesmuschel

Der *Muschelwächter* ist ein 1 bis 2 cm großer Krebs, der in der Mantelhöhle lebender *Miesmuscheln* wohnt. Er profitiert dort als Mitesser vom Nahrungs- und Atemwasserstrom der filtrierenden Muschel und ist außerdem vor Feinden geschützt. Nur zur Paarungszeit verlässt der Krebs seine Wohnmuschel. Er hat auch nur in dieser Entwicklungsstufe einen festen Panzer, während er sonst weichhäutig bleibt.

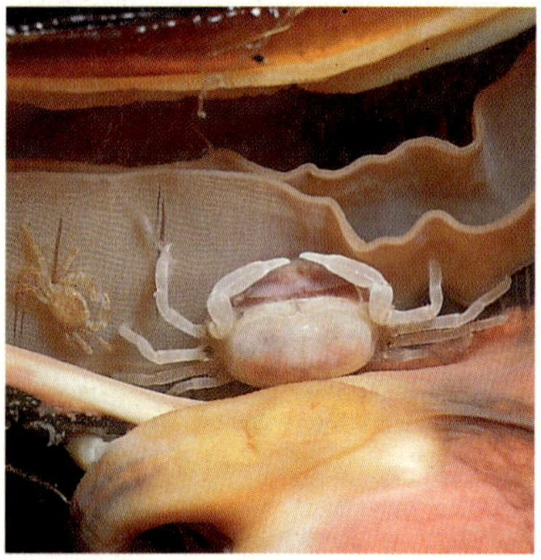

Parasitismus: Schwimmkrabbe und Wurzelkrebs

Wurzelkrebse kann man nur noch im Larvenstadium als Krebse erkennen. Danach wandeln die Männchen ihre Körpersubstanz in Spermienzellen um, existieren also nicht mehr als Individuen weiter. Die weiblichen Larven heften sich an eine junge *Schwimmkrabbe* und werden zu Parasiten. Sie durchziehen als fein verzweigtes Röhrennetz den Weichkörper des Wirtes und lassen weder Panzer, Extremitäten noch innere Organe erkennen. Nur ein Brutsack mit Keimdrüsen und Ganglienknoten ragt aus dem Wirt heraus in das freie Wasser. Im Alter von etwa drei Jahren stirbt der Wurzelkrebs ab, der Wirt überlebt, bleibt in vielen Fällen aber unfruchtbar.

Symbiose: Einsiedlerkrebs und Stachelpolyp

Einsiedlerkrebse stecken ihren weichhäutigen Hinterleib in leere Schneckenhäuser und schützen sich so vor Feinden. Mit jeder Häutung wächst der Krebs sprunghaft und muss gegebenenfalls eine neue Wohnung beziehen, die er zuvor auf Gewicht und Platz testet. Für jüngere Krebse eignen sich die Gehäuse der Strandschnecken, für ältere die der Wellhornschnecken. Mittlere Schneckengrößen sind in unseren Breiten weniger häufig; bei diesen Größen herrscht extremer „Wohnungsmangel". Daher haben solche Einsiedlerkrebse einen Vorteil, auf deren Schneckenhaus sich der krustenförmige *Stachelpolyp* ansiedelt. Er besteht aus unterschiedlich spezialisierten Einzelpolypen, die über ein wurzelartiges Geflecht in Verbindung stehen. Der Polyp wächst über den Rand des Schneckengehäuses hinaus, wobei er indirekt das Gehäuse vergrößert. Dem heranwachsenden Krebs bleiben auf diese Weise allzu häufige Umzüge erspart. Die Polypenkolonie profitiert von der Beweglichkeit und von Nahrungsresten des Krebses.

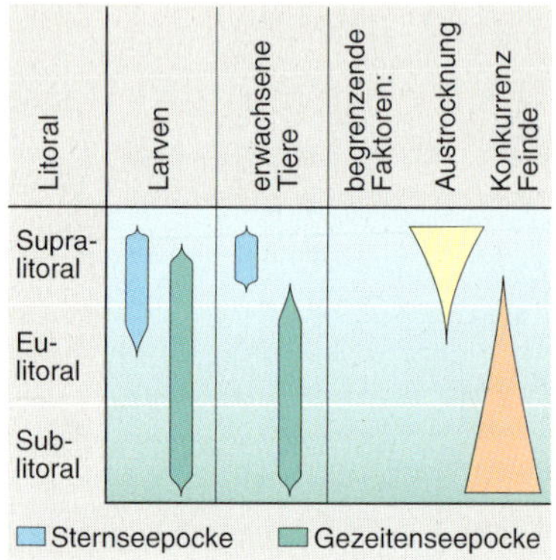

Konkurrenz bei Seepocken

Seepocken sind fest sitzende Krebse. Im Gezeitenbereich der Meeresküsten fallen sie durch ihre weiße Schale und große Dichte auf. Sie durchkämmen mit ihren zarten Rankenfüßen das Umgebungswasser nach Plankton und Sinkstoffen. Aus ihren planktonischen Naupliuslarven entwickeln sich *Cyprislarven.* Diese heften sich mit dem Vorderkörper auf einer geeigneten Unterlage fest und bilden chitinöse Skelettelemente, die später verkalken.
Im Nord- und Ostseebereich kommen 7 verschiedene Seepockenarten vor. Die *Sternseepocke* und die *Gezeitenseepocke* siedeln im Bereich der Hochwasserlinie. Die Larve der Gezeitenseepocke kann sich innerhalb von 20 Minuten festsetzen, sodass auch kurze Überflutungszeiten für eine Besiedlung ausreichen. Allerdings ist die Schale porös. Erst ältere Formen sind wirksam gegen Austrocknung geschützt, viele Jungtiere vertrocknen. Die obere Verbreitungsgrenze der erwachsenen Gezeitenseepocken liegt daher unter der der Larven und wird durch abiotische Faktoren bestimmt. Schließt man in Käfigexperimenten die Wellhornschnecke aus, so wächst die Gezeitenseepocke auch in tieferen Wasserzonen heran. Ihre untere Grenze wird offenbar durch Wegfraß der Larven, also biotische Faktoren, bestimmt. Der Sternseepocke reicht bereits ein dünner Wasserfilm zur Festheftung aus. Sie wächst langsamer, bildet aber eine festere Schale, sodass sie sich in höheren Bereichen als die Gezeitenseepocke behaupten kann. Entfernt man experimentell die Gezeitenseepocke, so dringt die Sternseepocke auch in tiefere Bereiche vor. Die untere Vorkommensgrenze wird also wieder durch biotische Faktoren, hier Konkurrenz, bestimmt. In unseren Breiten lebt die Sternseepocke nur vereinzelt, da sich die Larven nur bei Temperaturen über 14 °C entwickeln.

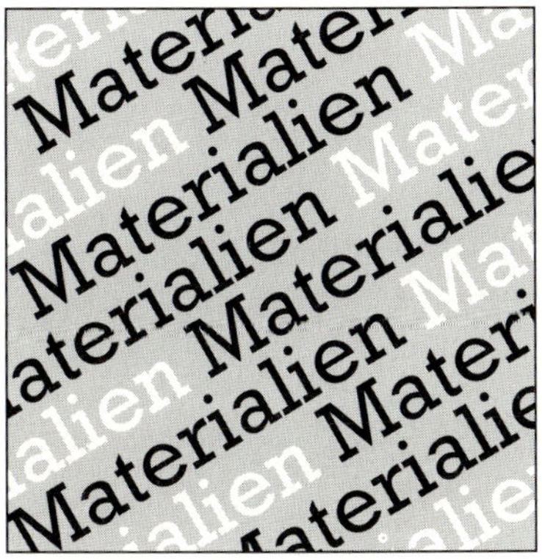

Konkurrenz und Toleranz

Konkurrenz bei Wattschnecken

Wattschnecken werden trotz erstaunlicher Dichten von bis zu 100 000 Individuen pro m^2 Wattboden leicht übersehen. Das liegt einerseits an ihrer geringen Größe (maximal 6 mm) und andererseits daran, dass sie sich oberflächlich eingraben können. Ihr Schleim trägt deutlich zur Verfestigung des Sediments bei. Sie weiden den Kieselalgenrasen von der Wattoberfläche ab oder fangen Planktonorganismen mit einem langen Schleimfaden, während sie kopfüber am Oberflächenhäutchen des Wassers schweben.

Aufgaben

① Schildern Sie, wie Fortbewegung und Ernährung der Wattschnecke an den Gezeitenwechsel angepasst sind (Abb. 1).

② Im dänischen Limfjord leben die Wattschnecken *Hydrobia ventrosa* und *Hydrobia ulvae*. An einigen Plätzen kommen beide Arten nebeneinander, an anderen nur eine von beiden vor. Vergleichen Sie die Größe der aufgenommenen Nahrungspartikel. Erklären Sie die Befunde (Abb. 2, 3, 4).

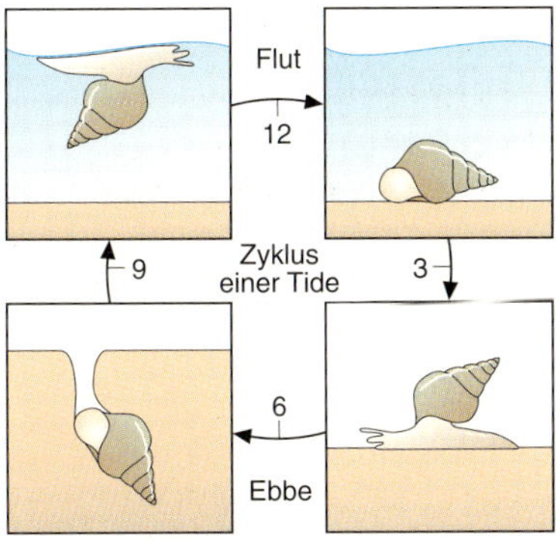

1 Aktivität der Wattschnecke

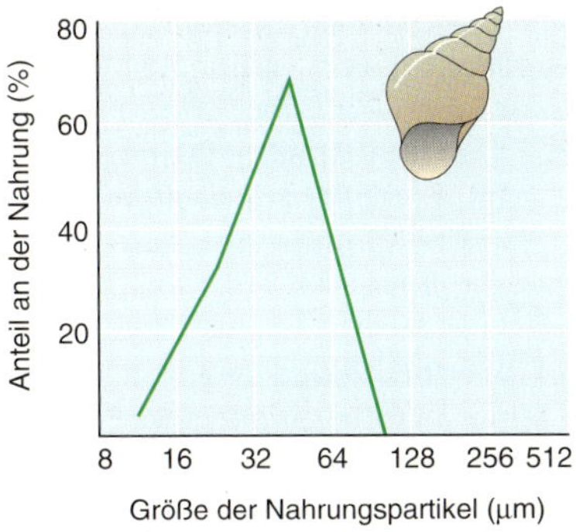

2 Nahrungspartikel bei H. ulvae (alleinige Besiedlung)

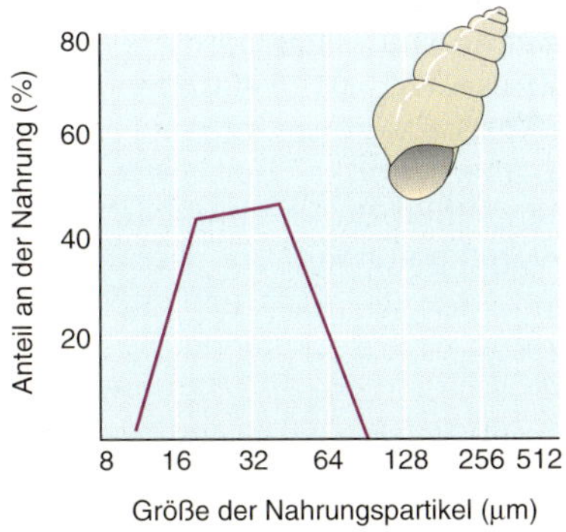

3 Nahrungspartikel bei H. ventrosa (alleinige Besiedlung)

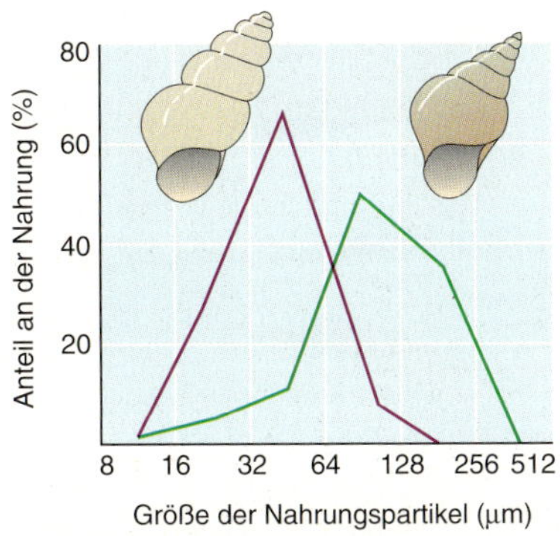

4 Nahrungspartikel bei H.ulvae und H. ventrosa (gemeinsame Besiedlung)

Ökologische Toleranz bei Garnelen

Die *Nordseegarnele* hat durch ihr massenhaftes Vorkommen in Meerestiefen bis zu 20 m eine große wirtschaftliche und ökologische Bedeutung. Jährlich werden etwa 17 000 Tonnen „Krabben“ oder „Granat“ angelandet. Im Nahrungsnetz nimmt sie eine vermittelnde Stellung ein, da sie einerseits Plattfischen und Dorschartigen als Nahrung dient, andererseits selber kleine Bodentiere frisst. Die Männchen erreichen eine Länge von 4,5 cm, die Weibchen sind mit bis zu 8 cm deutlich größer. Sie tragen die Eier zwischen den Beinen des Hinterleibes. Die geschlüpften Larven häuten sich mehrmals bis zur Metamorphose. An der amerikanischen Ostküste lebt eine nahe verwandte Art. Die Abb. 5 und 6 zeigen ihre Überlebensrate in Abhängigkeit von Salzgehalt, Temperatur und O_2-Gehalt des Meerwassers. Diese abiotischen Faktoren sind in ihrem Lebensraum deutlichen Schwankungen unterworfen.

Aufgaben

① Zeichnen Sie die Temperaturtoleranzkurven für 35 ‰ Salzgehalt bei normalem und bei erniedrigtem O_2-Gehalt.

② Zeichnen Sie die Salzgehalts-Toleranzkurven für 10 °C bei normalem und bei erniedrigtem O_2-Gehalt.

③ Vergleichen Sie die Kurvenverläufe.

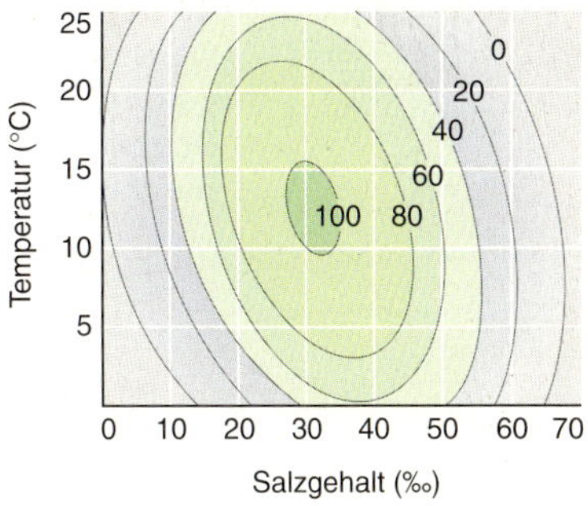

5 Überlebensrate bei normalem O_2-Gehalt

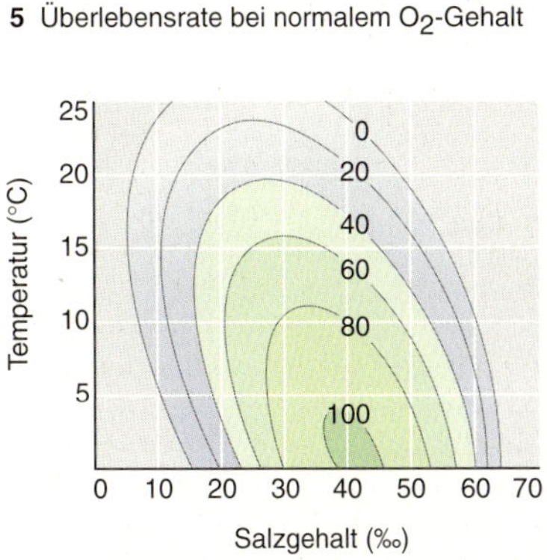

6 Überlebensrate bei erniedrigtem O_2-Gehalt

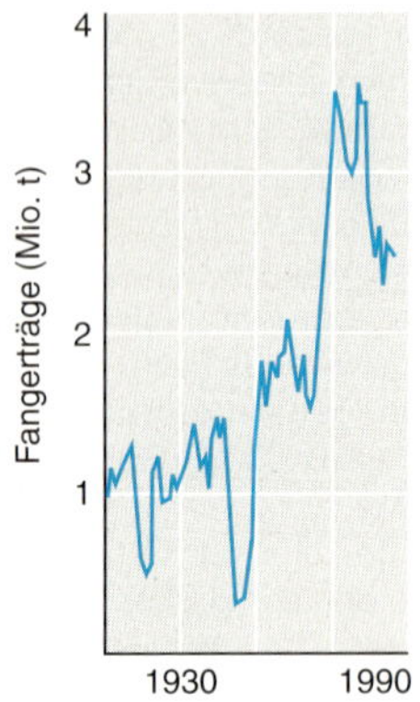

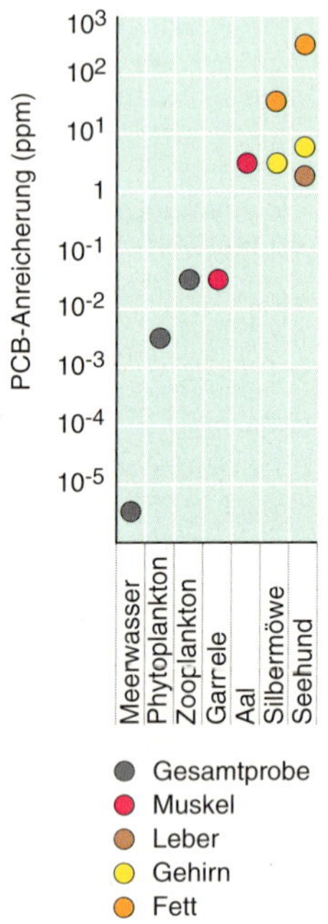

Nordsee: Nutzung und Belastung

Die Nordsee ist ein Randmeer des atlantischen Ozeans, das von den Anrainerstaaten für Schifffahrt, Fischerei, Tourismus, Abwassereinleitung, Abfallbeseitigung und Ölförderung genutzt wird. Diese vielfältige Nutzung belastet das Ökosystem.

Die Entwicklung der Industriefischerei mit spezialisierter Ortungs- und Fangtechnik ermöglicht die gezielte Befischung einzelner Arten. Besonders bei beliebten Speisefischen, wie Hering, Makrele oder Kabeljau, führte das zu einem drastischen *Bestandsrückgang*. Die Festlegung von nationalen Fangquoten soll solche *Überfischungen* langfristig verhindern (s. Randspalte). Damit Fische nicht vor dem Fortpflanzungsalter gefangen werden, sind bestimmte Netzmaschenweiten vorgeschrieben.

Über Flüsse und Niederschläge werden ständig Gift- und Mineralstoffe eingetragen (Abb. 2), wobei insbesondere Schwermetalle und Organohalogenverbindungen (Pestizide, polychlorierte Biphenyle aus Kunststoffen und Ölen) sich in den Nahrungsketten anreichern. Endkonsumenten der Nordsee sind etwa 1000-mal stärker mit PCB belastet als solche der Antarktis. 1988 forderte eine Virusepidemie den Tod von 18 400 Seehunden, die Belastbarkeitsgrenze ihres Immunsystems war überschritten. Seit 1979 werden in der Deutschen Bucht vermehrt verölte, tote Seevögel gefunden. Vor allem Schweröl hinterlässt bei der Verbrennung durch Schiffsmotoren viele Rückstände. Es wird häufig dem teureren Dieselöl vorgezogen und gelangt illegal ins Meer. Die meisten Ölopfer findet man unter Vögeln, die von der Wasseroberfläche aus nach Nahrung tauchen. Das Gefieder verliert seine Wasserfestigkeit und Isolationswirkung. Durch Putzen kommt es auch zur inneren Verölung. Internationale Nordseeschutz-Konferenzen sollen mittelfristig für eine Begrenzung des Schadstoffeintrags sorgen.

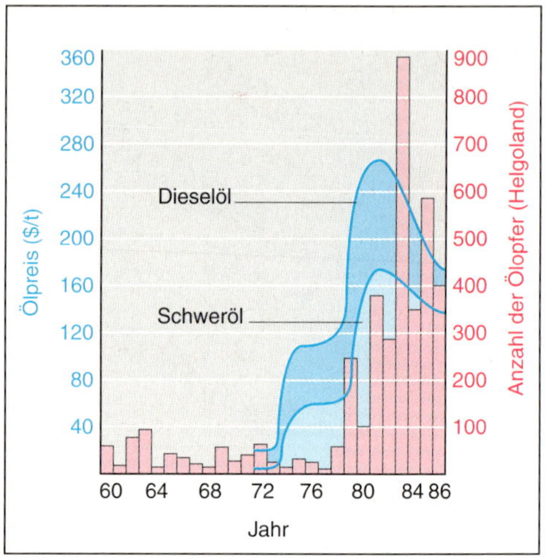

1 Ölpreis und Anzahl toter Vögel

Aufgaben

① Auf welche mögliche Beziehung zwischen Ölpreisen und der Zunahme an verölten Vögeln weist Abbildung 1 hin?

② Berechnen Sie die Anreicherung von PCB vom Meerwasser bis zum Seehund.

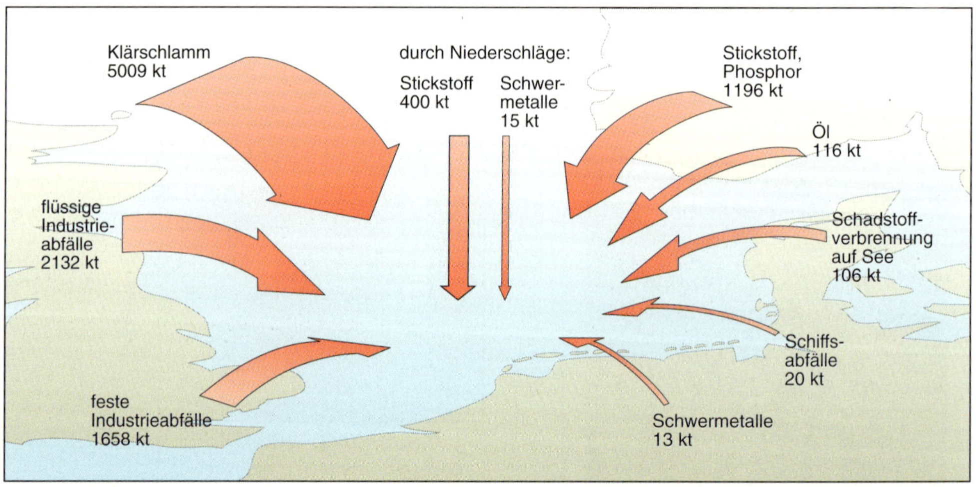

2 Jährliche Belastung der Nordsee durch Schadstoffe

Phytoplankton und Eutrophierung

Die wichtigsten Gruppen im Phytoplankton der Nordsee sind die großen Kieselalgen mit ihrem kennzeichnenden Silikatgehäuse und die kleinen, begeißelten, gehäuselosen Flagellaten. Ihre Populationen zeigen eine jahreszeitliche Abfolge von Planktonblüten (Abb. 2). Die Kieselalgen werden von den größeren Zooplanktern gefressen, welche eine wichtige Nahrung für Fische bilden. Flagellaten werden von kleineren Zooplanktern gefressen und dienen selbst den Quallen als Nahrung. Die feinen Nesselfäden der Quallen werden von größeren Beutetieren leicht zerrissen (Abb. 1).

Aufgaben

① Inwieweit unterscheidet sich der Mineralstoffbedarf von Flagellaten und Kieselalgen?

② Erläutern Sie die jährliche Phytoplanktonabfolge unter Berücksichtigung der abiotischen Faktoren (s. Abb. 2 a, b).

③ Während die Silikatkonzentration von 1962 bis 1984 konstant blieb, stiegen die Konzentrationen anderer Mineralstoffe. Berechnen Sie den Anstieg und nennen Sie mögliche Ursachen (s. Abb. 3 b, c).

④ Im gleichen Zeitraum stieg die Phytoplanktonbiomasse von 28 auf 76 μg C/l im Sommer bzw. von 2 auf 20 μg C/l im Winter. Worauf ist das zurückzuführen (s. Abb. 3 a)?

⑤ Wie könnte sich eine Zunahme der kleinen Flagellaten im Phytoplankton auf das Nahrungsnetz auswirken?

⑥ Starke Flagellatenblüten können in der Brandung zu Schaum geschlagen werden oder das Wasser rot verfärben. In neuester Zeit häufen sich Meldungen über „red tides". Worauf ist das zurückzuführen?

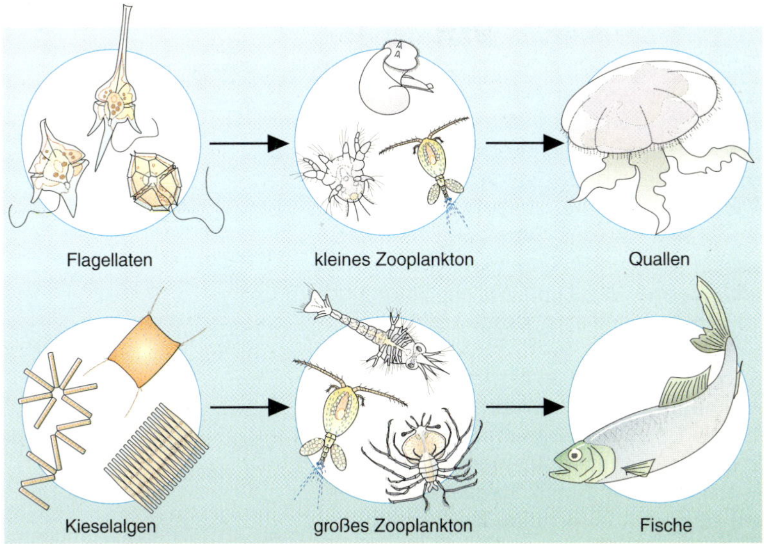

1 Das Phytoplankton als Produzent im Nahrungsnetz der Nordsee

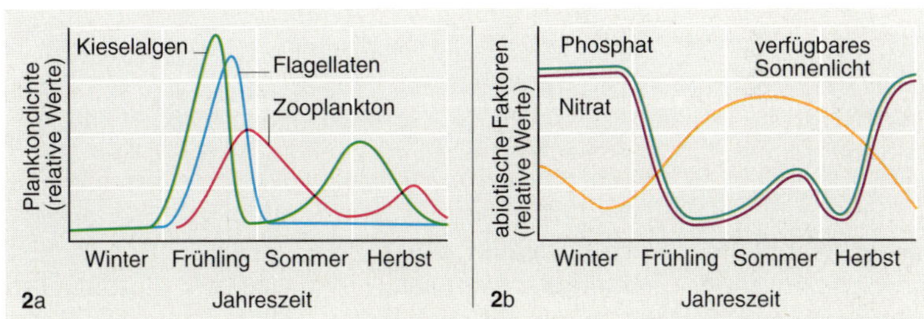

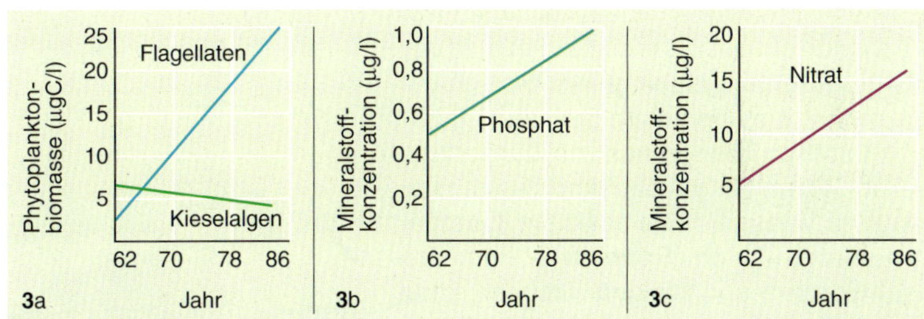

Biosphärenreservat Wattenmeer

Das Wattenmeer der Nordsee mit seinen Salzwiesen, Dünen, Sandbänken, Halligen, Stränden und Prielen erstreckt sich von Den Helder bis Esbjerg. Es ist mit fast 9 300 km^2 weltweit der größte zusammenhängende Lebensraum dieses Typs. Rhythmischer Wechsel von Ebbe und Flut, Hoch- und Niedrigwasser, Wind und Wellen, Sturm und Stille prägen diese einzigartige Landschaft.

Geologisch gesehen ist das Wattenmeer ein Sedimentationsraum im Nordseebecken, in dem die Strömung *Feinsand*, *Schluff* und *Ton* in verschiedenen Anteilen ablagert und umschichtet. Bei einem Spatenstich in den Wattboden fällt sofort eine farbige Schich-

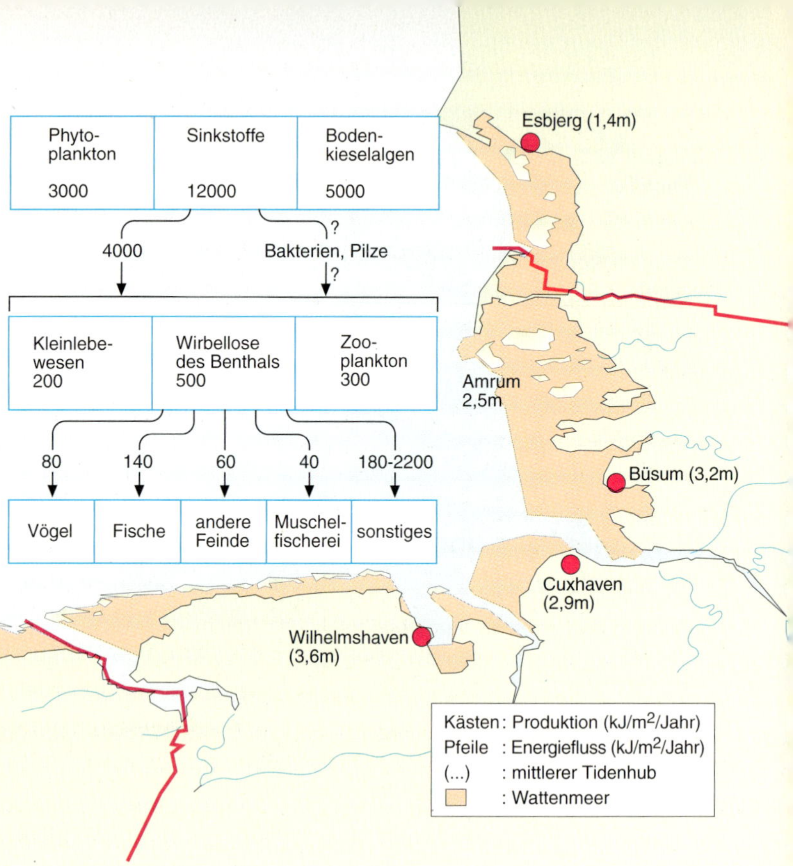

tung auf (Abb. 97.1): Die gelbbraune Farbe der oberflächlichen *Oxidationsschicht* ist auf Eisenhydroxid $Fe(OH)_3$ zurückzuführen, die der sauerstofffreien, blauschwarzen *Reduktionsschicht* auf Eisensulfid (FeS). In der Reduktionsschicht leben anaerobe Schwefelbakterien, die chemosynthetisch H_2S bilden. Muscheln können nur vorübergehend anaerob leben, lange Ein- und Ausstromschläuche verbinden sie mit dem Oberflächenwasser. Durch Röhrensysteme von Ringelwürmern und einigen Krebsen kann sauerstoffhaltiges Wasser lokal in tiefere Schichten eindringen.

Auf einem Quadratzentimeter Wattboden wachsen bis zu einer Million mikroskopisch kleiner Kieselalgen, die die wichtigsten *Primärproduzenten* im Wattenmeer sind. Von ihnen leben Filtrierer (z. B. Herzmuscheln, bis zu 2 000 Ind./m^2) und Weidegänger (z. B. Wattschnecken bis zu 100 000 Ind./m^2). Dieser Nahrungsreichtum zieht viele Wirbeltiere an. Zahlreiche Fischarten leben dauerhaft als Standfische (Steinpicker, Seeskorpion) oder in der Jugendphase (Scholle, Hering) oder nur zu bestimmten Jahreszeiten (Aal, Meeräsche) im Wattenmeer. Während des Vogelzugs rasten hier 3,4 Millionen Wat- und Wasservögel pro Tag. Allein auf der Vogelinsel Trischen zählte man an einem Tag 110 000 mausernde Brandgänse. Auf speziellen Brutplätzen des Wattenmeeres,

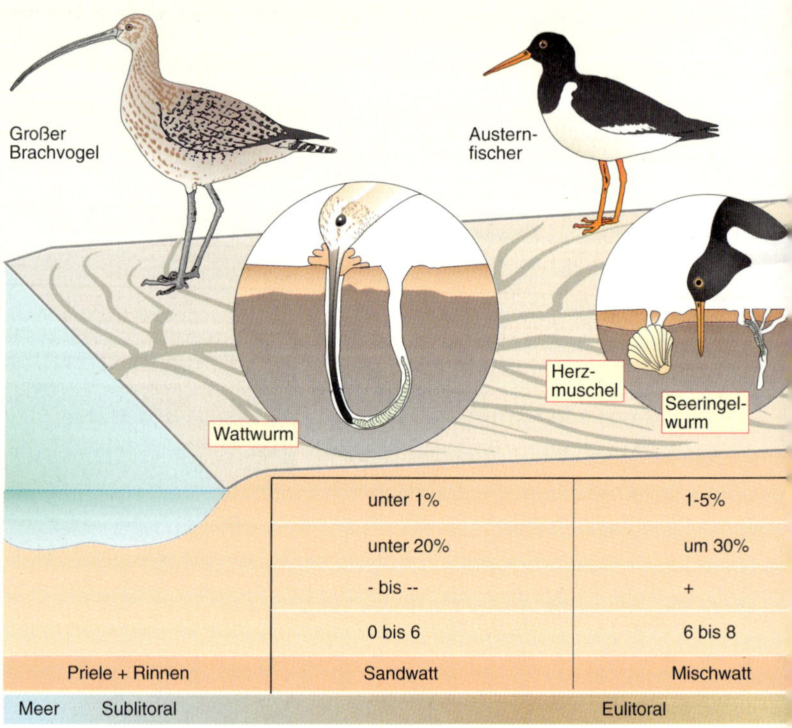

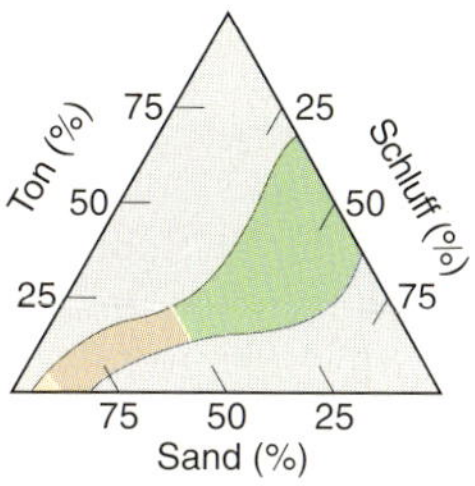

wie Sand oder Muschelschill, brüten außerdem über 20 verschiedene Küstenvogelarten. Seehunde nutzen die Sandbänke als Rastplatz für den Haarwechsel, zur Geburt und zum Säugen der Jungtiere.

Das Wattenmeer erfüllt flächendeckend die Voraussetzungen des Bundesnaturschutzgesetzes für einen *Nationalpark*. Es ist verwaltungstechnisch in das Schleswig-Holsteinische, das Hamburgische und das Niedersächsische Wattenmeer unterteilt, wobei verschiedene Schutzzonen unterschieden werden: Zone 1 enthält besonders wertvolle und empfindliche Bereiche, z. B. Seehundbänke, Brut- und Mauserplätze. Diese dürfen nicht betreten werden. In Zone 2 ist die traditionelle Beweidung, Fischerei und Jagd zulässig. Für den Badebetrieb dürfen außerdem bauliche Anlagen eingerichtet werden. Zone 2 bildet eine Pufferzone für Zone 1. Hafenbau, Ablagerung von Baggergut, Sand- und Kiesabbau sind auf Zone 3 beschränkt. In begrenzten Gebieten ist sogar Erdölförderung erlaubt.

Das Wattenmeer ist gleichzeitig Natur- und Kulturraum und entspricht dem internationalen Konzept der *Biosphärenreservate*. Dabei handelt es sich um großflächige, repräsentative Natur- und Kulturlandschaften, die sich je nach dem Einfluss der menschlichen Tätigkeit in eine *Kernzone*, eine *Pflegezone* und eine *Entwicklungszone* gliedern. Ein Nationalpark oder Naturschutzgebiet bildet

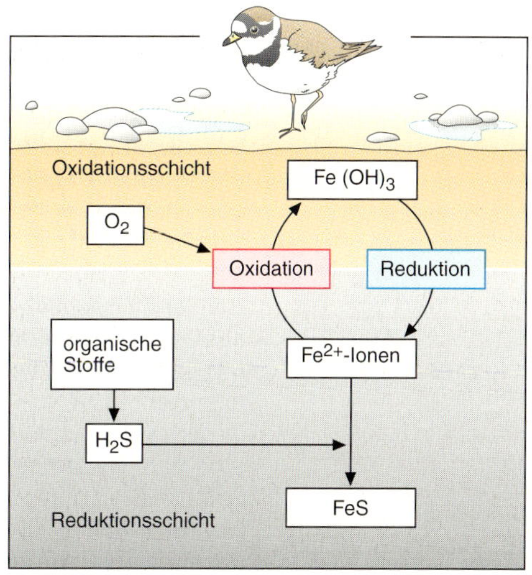

1 Chemie und Stoffwechsel des Wattbodens

die Kernzone, die sich unbeeinflusst vom Menschen entwickeln soll. Sie wird umhüllt von einer Pflegezone (Naturschutzgebiet, ergänzend Landschaftsschutzgebiet) in der durch landschaftspflegerische Maßnahmen Kulturlandschaften erhalten und gepflegt werden sollen. Die Entwicklungszone ist Lebens-, Wirtschafts- und Erholungraum der Bevölkerung, hier ist eine Ressourcen schonende, tragfähige Entwicklung vorgesehen. Der überwiegende Teil des Biosphärenreservates soll also rechtlich geschützt sein. In Biosphärenreservaten werden – gemeinsam mit den hier lebenden und wirtschaftenden Menschen – Konzepte zu Schutz, Pflege und Entwicklung erarbeitet und umgesetzt. Biosphärenreservate dienen zugleich der Erforschung von Mensch-Umwelt-Beziehungen, der ökologischen Umweltbeobachtung und der Umweltbildung. Biosphärenreservate bedürfen der Anerkennung durch die UNESCO (United Nations Educational, Scientific and Cultural Organisation) im Rahmen des Programms „Der Mensch und die Biosphäre". Seit 1992 sind die drei deutschen Wattenmeer-Nationalparks als Biosphärenreservate anerkannt.

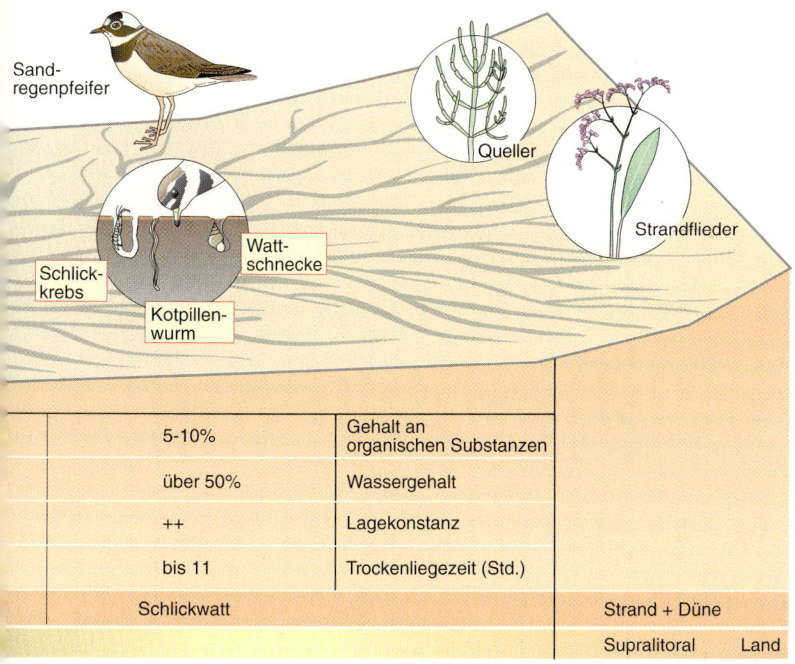

5-10%	Gehalt an organischen Substanzen	
über 50%	Wassergehalt	
++	Lagekonstanz	
bis 11	Trockenliegezeit (Std.)	
Schlickwatt		Strand + Düne
		Supralitoral Land

Aufgaben

① Erklären Sie die chemischen Abläufe im Wattboden (Abb. 1). Warum ist die Oxidationsschicht im Sandwatt 5 – 10 cm, im Mischwatt 1 – 2 cm und im Schlickwatt nur etwa 3 mm dick?

② Beschreiben Sie die Einnischung der Tiere im Wattenmeer und vergleichen Sie die Schnabellänge der Vögel mit der Eingrabtiefe der Beutetiere.

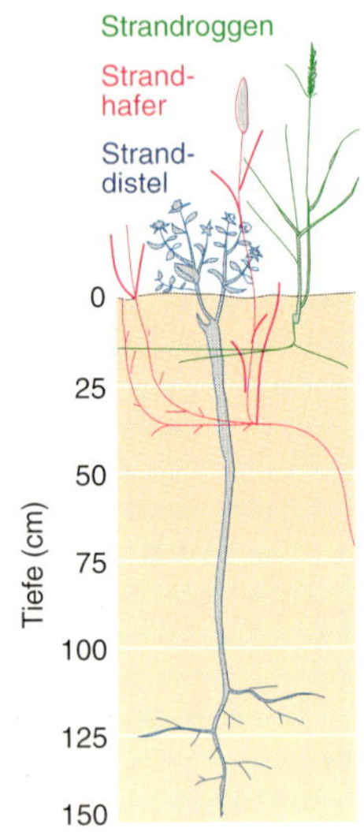

Von der Weißdüne zur Braundüne

Dünen sind Sandablagerungen, die überall dort entstehen können, wo Wind über vegetationsfreie, trockene Sandflächen streicht. Vor allem an sanft abfallenden Küsten ist laufend für Sandnachschub gesorgt.

Bei der *Dünenbildung* an der Nord- und Ostsee (s. Abb. 1) sammeln zunächst salzverträgliche Pflanzenarten, wie die Strandquecke, den Sand im Windschatten ihrer Ausläufer *(Primärdüne)*. Die Sandanhäufungen sind dem Regen ausgesetzt und bieten bei Salzgehalten unter 10‰ Lebensmöglichkeiten für den Strandhafer. Dieser bevorzugt mineralstoffreiche Böden und verträgt starke *Übersandungen*. Strandhafer durchwurzelt den Sand schließlich mehrere Meter tief. Es lagert sich weiterer Sand ab, die Düne wird erhöht und der Boden verfestigt *(Sekundärdüne)*. Allmählich reichern sich Humusstoffe aus absterbenden Pflanzen an und machen den Boden für andere Pflanzen, z. B. Heidepflanzen, zugänglich *(Tertiärdüne)*. Die Entwicklung von Primär- zur Tertiärdüne ist eine typische *Sukzession*, bei der eine Pflanzengemeinschaft von der nächsten abgelöst wird, wobei die Vorgänger dem Nachfolger „den Boden bereiten".

Dünen unterstehen dem Landschaftspflegegesetz, wonach Eingriffe verboten sind. Nur mit Ausnahmegenehmigung dürfen Schutz-, Pflege- und Entwicklungsmaßnahmen durchgeführt werden. Dazu gehört die Anpflanzung von Strandhafer, um das Wandern der Dünen zu verhindern.

Aufgaben

① Beschreiben Sie die Veränderung der abiotischen Faktoren bei der Sukzession der Primärdüne zur Tertiärdüne (Abb. 1). Wodurch kommen die Bodenfarben der einzelnen Dünentypen zustande?

② Vergleichen Sie die Herkunft der Mineralstoffe in der Weißdüne und in der Braundüne.

③ Vergleichen Sie die oberirdische und unterirdische Schichtung der Dünenvegetation (s. Randspalte).

④ Dünen dürfen nur auf Holzstegen betreten werden. Ist diese Auflage berechtigt?

⑤ „Dünenschutz ist Küstenschutz". Nennen Sie Gründe. Ist diese Aussage in jedem Fall mit dem Naturschutzgedanken zu vereinbaren?

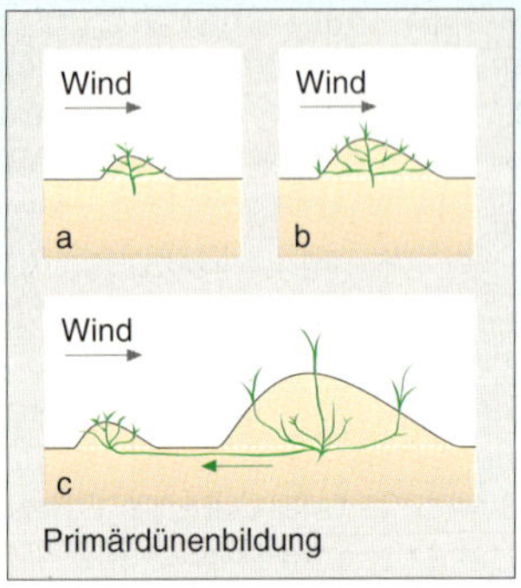

	Dünenabschnitt			
	Primär	Sekundär	Tertiär	
		Weiß	Grau	Braun
organische Stoffe (%)	0,5	6	13	15
Wassergehalt(%)	4	4	2	17
pH-Wert	6,8	6,7	5,1	4,3
Chlorid (µg/g TG)	845	14	7	3
Natrium (µg/g TG)	528	14	11	14
Kalium (µg/g TG)	50	6	9	12
Phosphat (µg/g TG)	109	110	98	91
Calcium (mg/g TG)	70	70	62	49
Karbonat (mg/g TG)	120	115	104	78

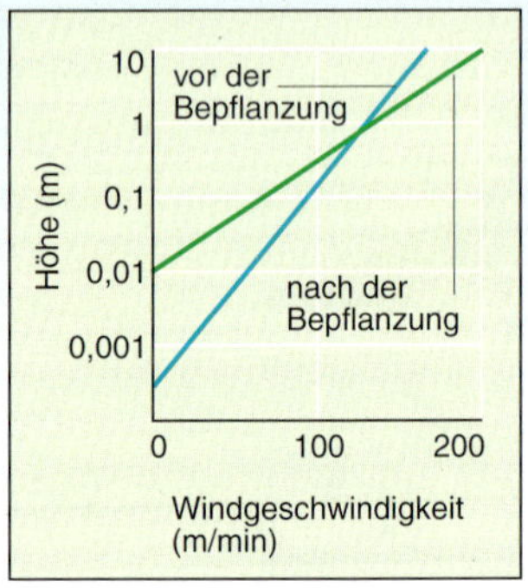

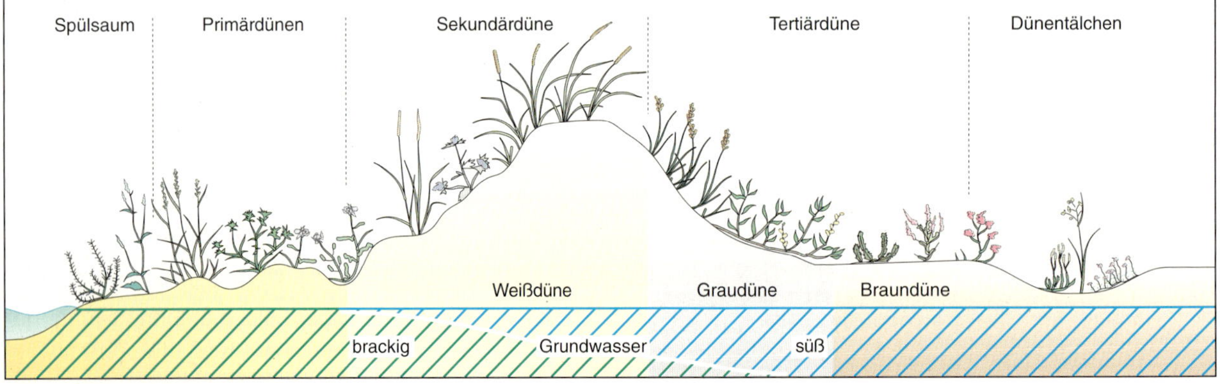

1 Aufbau einer Düne

Die Ostsee — ein Brackwassernebenmeer

Die Ostsee ist über Öresund, kleinen Belt und großen Belt mit dem Kattegat, also indirekt mit dem Atlantik, verbunden. Bei einer Fläche von nur 366 000 km² und einer Küstenlinie von 8 000 km fließen ihr jährlich aus über 250 Flüssen etwa 480 km³ Süßwasser zu. An den schwellenartigen Ostseeeingängen strömt je nach Wetterlage salzarmes Wasser aus oder (seltener) salzreiches Wasser ein. Das Ostseewasser hat daher einen mittleren, wechselhaften Salzgehalt. Wegen der erhöhten Dichte salzigen Wassers bildet sich in 50 — 70 m Tiefe eine Sprungschicht zwischen salzarmen Oberflächenwasser und salzreicherem Tiefenwasser. Temperaturunterschiede können diese Schichtung verstärken und die Verweildauer des Tiefenwassers verlängern.

Der Kieler Biologe A. Remane stellte in den 50er-Jahren folgende Brackwasserregeln auf:
- In der Ostsee lebt eine verarmte Nordseefauna und einige Spezialformen.
- Ostseetiere sind oft nicht einmal halb so groß wie ihre Nordseeartgenossen.
- Ostseetiere haben leichtere Kalkschalen als Nordseeartgenossen.
- Die vertikalen Verbreitungsgrenzen der Ostseearten sind im Vergleich zur Nordsee nach unten verschoben.

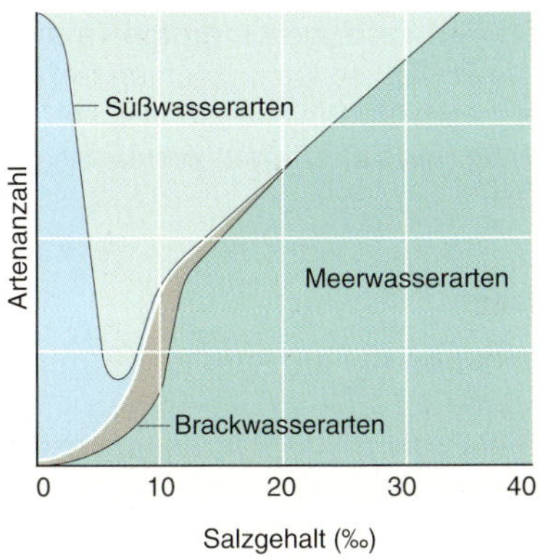

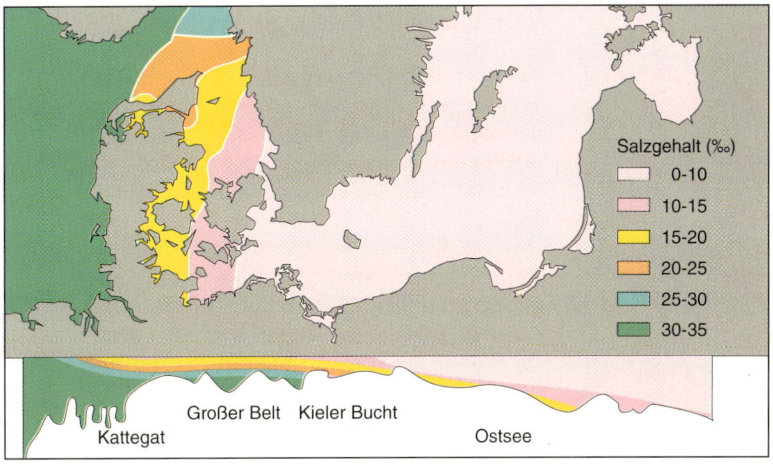

1 Salzgehaltsverteilung in der Ostsee und Bodenprofil im Übergangsgebiet zur Nordsee

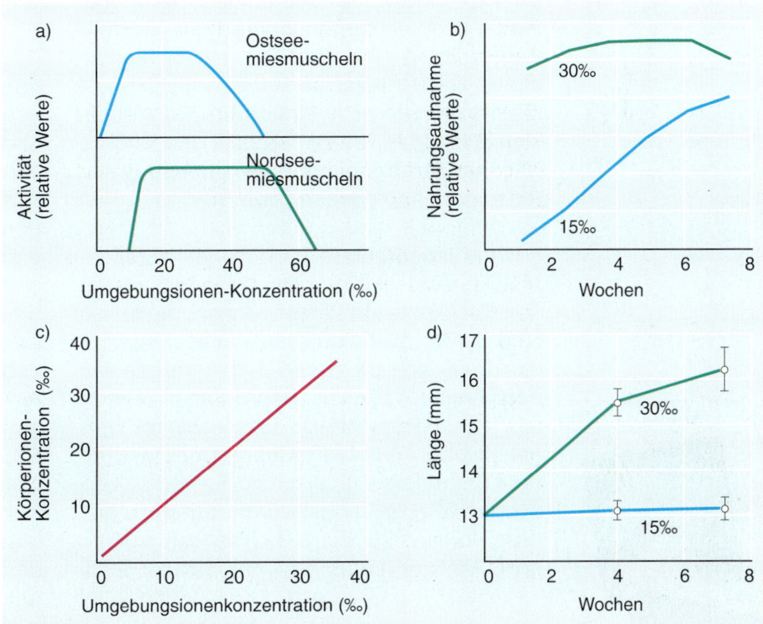

2 Salzgehaltstoleranz bei Miesmuscheln

Aufgaben

① Im Brackwasser leben Meerestiere, Süßwassertiere und charakteristische Brackwasserarten. Wie hoch sind ihre Anteile bei einem mittleren Salzgehalt von 8 ‰?

② Beurteilen Sie die ökologische Potenz der Miesmuschel (Abb. 2 a). Erklären Sie die unterschiedlichen Toleranzkurven von Nordsee- und Ostseetieren.

③ Erläutern Sie anhand der Abbildung 2 b — d wie sich der Salzgehalt auf Nahrungsaufnahme und Wachstum der homoiosmotischen Miesmuschel auswirkt. Welche Brackwasserregel sehen Sie dadurch bestätigt?

④ Die Miesmuschel lebt im Flachwasserbereich der Nordsee von 10 — 15 m. In der Ostsee ist sie noch in 65 m Tiefe anzutreffen. Erklären Sie.

⑤ Der DDT- und PCB-Gehalt von Ostseetieren ist zum Teil 10-mal höher als der von Nordseeartgenossen. Worauf führen Sie das zurück?

⑥ Inwieweit begünstigt die Salzgehaltssprungschicht eine Sauerstoffarmut im tieferen Wasser?

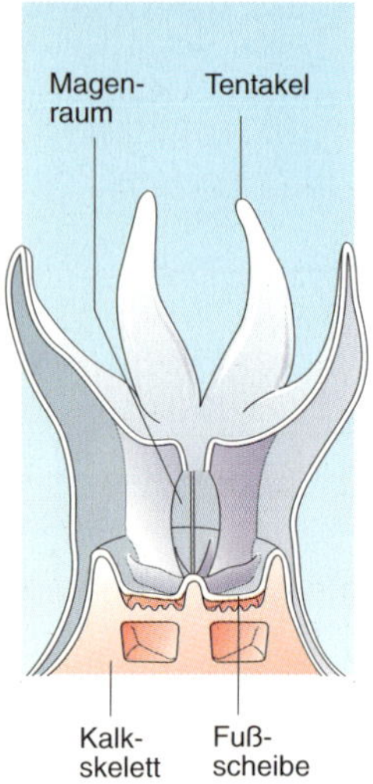

Korallenriff: Farbige Vielfalt

Dem Taucher und Naturfilmer präsentieren sich *Korallenriffe* in einer ungeheuren Vielfalt und Farbenpracht. Sie sind so dicht besiedelt wie kein anderer Lebensraum der Meere: Allein 2 000 verschiedene Fischarten leben im Riff.

Genau genommen sind Korallenriffe Felsen mit einem dünnen, lebendigen Überzug aus Kolonien bildenden *Nesseltieren*, den *Steinkorallen*. Steinkorallen scheiden über ihre Basalplatte ein Kalkskelett ab, sodass der Polyp auf einem wachsenden Kelchsockel sitzt. Die Polypen vermehren sich ungeschlechtlich durch Knospung, wobei die Einzelpolypen durch Gewebebrücken verbunden bleiben. Geschlechtlich gebildete Planktonlarven dienen lediglich als Verbreitungsstadien. Die Skelette verschmelzen schließlich zu bizarren Formen, in den Lücken sammeln sich Sinkstoffe. Es siedeln sich Kalkalgen, Moostierchen und andere riffbildende Organismen an, sodass große Riffe entstehen können (Abb. 1).

Für die leuchtenden Farben der Korallenpolypen sind winzige pflanzliche Einzeller in den Polypenzellen verantwortlich, die bis zu 50 % der Korallenbiomasse ausmachen können. Diese sog. *Zooxanthellen* versorgen den Polypen mit Assimilationsprodukten und O_2 aus der Fotosynthese und erhalten umgekehrt CO_2 und N-Produkte. Der unmittelbare Stoffaustausch in dieser Symbiose vermindert Energieverluste und trägt dazu bei, dass Korallenriffe mit 10^6 kJ/m²/Jahr zu den produktivsten Lebensräumen auf der Erde

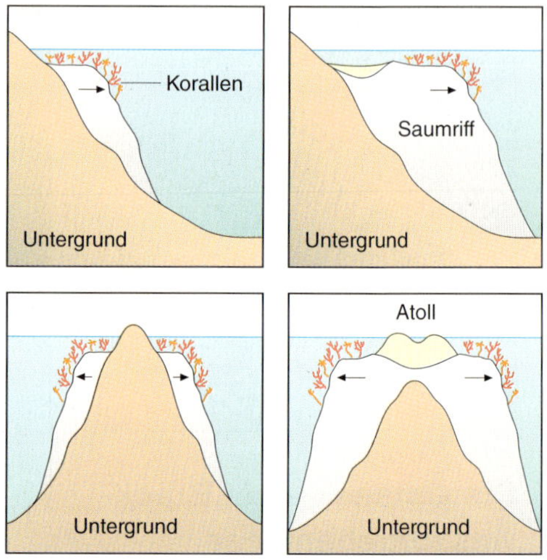

1 Entstehung eines Saum- und Plattformriffes

gehören. Durch die Fotosynthese der Zooxanthellen sind 50 – 95 % des Energiebedarfs einer Koralle gedeckt, außerdem ernähren sie sich heterotroph durch *Planktonfiltration.* Korallen brauchen Licht, sie vertragen keine Wassertemperaturen unter 20 °C und sind daher nur zwischen 30 ° nördlicher und 30 ° südlicher Breite zu finden.

Bis zu 400 verschiedene Korallenarten leben nebeneinander im Riff, hinzu kommen weitere *Riffbildner*, wie Kalkalgen und Schwämme. Für solche festsitzenden Arten wird der Raum schnell zum Mangelfaktor. Schnellwüchsige Formen, wie die strauchfömigen Korallen, nehmen den langsam wachsenden, soliden oder krustenförmigen Formen das Licht und lassen sie verkümmern. Umgekehrt haben die soliden Formen einen Vorteil an wellenexponierten Küsten und werden weniger gerne von Fischen oder Seeigeln gefressen. Sie können außerdem Konkurrenten in ihrer unmittelbaren Umgebung abtöten, indem sie feine Gewebsfäden ausscheiden, die den lästigen Nachbarn durchdringen und schließlich verdauen. Andere schnüren verlängerte, giftige Tentakel ab und halten sich so Konkurrenten fern. Es gibt eine regelrechte „Korallenhierarchie“, die zu einer mosaikartigen Verteilung der Arten führt.

2 Wuchsformen von Korallenstöcken

Aufgaben

① Beschreiben Sie die Riffbildung anhand Abbildung 1.

② Welcher Stufe in der Nahrungspyramide ordnen Sie die Korallen zu? Begründen Sie.

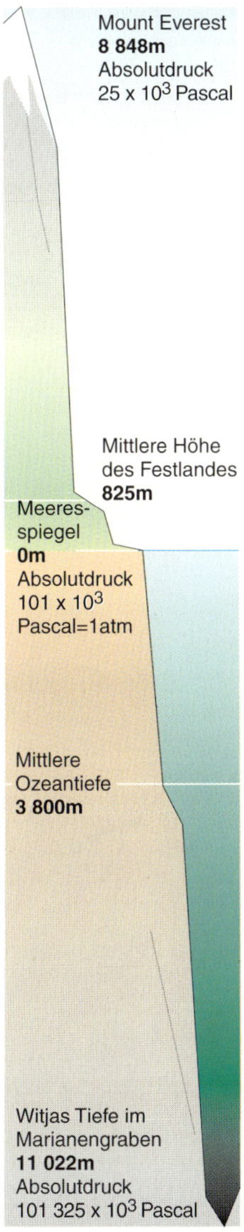

Tiefsee: Leben in der Dunkelheit

Kilometertiefe Schluchten, Berge, Hügel und ausgedehnte Ebenen in Finsternis und Kälte charakterisieren den größten Lebensraum der Erde: die Tiefsee. Da fotosynthetisch aktive Produzenten fehlen, stellte man sich die Tiefsee lange als eintönigen, mineralstoffarmen Lebensraum mit wenigen Arten in geringer Dichte vor. Je mehr Proben jedoch an die Oberfläche gelangen, um so deutlicher zeigt sich, dass die Tiefsee sehr artenreich und dicht besiedelt ist (s. Randspalte). Die Erforschung der Kleinlebewelt steht noch am Anfang, hat aber bereits jetzt zur Entdeckung vieler neuer Arten geführt.

Alle Tiefseeorganismen leben unter hohem Druck. Während der Druck auf dem Weg vom Mount Everest zum Meeresspiegel nur etwa auf das Vierfache steigt, vergrößert er sich auf der gleichen Strecke unter Wasser um das 1 000fache (≈ 100 kPa/10 m). Erhöhter Druck steigert die Viskosität, behindert die Diffusion und verändert die Tertiärstruktur der Proteine, wodurch Enzyme inaktiviert werden können. Außerdem wirkt sich der Druck auf alle biochemischen Reaktionen aus, die zu einer Volumenveränderung führen, denn er verschiebt das Reaktionsgleichgewicht zugunsten der Stoffe mit dem geringeren Volumen. Vergrößert sich das Volumen des Ausgangsstoffes bei der Aktivierung, so wird das die Reakionsgeschwindigkeit herabsetzen, andernfalls eher beschleunigen. Arten mit druckunabhängigen Enzymen haben daher bessere Überlebenschancen. Viele Einzelheiten der Druckanpassung sind nach wie vor ungeklärt.

Tiefseetiere leben überwiegend direkt oder indirekt von abgestorbenen Planktonorganismen und Sinkstoffen aus dem Oberflächenwasser. Von Bakterien durchsetzt, bedeckt dieser „Detritusregen“ den Tiefseeboden zeitweise in dicken Flocken und dient bizarren Krebsen, Weichtieren, Stachelhäutern und Fischen als Nahrung. Offenbar bildet auch die bakterielle Produktion eine wichtige Energiequelle.

Die Entdeckung heißer Schwefelquellen, die inselartig von meterlangen Röhrenwürmern und assoziierten Tieren besiedelt werden, machte Schlagzeilen (Abb. 1). Die Röhrenwürmer besitzen leuchtend rote Kiemen, über die sie aus dem Wasser Sauerstoff und Schwefelwasserstoff aufnehmen. In einem speziellen Organ *(Trophosom)* leben symbiotische Bakterien, die aus diesen Stoffen chemosynthetisch Glukose aufbauen, welche auch dem Röhrenwurm zugute kommt. Die assoziierten Arten ernähren sich von freien Bakterien, weitere sind Feinde oder Zersetzer.

Aufgaben

① Vergleichen Sie die Bedeutung biotischer und abiotischer Faktoren in der Tiefsee und im Korallenriff.

② Im Vergleich zu Flachwasserfischen enthalten Tiefseefische mehr Fettgewebe, ihre Schwimmblase enthält Lipide anstelle von Gasen. Sie besitzen oft Leuchtorgane, große Mäuler und große Augen (Abb. 2). Erklären Sie.

Artenreichtum in 2,1 km Tiefe (USA, Atlantik)

	Arten
Hohltiere	19
Ringelwürmer	385
Weichtiere	106
Gliederfüßer	185
Stachelhäuter	39
andere	64
gesamt	798

90 677 Individuen auf 21 Quadratmeter

1 Röhrenwürmer an heißen Schwefelquellen

2 Tiefseefisch

Materialien

Das Leben im Spritzwasserbereich der Felsküsten

a) abiotische Faktoren

Dort wo Meer und Land aneinander grenzen, findet man weltweit einzigartige Lebensräume: Wattenmeer, Dünenlandschaften, Salzwiesen und Mangroven werden durch die Rhythmik von Ebbe und Flut geprägt. An Felsküsten wechseln die Bedingungen vom Meer zum Land innerhalb weniger Meter, was zur Ausprägung charakteristischer Tier- und Pflanzenzonen führt (s. Abb. unten): Landwärts folgen auf reine Meeresorganismen solche, die bei Niedrigwasser mehr oder minder lange an der Luft überleben können. Im Spritzwasserbereich oberhalb der Hochwasserlinie ist der Felsen durch einen krustenförmigen Aufwuchs aus Flechten und Cyanobakterien schwarz gefärbt, was zum Namen *„schwarze Zone"* führte.

Aufgabe

① Beschreiben Sie die abiotischen Bedingungen in der schwarzen Zone, soweit sie sich aus der exponierten Lage ableiten lassen.

b) ökologische Toleranz

In der schwarzen Zone leben verschiedene Tiere: Mit bloßem Auge erkennt man dichte Bestände von Strandschnecken und Zuckmückenlarven, unter der Lupe kleine Milben, durch das Mikroskop winzige Bärtierchen und Rädertiere. Von der Land- bzw. Seeseite dringen zeitweise Felsenspringer, Springschwänze sowie Meeresasseln und Fadenwürmer in die schwarze Zone ein, können sich hier aber nicht dauerhaft halten.

In der schwarzen Zone begegnen sich die eulitorale **Rauhe Strandschnecke** und die supralitorale **Spitze Strandschnecke**. Strandschnecken besitzen Kiemen, können durch ihre gut durchblutete Mantelhöhle aber auch Luftsauerstoff aufnehmen. Die Rauhe Strandschnecke zieht die feuchteren Standorte vor, während die Spitze Strandschnecke mehr im oberen Bereich der schwarzen Zone lebt und höhere Salzgehalte bevorzugt (s. Abb.).

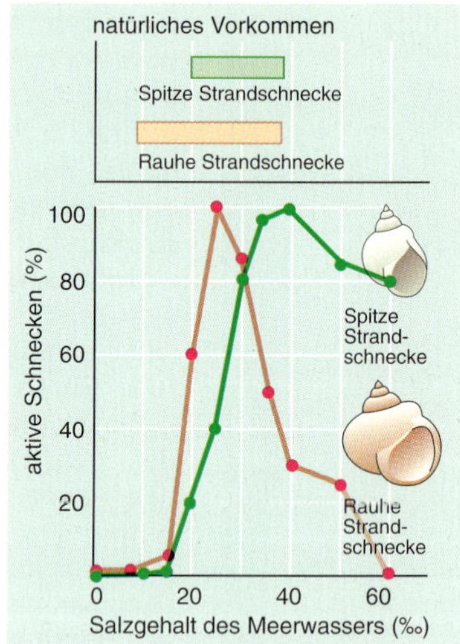

Bei Trockenheit und ungünstigen Salzgehaltsbedingungen ziehen sich beide Arten in ihr Gehäuse zurück und verschließen es mit einem Deckel. Damit ist zwar die Austrocknung, aber auch die Nahrungsaufnahme und Atmung vollständig unterbrochen, sodass der Energiebedarf über anaerobe Stoffwechselwege gedeckt werden muss. Die sauren Stoffwechselendprodukte dieser Gärungsprozesse können durch Anlösen der Kalkschale teilweise neutralisiert werden. Aktiv werden die Schnecken erst, wenn sie wieder mit Wasser benetzt werden. Bei der Fortpflanzung sind die Strandschnecken ebenfalls an den Gezeitenrhythmus angepasst: Die befruchteten Eier der Spitzen Strandschnecke werden bei Springflut in das freie Wasser entlassen. Sie durchlaufen ein planktonisches Larvenstadium. Bei der Rauhen Strandschnecke entwickeln sich die Eier in einer Bruttasche der Mantelhöhle zu Jungschnecken.

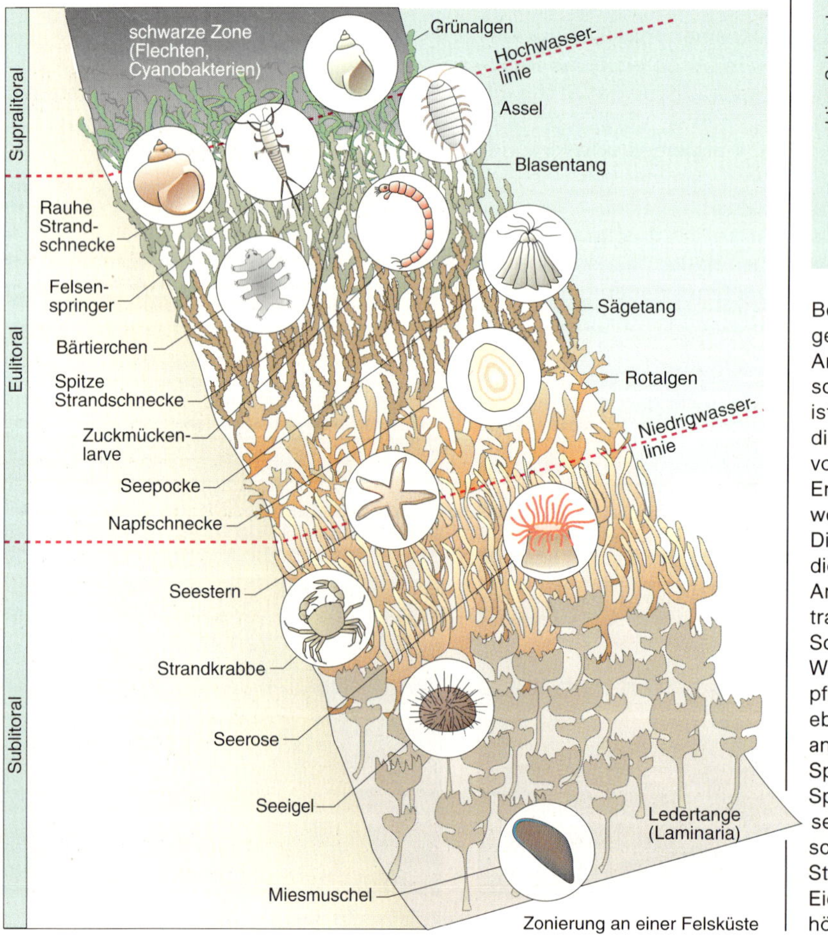

Zonierung an einer Felsküste

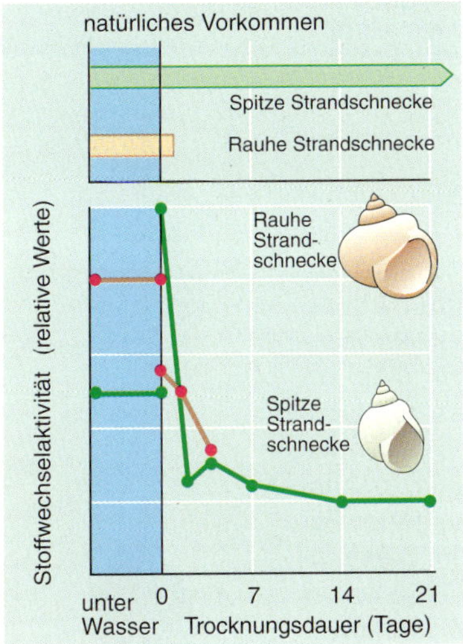

Aufgaben

① Wie sind beide Strandschneckenarten an wechselnde Feuchtigkeit sowie unterschiedliche Salzgehalte angepasst? Wie vermeiden sie zwischenartliche Konkurrenz?
② Sind die Strandschnecken der schwarzen Zone als euryök oder stenök anzusehen?

Bärtierchen bilden einen eigenen Stamm innerhalb der Wirbellosen. Charakteristisch sind die acht Krallen tragenden Stummelfüßchen. Eindrucksvoll ist ihre Fähigkeit, bei Austrocknung sämtliche Lebensfunktionen einzustellen und in diesem Zustand über Tage oder gar Jahre zu verharren *(Anhydrobiose)*. Die Bärtierchen verlieren dabei 75 – 90 % ihres Körpergewichtes durch aktive Wasserabgabe. Ihre Gestalt ähnelt dann kleinen Tönnchen, sodass dünnhäutige Körperregionen vor der Außenluft geschützt sind. In diesem Zustand können die Bärtierchen extreme Trockenheit und Strahlung ohne Schaden überstehen. Erst bei Benetzung mit Wasser nehmen die Tiere ihr aktives Leben wieder auf.

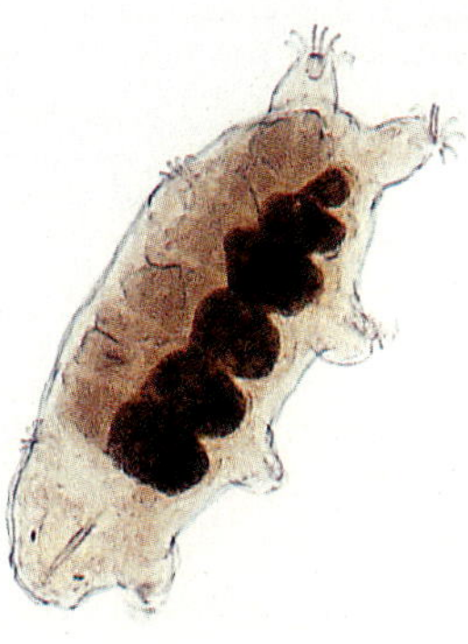

Aufgaben

① Vergleichen Sie die Reaktion von Bärtierchen und Strandschnecken auf Trockenheit.
② Bärtierchen sind auch charakteristische Bewohner von Moospolstern. Welche Parallelen gibt es zu den Lebensbedingungen in der schwarzen Zone?

c) Konkurrenz und Einnischung

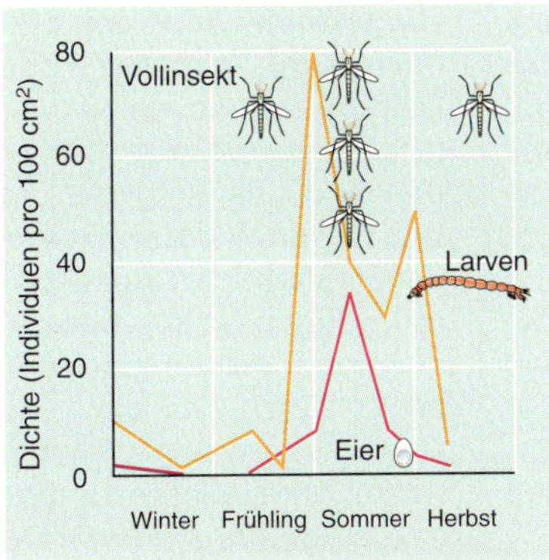

Alle Schwarze-Zone-Arten sind großen Dichteschwankungen unterworfen, wie das Beispiel einer **Zuckmücke** zeigt, die nahezu weltweit in diesem Lebensraum heimisch ist. Ihre Larven spinnen Wohnröhren in kleine Spalträume, in die sie sich bei Trockenheit und zur Verpuppung zurückziehen

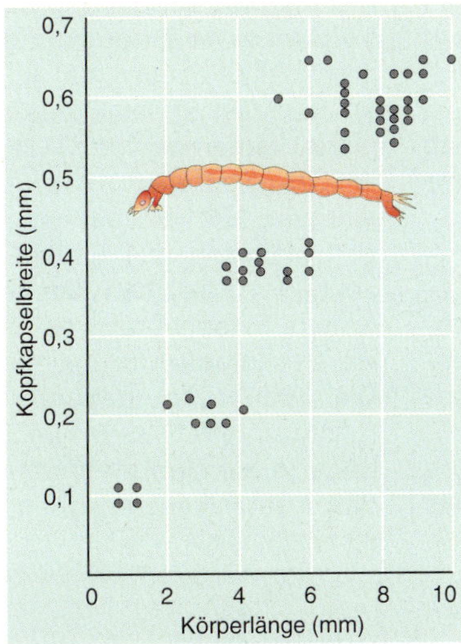

können. Die Anzahl der verfügbaren Spalten begrenzt daher weitgehend die Dichte der Larven. Bei den Larven lassen sich 4 Größenklassen feststellen, die auf Wachstumsschübe nach den Häutungen zurückzuführen sind. Jede Größenklasse beansprucht einen anderen Spaltraum. Die Breite der Kopfkapsel und damit der Mundwerkzeuge begrenzt die Größe des fressbaren Substrates.

Aufgaben

① Erläutern Sie die Dichteschwankungen der Zuckmücke im Jahresgang.
② Diskutieren Sie die Größenstruktur der Larven im Hinblick auf die innerartliche Konkurrenz.

Die Tiere der schwarzen Zone konkurrieren vor allem um die kleinen Spalträume im Gestein, in denen sich die Feuchtigkeit am längsten hält und wo auch ein geringeres Risiko besteht, durch Wellen herausgespült zu werden. Jede Art nimmt entsprechend ihrer Körpergröße einen anderen Spaltraum in Anspruch: ausgewachsene Zuckmückenlarven (Länge 10/ Breite 0,8 mm), Milbe (0,5/0,3 mm), Rädertier (0,4/0,05 mm), Bärtierchen (0,4/0,05 mm). Das Rädertier kommt vor allem in Brackwasserregionen, das Bärtierchen im Meerwasser vor.

Aufgabe

① Überprüfen Sie die Aussage des Konkurrenz-Ausschluss-Prinzips am Beispiel der Fauna in der schwarzen Zone.

d) Nahrungsnetz

Alle dauerhaft in der schwarzen Zone lebenden Arten ernähren sich von dem Aufwuchs aus Cyanobakterien und Flechten. Darin leben auch Bakterien und Pilze, die organische Substanzen zersetzen. Von der Landseite aus dringen bei Niedrigwasser Raubmilben ein, die vor allem jungen Mückenlarven nachstellen. Strandschnecken werden bei Niedrigwasser von Ratten und Möwen und bei Hochwasser von Fischen gefressen. Außerdem können sie von Saugwürmern parasitiert werden. Die befallenen Schnecken werden steril und sind deutlich größer als ihre gesunden Artgenossen. Solche Riesenexemplare werden von Möwen bevorzugt gefressen, wodurch die Parasiten in ihren Endwirt gelangen. Der Möwenkot schließt den Kreislauf.

Aufgabe

① Skizzieren Sie das Nahrungsnetz in der schwarzen Zone und ordnen Sie die Arten den verschiedenen Ernährungsstufen zu.

Bevölkerungswachstum der Menschheit

Seit etwa 2 Millionen Jahren bewohnt die Gattung Homo die Erde, wirkt auf die Umwelt ein und ist zugleich von ihr abhängig. Die kulturelle Entwicklung des Menschen ging Hand in Hand mit dem Bemühen, sich dieser Abhängigkeit zu entziehen. Die Unbilden des Wetters wurden durch Behausungen gemildert, Schwankungen im Nahrungsangebot durch Landwirtschaft, Tier- und Pflanzenzucht ausgeglichen. Diese künstliche Umwelt konnte der Mensch jedoch nur durch Rohstoffe und Energie aus der Natur erhalten. Die Abhängigkeit von der Umwelt wurde damit nur scheinbar verringert, die Wirkung auf die Umwelt aber deutlich vergrößert. Wälder wurden gerodet, Flüsse reguliert und Landschaften überbaut. Durch das rasante Bevölkerungswachstum sind heute aus lokalen Veränderungen globale Belastungen geworden.

Im Jahre 1995 lebten 5,7 Milliarden Menschen auf der Erde. Jährlich kommen etwa 85 Millionen hinzu (Abb. 1), das sind 164 Menschen in jeder Minute. Würde die Menschheit mit der gleichen Zuwachsrate weiter wachsen, so hätte sie in etwa 2000 Jahren das Gewicht des Erdballs erreicht. Wie viele Menschen kann die Erde tatsächlich „ertragen" und was beeinflusst diese Umweltkapazität? Moderne Technologien erschlossen neue Nahrungsmittel, Energie- und Rohstoffvorräte. Sie erhöhten regional die Umweltkapaziät, verursachten jedoch oft schwere Umweltschäden und immense energetische „Unkosten".

Medizinischer Fortschritt erhöhte die Lebenserwartung, verringerte die Kindersterblichkeit und ermöglichte die Geburtenkontrolle. Während in den Industrienationen sowohl Geburten- als auch Sterbeziffern zurückgingen, sank die Geburtenrate in den Entwicklungsländern deutlich weniger als die Sterberate.

Geburten- und Sterberate sind altersabhängig. Prognosen über das Bevölkerungswachstum sind daher nur bei Berücksichtigung der Altersstruktur möglich. Altersklassendiagramme spiegeln die Anteile von Männern und Frauen in der jeweiligen Altersklasse wider. Bei geringer Kindersterblichkeit bedeutet die Pyramidenform eine zukünftige Dichteerhöhung. Da das fortpflanzungsfähige Alter der breiten Basis noch bevorsteht, wird die Population zunächst weiter wachsen, selbst wenn aus jeder Familie nur zwei Kinder hervorgehen. Diese Situation gilt heute für die Entwicklungsländer und für die Weltbevölkerung. Bei ausgewogenem Verhältnis zwischen jungen und alten Jahrgängen ist das Altersklassendiagramm mehr oder minder glockenförmig: Altersaufbau und Dichte bleiben konstant. Werden die älteren Individuen zahlenmäßig nicht durch Nachkommen ersetzt, bedeutet das eine zukünftige Abnahme der Dichte. Das Altersklassendiagramm hat dann eine schmale Basis.

In Deutschland hatte das Altersklassendiagramm am Anfang des 20. Jahrhunderts die klassische Pyramidenform, danach veränderten verschiedene äußere Faktoren die Geburten- und Sterberate. Der 1. Weltkrieg erhöhte insbesondere die Sterberate der damals 20- bis 40-jährigen Männer, was noch 1939 an einer Einbuchtung der linken Diagrammseite bei den nun 40–60-Jährigen zu erkennen ist. In den Kriegs- und Nachkriegsjahren kamen wenige Kinder zur Welt, daher ist das Diagramm 1939 bei den etwa 20-jährigen, 1991 bei den inzwischen 70-jährigen Männern und Frauen deutlich eingeschnürt. Im gleichen Jahr kennzeichnet eine weitere Einschnürung bei den Mittvierzigern die Geburtenausfälle im zweiten Weltkrieg. Die Einführung moderner Antikonzeptiva („Antibabypille") in den Sechzigerjahren verringerte die Geburtenrate deutlich, sodass das Altersklassendiagramm an der Basis schmaler wird.

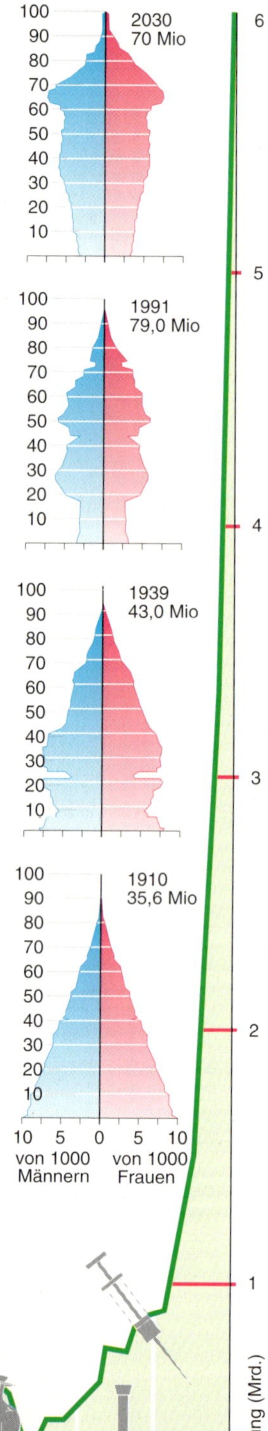

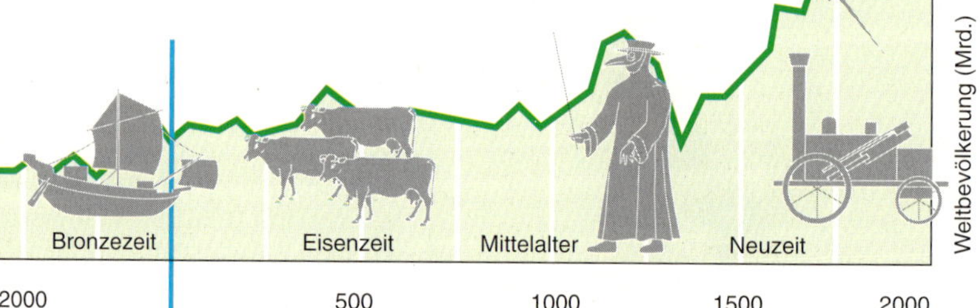
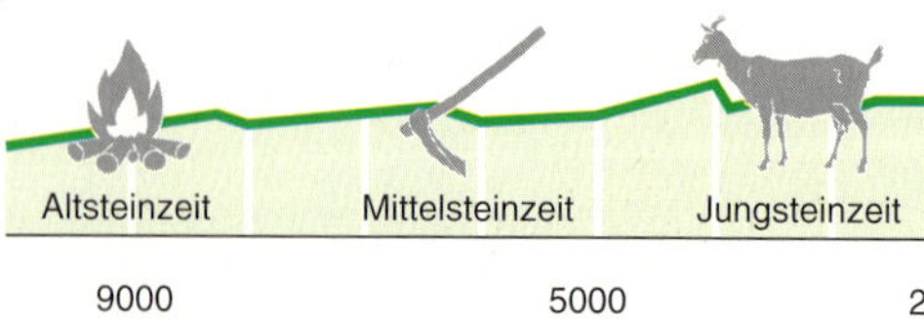

1 Wachstum der Weltbevölkerung und Altersklassendiagramme Deutschlands

Bevölkerungsdichte und Energiekonsum

Entscheidend für die Zukunft des Menschen ist nicht nur die Bevölkerungsdichte, sondern auch der Konsum von Nahrung und Energie. Hier gibt es deutliche Unterschiede zwischen Industrie- und Entwicklungsländern.

Aufgaben

1. Vergleichen Sie die Regionen mit dem höchsten Energiekonsum und die Regionen mit der größten Bevölkerungsdichte.
2. Suchen Sie in Abb. 2 typische Produkte aus den Entwicklungsländern und vergleichen Sie die Produktivität der verschiedenen landwirtschaftlichen Methoden.
3. Worauf sind die Unterschiede in der Produktivität zurückzuführen? Abb. 3 gibt Ihnen Auskunft über die Aufteilung des landwirtschaftlichen Energiekonsums in den USA.
4. In der Entwicklungshilfe werden heute vermehrt traditionelle Anbaumethoden gefördert, anstatt die Landwirtschaftstechnologie aus den Industrieländern zu exportieren. Beurteilen Sie diese Entwicklung aus energetischer Sicht.
5. Übertragen Sie die Wachstumskurve der Weltbevölkerung (Abb. 104. 1) auf Millimeterpapier. Tragen Sie auf der y-Achse 150, 300, 600 Millionen usw. ab, also jeweils verdoppelte Bevölkerungsdichten. Ermitteln Sie grafisch, wieviele Jahre es dauerte, bis sich die Bevölkerungsdichte vor Christi Geburt verdoppelte und wie lange jeweils danach. Beachten Sie dabei die Skalierung.
6. Anstelle des Begriffes Energiekonsum wird auch Energiebedarf, Energieaufwand oder Energieverbrauch benutzt. Diskutieren Sie die Begriffswahl.

1

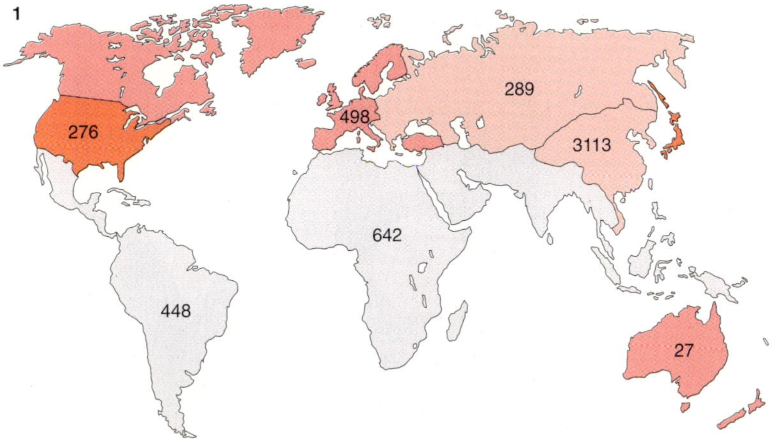

Energiekonsum (pro Kopf und Jahr), Einwohner in Millionen (1990)

445 $\cdot 10^6$ kJ   247 $\cdot 10^6$ kJ   69 $\cdot 10^6$ kJ   15 $\cdot 10^6$ kJ

2

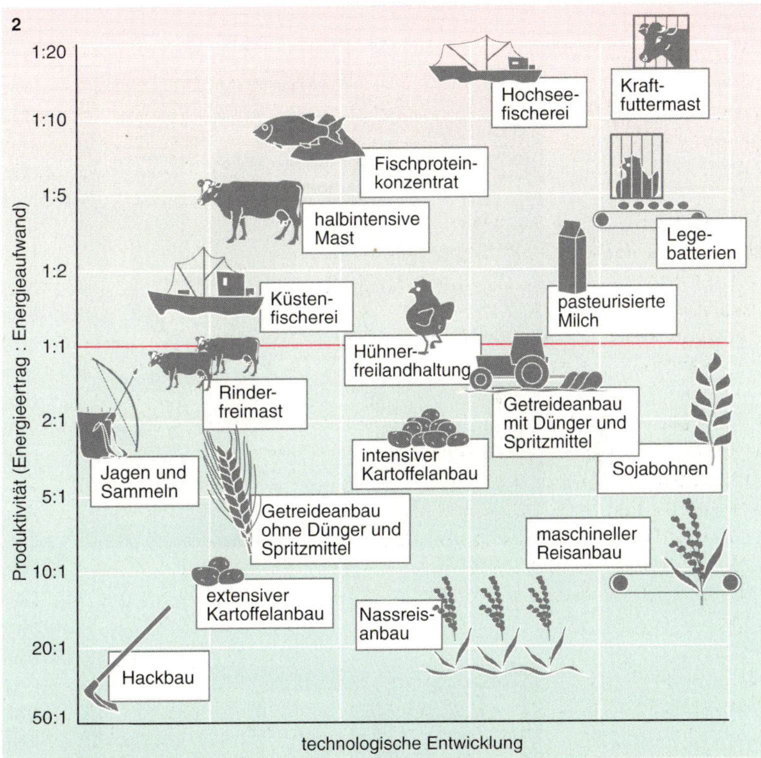

3

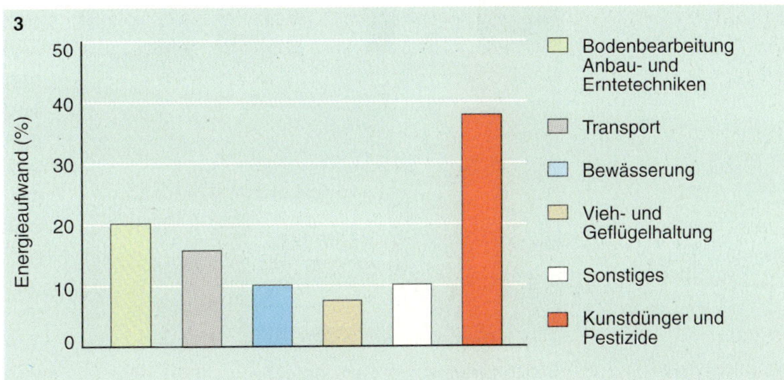

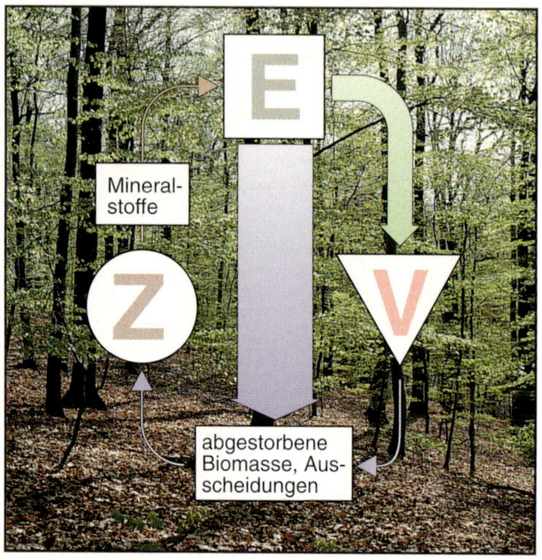

1 Stoffkreislauf im Buchenwald

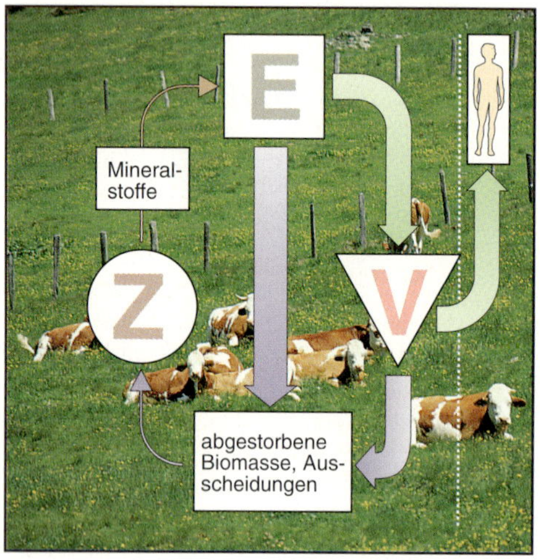

2 Stoffkreislauf auf der Viehweide

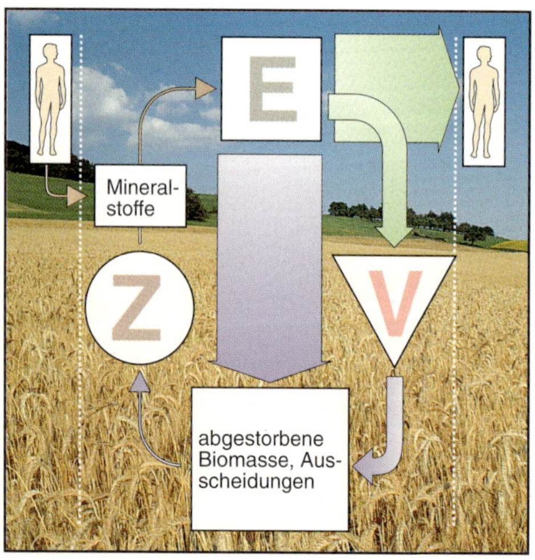

3 Stoffkreislauf im Roggenfeld

Von der Urlandschaft zur Agrarsteppe

Die Handhabung des *Feuers* ist untrennbar mit der kulturellen Entwicklung des Menschen verbunden. Am Feuer konnten sich unsere Vorfahren aufwärmen, bekömmliches Essen bereiten, Werkzeuge härten und waren vor Raubtieren einigermaßen sicher. Feuer ließ sich nur schwer neu entzünden; daher wurde es möglichst dauerhaft gehütet. Herdfeuer entwickelten sich zum Lebenszentrum und begünstigten die Ansiedlung der Urmenschen, die zuvor nomadisierend vom Jagen, Fischen und Sammeln gelebt hatten.

Langfristig ist eine sesshafte Lebensweise nur möglich, wenn Nahrungsmittel nachwachsen. Die Menschen nutzten und pflegten Wildpflanzen auf vorhandenen Lockerböden in Flussauen oder auf Vulkanaschen und jäteten unerwünschte Pflanzen. In Europa begann der eigentliche *Ackerbau* und die *Nutztierhaltung* vor etwa 11 000 Jahren. Neben dem Gebrauch von Werkzeugen spielte das Feuer dabei wieder eine große Rolle: Brandrodungen erschlossen neue Nutzflächen und durch die Verhüttung von Erzen konnten später die landwirtschaftlichen Geräte verbessert werden. Durch seine Eingriffe in die Landschaft glich der Mensch die Feuchteverhältnisse der Böden an: Trockenlandschaften wurden bewässert, ehemalige Wälder und Sümpfe trockengelegt.

Regelmäßige Ernten unterbrechen den Stoffkreislauf, denn sie entziehen Biomasse und verringern die Humusbildung (Abb. 1—3). Der Mineralstoffvorrat der Böden erschöpft sich. Die *organische Düngung* durch Viehmist oder Flussschlamm war wahrscheinlich eher eine zufällige Entdeckung, *Dreifelder-* und *Fruchtwechselwirtschaft* zeugen bereits von einer langfristigen Planung. Bei der Dreifelderwirtschaft folgt auf zwei Jahre Getreideanbau ein Jahr Brache. Jährlich bringt daher nur $^2/_3$ der Ackerfläche einen landwirtschaftlichen Ertrag. Bei der Fruchtwechselwirtschaft werden anstelle der Brache andere Nutzpflanzen angebaut, wie zum Beispiel Klee, Rüben oder Kartoffeln. Trotzdem lagen die Erträge noch im Mittelalter oft nur 4% über der Aussaat und hätten mit der exponentiell zunehmenden Bevölkerungszahl nicht Schritt halten können.

Im 19.Jahrhundert entdeckte der Chemiker JUSTUS VON LIEBIG, dass die Primärproduktion von demjenigen Mineralstoff begrenzt wird,

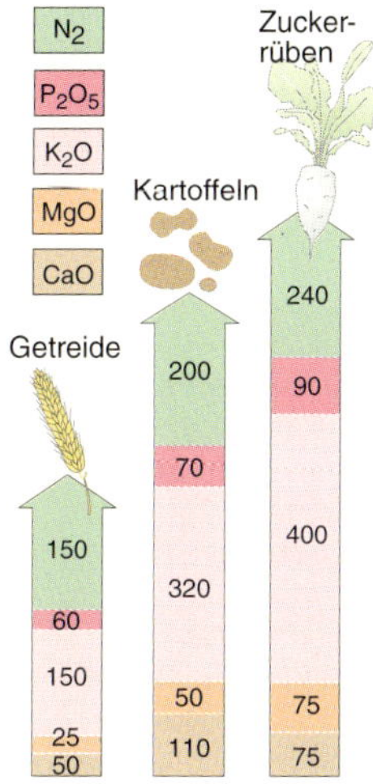

Mineralstoffentzug in kg/ha

der das Minimum des pflanzlichen Bedarfs unterschreitet. Damit war die wissenschaftliche Grundlage für eine *mineralische Düngung* gelegt. Die industrielle Synthese von Düngerstoffen sorgte für weitere Produktionssteigerungen. Heute beträgt der Ertrag beim Weizen mehr als das Zwanzigfache der Aussaat. Um den Einsatz leistungsfähiger Erntemaschinen zu ermöglichen, wichen kleine Acker- und Weideparzellen vielerorts großflächigen *Monokulturen*.

Durch die Auswahl ertragreicher Varianten wurden die Wildarten allmählich abgewandelt, unerwünschte Inhaltsstoffe verschwanden. Auf diese Weise entstanden *Kulturpflanzen*, die in der Obhut des Menschen gut gedeihen, in der Konkurrenz mit Wildarten aber unterliegen. Die Abwandlung durch Züchtung blieb auch bei Nutztieren stets im Rahmen der Artmerkmale. Hunde sind wohl die ältesten Haustiere des Menschen. Danach wurden Schafe und Ziegen domestiziert, vor etwa 9 000 Jahren die Schweine und vor 5 000 Jahren Pferd, Esel und Haushuhn. Die Katze schloss sich den Siedlungen an, sie folgte den Mäusen in die Kornspeicher. Andere *Kulturfolger* waren bei den Menschen weniger beliebt, denn sie entwickelten sich unter den für sie günstigen Lebensbedingungen der Agrarlandschaft zu sogenannten *Unkräutern* oder *Ernteschädlingen*.

„Als Prinzip des Ackerbaus muss angesehen werden, dass der Boden in vollem Maße wieder erhält, was ihm genommen wurde."
JUSTUS VON LIEBIG (1803 – 1873)

Die Menschen nahmen den Kampf gegen diese Nahrungskonkurrenten zunächst mechanisch auf, indem sie Unkräuter jäteten und Ernteschädlinge absammelten. Die *Pestizide* der chemischen Industrie brachten zwar kurzfristige Erfolge, erwiesen sich langfristig jedoch als problematisch: Es kam oft zu Anreicherungen in der Nahrungskette, Boden und Trinkwasser wurden belastet und Resistenzen traten auf. Die Entwicklung einer *ökologischen Landwirtschaft* war die Konsequenz (s. Seite 109).

Heute nehmen die vom Menschen geprägten Agrar- und Siedlungslandschaften insgesamt 14 Mill. km^2 ein, das sind 11 % der Landfläche der Erde. Urlandschaften findet man höchstens noch an einigen Meeresküsten, in den tropischen Regenwäldern, Tundren, Hochgebirgen, in der Taiga und in der Wüste. Die Waldflächen Europas sind zu Restwäldern eingeengt, Lebensräume mit mineralstoffarmen Böden, wie Hochmoore und Heiden, schrumpfen.

Aufgaben

① Vergleichen Sie den Stoffkreislauf im Buchenwald und in der Agrarlandschaft. Wie verändert sich das Schema, wenn der Landwirt von Weidewirtschaft auf Stallwirtschaft umsteigt?

② Erläutern Sie die Verbesserung der Bodenfruchtbarkeit durch Dreifelderwirtschaft und Fruchtwechsel.

③ Die meisten Ackerwildkräuter sind samenreiche, einjährige Steppenpflanzen. Erklären Sie.

④ Warum führte die Kultivierung der Landschaft meist zu einer Verarmung an Arten?

⑤ Nennen Sie Gründe für die Entwicklung des Verbrauchs an Mineraldünger und Pflanzenbehandlungsmitteln (Abb. 2).

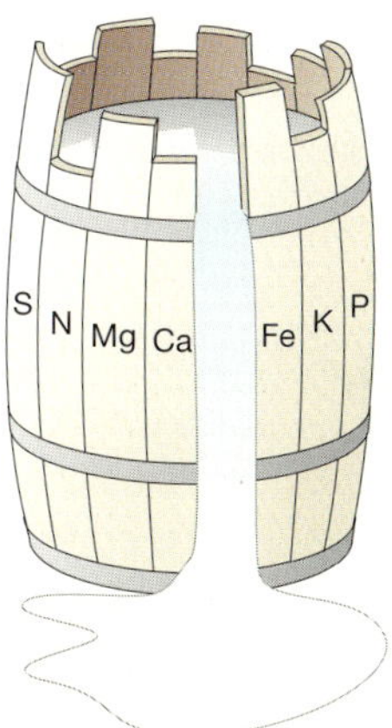

Gesetz von LIEBIG

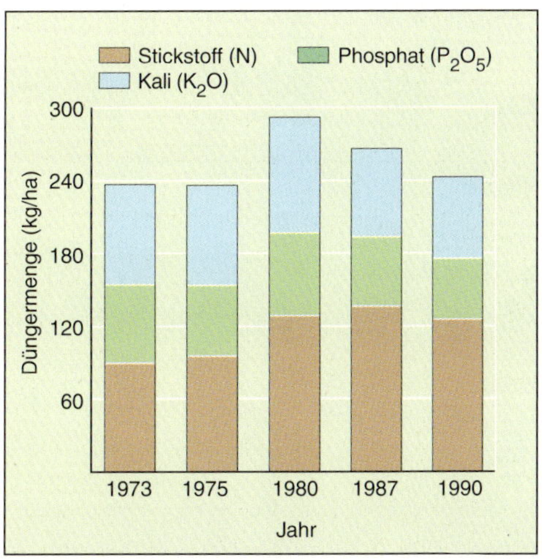

1 Mineraldüngerverbrauch

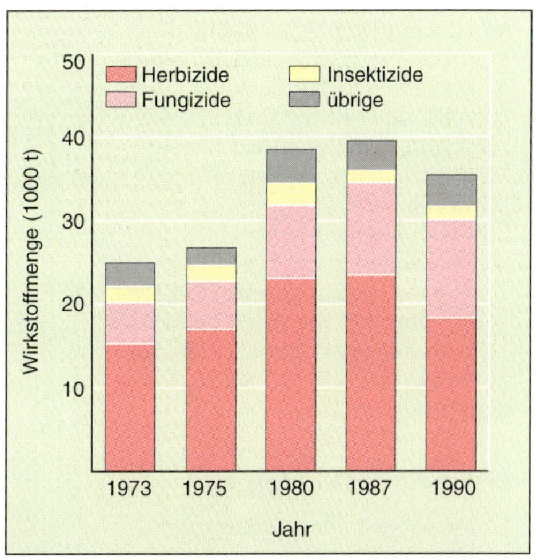

2 Verbrauch an Pflanzenbehandlungsmitteln

Wiesen und Weiden

Neben Wäldern und Gewässern sind Grünflächen in unseren Breiten landschaftsprägend. Regelmäßige Mahd oder Beweidung verhindert das Aufkommen von Gehölzen und sichert die Vorherrschaft von Gräsern und Kräutern. Wiesen und Straßenrandbegrünungen werden ein- bis zweimal jährlich gemäht, Rasenflächen sehr viel häufiger.

Ausrüstung:
10 Bänder, je 4 m lang mit 4 langen Nägeln zum Abstecken von Probenquadraten, Bestimmungsliteratur, Protokollbögen, Federwaage und Netz, Gartenschere, Zollstock.

Vegetationsaufnahme

Wählen Sie für Ihre vergleichenden Untersuchungen mindestens zwei deutlich verschiedene Grünflächentypen und informieren Sie sich über deren landwirtschaftliche oder gärtnerische Behandlung. Stecken Sie jeweils 10 Probenquadrate von 1 m^2 Größe auf der Grünfläche ab und bestimmen Sie die Pflanzen vor Ort mithilfe der Bestimmungsliteratur. Protokollieren Sie für jedes Quadrat die gefundenen Pflanzenarten und machen Sie sich Notizen zur Wuchshöhe, zum Wuchstyp (Rosettenpflanzen, Polster, ...) und zum Entwicklungsstand (keimend, blühend, fruchtend). Schätzen Sie den Flächenanteil, den die Pflanzenarten im Probenquadrat einnehmen *(Deckungsgrad)*. Die *Frequenz* gibt an, in wie vielen Quadraten die betreffende Art vorgefunden wurde. Findet man sie in 10 von 20 Quadraten, beträgt die Frequenz 50 %.

Ermittlung des Minimalareals

Eine aussagekräftige Probe soll die wichtigsten Arten erfassen, ohne einen unvertretbar großen Arbeitsaufwand zu verursachen. Zur Bestimmung dieses *Minimalareals* gibt es umfangreiche statistische Verfahren. Eine recht gute Annäherung erhält man folgendermaßen: Tragen Sie in einer Grafik auf der x-Achse schrittweise von 1 m^2 auf 10 m^2 vergrößerte Probenflächen und auf der y-Achse die zugehörigen Artenanzahlen ab. Diese Artenanzahlen erhalten Sie, indem Sie zunächst die Artenanzahl in Quadrat 1, also auf 1 m^2, dann in den zusammengefassten Quadraten 1 + 2, also auf 2 m^2, dann in 1 + 2 + 3, ... und schließlich in 1 + 2 + ... + 9 + 10, also auf 10 m^2, ermitteln. Es entsteht eine ansteigende Kurve, die sich allmählich einem *Sättigungswert* nähert. Der Sättigungswert ist die Gesamtartenanzahl, die zugehörige Probenfläche das gesuchte *Minimalareal.* Reichen Ihre 10 Probenquadrate für eine Erfassung der wichtigsten Arten aus? Vergrößern Sie andernfalls die Anzahl der Probenquadrate.

Bestimmung der Biomasse

Die *Biomasse* wird nur für kleine Flächen bestimmt, da die Pflanzen zu diesem Zweck dicht über dem Boden abgeschnitten werden müssen. Sortieren Sie das Material nach lebenden und abgestorbenen Teilen und wiegen Sie diese ihn in einem Netz mit der Federwaage aus.

Auswertung

① Berechnen Sie für jede Art die Mittelwerte der Deckungsgrade aus den 10 Probenquadraten. Stellen Sie nun die Ergebnisse Ihrer Untersuchungen für die beiden Grünlandtypen gegenüber.
② Haben Sie durch das genannte Verfahren die gesamte Biomasse erfasst?
③ Inwieweit lässt die Frequenz Rückschlüsse auf die räumliche Verteilung der Pflanzen zu?
④ Welche Unterschiede in der Artenzahl, im Artenspektrum, in der Wuchshöhe, im Wuchstyp und in der Biomasse lassen sich mit der Mahd in Zusammenhang bringen (vgl. Abb.unten)?
⑤ Wie unterscheidet sich der Einfluss der Beweidung von dem der Mahd?

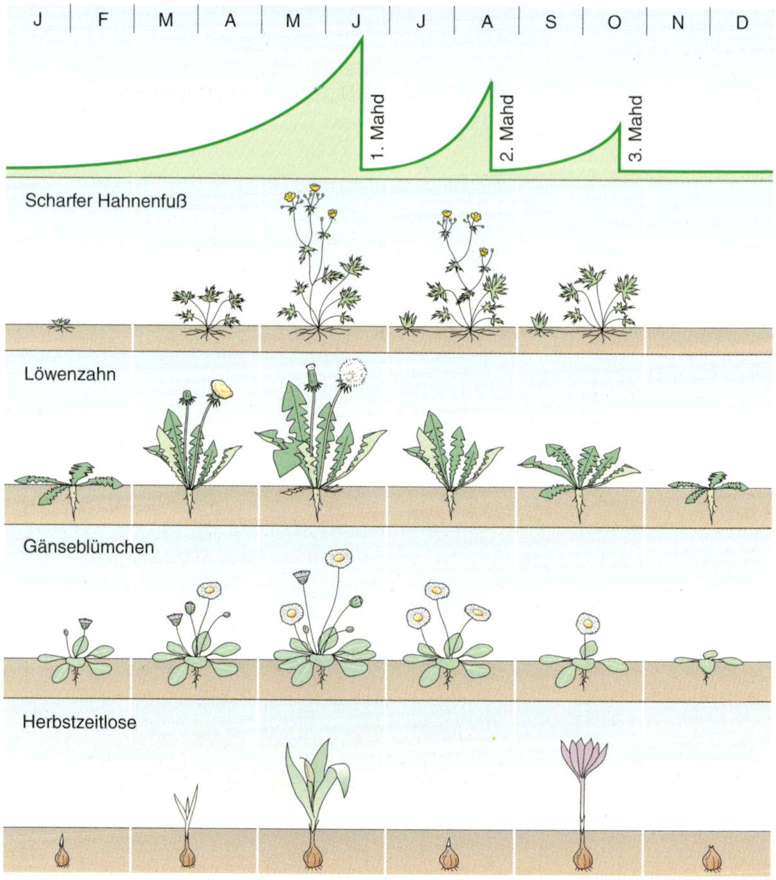

1 Jahresverlauf in einer Fettwiese

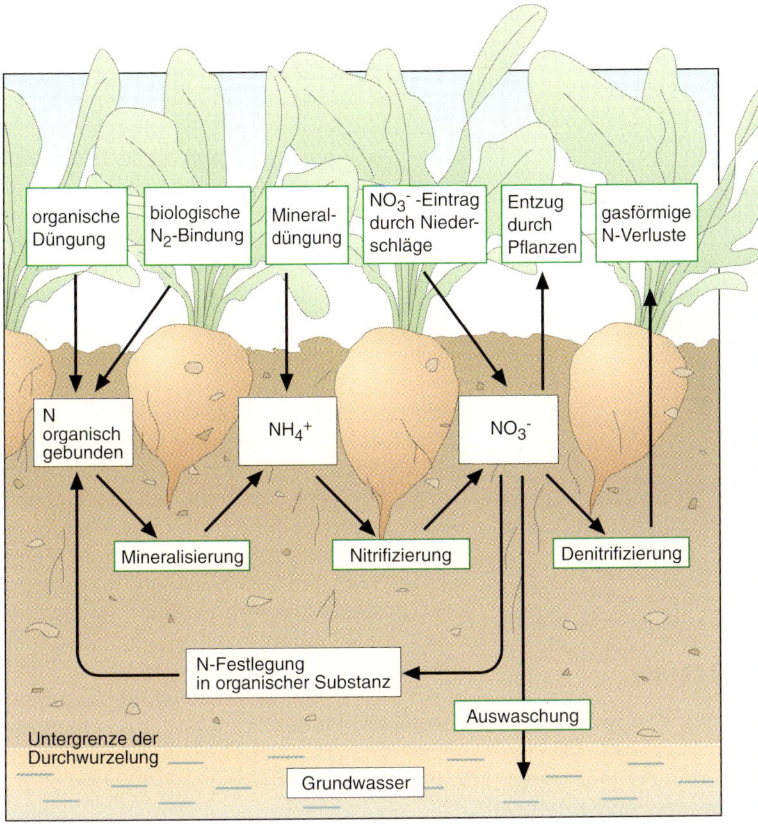

1 Stickstoffkreislauf und Düngung

WHO: Die tägliche Aufnahme von Nitrat soll 220 mg nicht überschreiten.

EG-Grenzwerte für Nitrat (mg/kg):

Trinkwasser	50
Diätnahrung	250

Nitratgehalt in Gemüsepflanzen (mg/kg):

Spinat	345 – 3890
Tomaten	10 – 100
Bohnen	80 – 822
Kopfsalat	382 – 3520

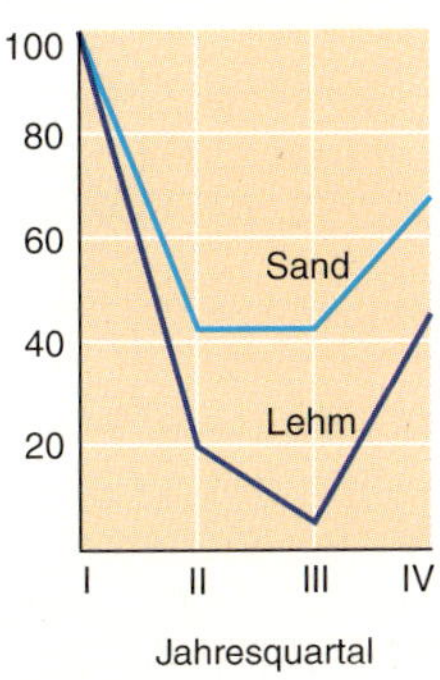

Sickerwasser in % der Niederschläge

Fruchtbare Böden — gesunde Nahrung?

Fruchtbare Böden, verbunden mit hohen Ernteerträgen, sind das Ziel landwirtschaftlicher Bodennutzung. Entnommene Mineralstoffe müssen durch eine Düngung ersetzt werden, die sich am Bedarf der Pflanze und am Angebot des Bodens orientiert. Eine nicht bedarfsgerechte Düngung ist aus ökologischer Sicht problematisch: Da der Ackerboden in globale Stoffkreisläufe eingebunden ist, beeinflussen Mineralstoffüberschüsse auch andere Ökosysteme und können über Trinkwasser und Nahrung auch in den menschlichen Körper gelangen. Insbesondere *Nitrate* stellen ein gesundheitliches Risiko dar, da sie auf dem Weg der Nahrungspflanzen zum Verbraucher und bei der Verdauung teilweise in *Nitrite* umgewandelt werden. Nitrite beeinträchtigen die Funktion des Hämoglobins. Außerdem können Krebs fördernde *Nitrosamine* entstehen. Für Nitratkonzentrationen in Trinkwasser und Nahrung gibt es daher gesetzliche Grenzwerte (s. Randspalte).

Nitrate im Trinkwasser stammen aus Bodenauswaschungen. Ihre Konzentration hängt sowohl von der Sickerwassermenge, als auch von der Wasserkapazität und der Nitratkonzentration des Bodens ab. Eine Nitratverlagerung um 30 cm benötigt in lehmigem Boden 60 mm, bei Sandböden nur 30 mm Niederschlag. Am meisten Wasser sickert im Winterhalbjahr durch den Boden, da dann der Wasserverbrauch durch die Pflanzen fehlt. Mineraldünger und Gülle geben Nitrate leichter ab als Festmist. Ihre Ausbringung ist daher in vielen Bundesländern im Winterhalbjahr verboten, denn eine zu hohe und nicht zeitgerechte Düngung erhöht die Nitratbelastung des Trinkwassers. Die Nitratkonzentration im Boden hängt jedoch nicht nur von der Düngung, sondern auch von der angebauten Kulturpflanze ab: So entzieht die Zuckerrübe dem Boden mehr Nitrat als die Weinrebe; Flachwurzler (Erbsen, Kopfsalat) entnehmen Nitrate nur aus der oberen Bodenschicht, Tiefwurzler (Mais, Getreide) auch aus tieferen Schichten. Die Ernterückstände einiger Pflanzen (Kohl, Getreide) hinterlassen bei ihrer Verrottung große Nitratmengen im Ackerboden. Die Nitratauswaschung lässt sich daher nicht vollkommen verhindern.

Die *Nitrate im Gemüse* stammen aus dem Bodenwasser. In den Pflanzen werden Nitrate in organische Stickstoffverbindungen überführt oder in Spross und Blattstiel gespeichert. Überdüngung führt hier zur erhöhten Nitratanreicherung, Früchte und Samen sind dagegen vergleichsweise nitratarm. Die Reduktion des Nitrats im pflanzlichen Stoffwechsel benötigt Energie und ist daher fotosyntheseabhängig. Bei Lichtmangel sind daher die Nitratgehalte erhöht. Erntet man Gemüse in der dunklen Jahreszeit, am Vormittag oder aus einer Unterglaszucht, muss man mit erhöhten Nitratgehalten rechnen. Der integrierte Landbau versucht durch eine bedarfsgerechte Düngung nicht nur die Quantität, sondern auch die Qualität der Ernte zu steigern.

Aufgaben

① Erläutern Sie den Stickstoffkreislauf und fassen Sie die Faktoren zusammen, die die Höhe der Nitratauswaschung beeinflussen (Abb. 1).

② Nennen Sie Möglichkeiten für den Landwirt, den Nitratgehalt seiner Kulturpflanzen zu reduzieren.

③ Nennen Sie Möglichkeiten für den Verbraucher, sich nitratarm zu ernähren.

④ Inwieweit beeinflusst die Massentierhaltung die Nitratbelastung der Böden?

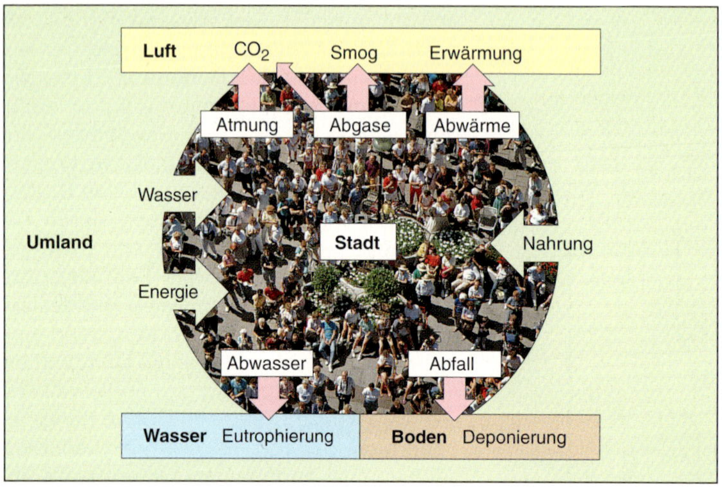

1 Der Weg der Stoffe in der Stadt

Abweichungen des Stadtklimas von dem des Umlands (= 100):

Sonneneinstrahlung	80
Nebel im Winter	130
Nebel im Sommer	130
Niederschlag	110
Tau	35
Frostperiode	75
rel. Luftfeuchte	94
Windstillen	113
Vegetationsfläche	40
SO_2	500
CO	2500
Schwermetalle	1500

Temperaturen im Mittel um 1°C höher als im Umland.

Lebensraum Großstadt

Energie aus der Steckdose, Wasser aus der Leitung, Nahrung aus der Konserve, Abwasser in den Ausguss, Abfall in die Mülltonne: Die Großstadt ist in der Ver- und Entsorgung vollständig vom Umland abhängig, kaum ein Stoffkreislauf schließt sich innerhalb der Stadt. Für den Menschen bieten Städte Wohn- und Arbeitsplatz, sie sind kulturelle und politische Zentren und Orte der Begegnung. Doch räumliche Enge, Lärm, Verkehrsaufkommen und Umweltbelastung bergen neben sozialen Konflikten auch spezifische ökologische und medizinische Probleme.

Besonders während der Heizperiode sammeln sich Schwefeldioxide in der Luft. Solange die Bodenluft wärmer, also spezifisch leichter als die darüber liegende Luft ist, zieht der Rauch nach oben ab. Bei *Inversionswetterlagen* liegt dagegen warme Luft über kalter Luft, sodass die Abgase sich in den Straßen stauen. Schwefliger *Smog* ist entstanden (Kombination der englischen Wörter *smoke* = Rauch und *fog* = Nebel). Diese Luft reizt die Atemorgane, schädigt die Bäume und greift sogar Sandstein an. Im Sommer kann sich bei austauscharmen Wetterlagen fotochemischer Smog bilden. Unter Sonneneinwirkung reagieren Autoabgase mit Luftsauerstoff zu *Ozon* (O_3), das bei vielen Menschen zu Hautreizungen führt. Auch bei weniger extremen Wetterlagen unterscheidet sich das Stadtklima deutlich vom Umlandklima und zwar umso ausgeprägter, je weiter man in den Stadtkern gelangt (s. Randspalte).

Viele Lebewesen meiden die Städte und die Nähe der Menschen. Andere Arten werden angezogen, denn in der Stadt ist der Feinddruck geringer und Nahrung in Form von Vorräten oder Abfällen ganzjährig zugänglich. Die Amsel war beispielsweise bis zur Jahrhundertwende ein scheuer Waldvogel, durch Veränderung der Fluchtdistanz wandelte sie sich allmählich von Westen nach Osten zum Stadtvogel. Aus den Wäldern der Umgebung wird ihr Bestand ergänzt.

In der Steinwüste der Stadt finden sich inselartige Konzentrationsstellen für Lebewesen, z. B. Parks, Grünflächen und Pflasterritzen mit deutlich verschiedenen kleinklimatischen Bedingungen. Ursprüngliche Waldbewohner (viele Vögel, Holz fressende Insekten) findet man in Parks, auf Friedhöfen und im Bauholz der Gebäude, Ackerbewohner (Maulwurf, Insekten) in Gärten, Trockenrasenbewohner (Haubenlerche) auf Trümmerflächen, Felsbewohner (Hausrotschwanz, Mauersegler, Turmfalke, Fledermäuse) an den Hausfassaden und Wasserbewohner (Entenvögel, Wanderratten) in Kanälen und Teichen.

Sogar im Hausinnern haben viele Arten einen geeigneten Lebensraum vorgefunden: Sie begegnen uns als Vorratsschädlinge und Hausungeziefer. Staubmilben leben z. B. normalerweise in Vogelfedern und Nestern, in der Wohnung bevölkern sie Matratzen, Teppiche und Polstermöbel. Sie ernähren sich von Hautschuppen, Federresten, Bakterien und Schimmelpilzen und können lästige Allergien hervorrufen. In isolierten Biotopen kommt es oft zum Massenauftreten, sodass sonst unauffällige Arten zur Plage werden (Tauben, Ratten, Hausfliegen). Wie bei den Stadtmenschen überwiegen auch bei den anderen Stadtorganismen die Konsumenten gegenüber den Produzenten und Destruenten.

Aufgaben

1. Beschreiben Sie die Abweichungen des Stadtklimas von dem des Umlands.
2. Stellen sie die beiden Smogtypen gegenüber.
3. Nennen Sie Möglichkeiten der Stadtbegrünung.
4. In nördlichen Städten findet man Pflanzen, die sonst nur in südlicheren Gebieten vorkommen, z. B. den Götterbaum oder die Mäusegerste. Bei Stadtpopulationen teilziehender Vogelarten bleiben viele im Winter am Standort. Erklären Sie!

Mauern und Fassaden

Mauern und Fassaden werden vom Menschen als Abgrenzung errichtet. Für Pflanzen und Tiere können sie Besiedlungswege in und durch die Stadt bilden, vorausgesetzt ein Verzicht auf Herbizide lässt ein Gedeihen der Pflanzen zu. Wegen der aufragenden Bauweise hängt das Kleinklima einer Mauer davon ab, wie sehr sie Sonne, Wind und Niederschlägen ausgesetzt ist.

Ausrüstung:
Bestimmungsliteratur, Protokollbogen, Tapetenrollen, Zollstock, Fotoapparat, Thermometer, Luxmeter oder Belichtungsmesser vom Fotoapparat, Haarhygrometer, pH-Indikator-Papier, Schälchen, Löffel, pH-neutrales Wasser, Salzsäure in einer Tropfflasche (1 Teil HCl : 3 Teile Aqua dest.).

a) Vegetationsaufnahme

① Untersuchen Sie arbeitsteilig einen bestimmten Mauer- oder Fassadenabschnitt. Legen Sie dazu die Tapetenrolle an der Mauer an, und zeichnen Sie die in den verschiedenen Höhen gefundenen Pflanzen ein (Bestimmungsbücher erleichtern das Benennen der Arten).

② Sammeln Sie Pflanzenmaterial für ein Herbarium und fotografieren Sie charakteristische Ausschnitte.

b) Abiotische Faktoren

① Legen Sie jeweils auf der Sonnen- und Schattenseite der Mauer Messpunkte in Höhe von Mauerkrone, Mauerfugen und Mauerfuß fest. Bestimmen Sie jeweils Kontrollpunkte in einiger Entfernung von der Mauer. Fertigen Sie einen Protokollbogen für folgende Messwerte an: Luftfeuchte, Temperatur, Lichtstärke, pH-Wert (Mauerfuge), Kalkgehalt (Mauergestein).

② Bestimmen Sie an den festgelegten Messpunkten die Temperatur mit dem Thermometer und die Luftfeuchte mit dem Hygrometer. Steht kein Luxmeter zur Verfügung, so können die Blendeneinheiten eines Fotoapparates als relative Lichtwerte verwendet werden. Nehmen Sie jeweils Kontrollmessungen vor.

③ Schwemmen Sie etwas Fugenmaterial in neutralem Wasser in einem Schälchen auf und bestimmen Sie den pH-Wert mithilfe des Indikatorpapiers.

④ Träufeln Sie etwas verdünnte Salzsäure auf das Mauergestein und schließen Sie aus der Reaktion auf den Kalkgehalt mit der folgenden Tabelle:

Aufbrausen	Kalkgehalt	Gestein
–	< 0,5%	kalkfrei, kalkarm
schwach	0,5 – 2%	gering kalkhaltig
deutlich	3 – 4%	mäßig kalkhaltig
stark	> 5%	stark kalkhaltig

c) Auswertung

① Übertragen Sie die Angaben von der Tapetenrolle auf eine verkleinerte Skizze. Inwieweit unterscheiden sich Mauerkrone, Mauerfläche und Mauerfuß in ihrem Pflanzenbestand und in der Pflanzendichte?

② Lässt sich die beobachtete Zonierung anhand der gemessenen abiotischen Faktoren erklären? Welche Faktoren blieben bisher unberücksichtigt?

③ Vergleichen Sie Ihren Fundort mit dem in der Bestimmungsliteratur angegebenen Standort der jeweiligen Pflanze.

④ Überlegen Sie, wie die Pflanzen in die Mauerfugen gelangen konnten. Ziehen Sie dabei auch Literatur zu Rate.

⑤ Beurteilen Sie die ökologische Bedeutung der Mauervegetation.

⑥ Fertigen Sie einen Schaukasten an, in dem Sie die Fotos und das Herbarmaterial kombinieren und die Messergebnisse grafisch darstellen.

⑦ Naturschutz sollte sich nicht auf abgegrenzte Flächen beschränken, sondern auch ausgeräumte Agrar- und Stadtlandschaften strukturell durchdringen. Auf diese Weise können naturnahe Restflächen durch sogenannte „Korridore“ und „Trittsteine“ miteinander verbunden werden und als Wanderwege für Pflanzen und Tiere dienen.
Nennen Sie Beispiele für „Korridore“ und „Trittsteine“ in einem derartigen „Biotopverbund“.

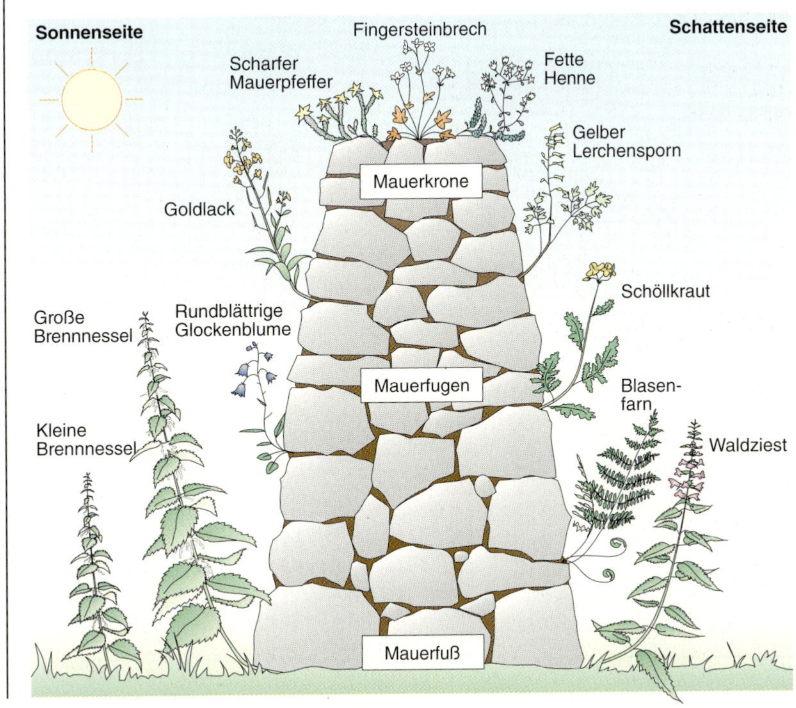

Artenrückgang und Naturschutz

Seit der Entstehung des Lebens nahm die Artenvielfalt auf der Erde allmählich zu, wobei es immer wieder zu dramatischen Rückschlägen kam: Vor etwa 240 Millionen Jahren, im Perm, starben 77 – 96 % aller Meerestierfamilien aus. Das spektakulärste Massensterben vollzog sich am Ende der Kreidezeit, also vor etwa 65 Millionen Jahren. Damals verschwanden die Dinosaurier und mit ihnen z. B. über 10 % aller Meerestierarten.

Es dauerte Jahrmillionen, bis neue Tierformen entstanden. Als die ersten Menschen in Erscheinung traten, hatte sich die größte Artenzahl aller Zeiten entwickelt. Seitdem greift der Mensch in viele Ökosysteme ein und verursacht einen Artenrückgang, der in seinem Ausmaß mit dem während der Kreidezeit vergleichbar ist.

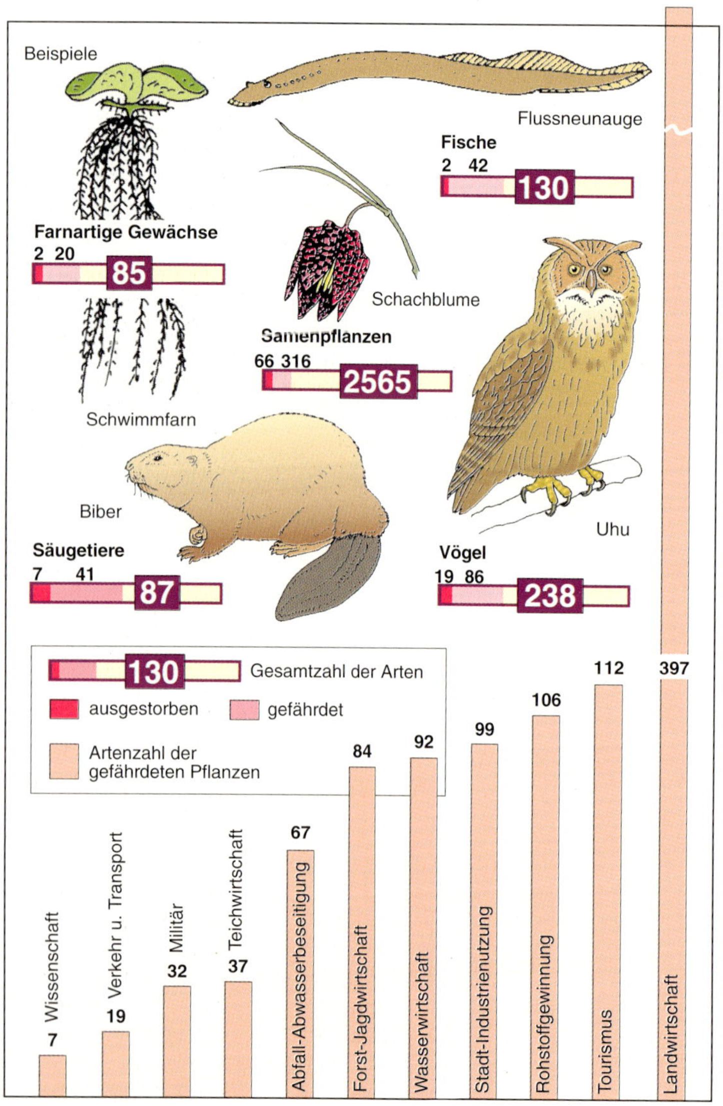

1 Eingriffe des Menschen in die Natur bedrohen viele Arten

Die umweltverändernde Wirkung der Menschen hat Geschichte, sie ist sogar Teil unseres kulturellen Selbstbewusstseins. Der Mensch machte sich die Produktivität natürlicher Ökosysteme für seine Ernährung, Bekleidung und Behausung zunutze. Dabei bevorzugte er solche Vegetationen, die sich am Anfang der Sukzession, also in der produktiven Initial- oder Folgephase, befanden. *Ackerbau* ist ein Verfahren, Boden durch regelmäßiges Pflügen in der Initialphase zu halten, anstelle zufälliger Pionierpflanzen ausgewählte Kulturpflanzen anzubauen und die Konkurrenten durch Jäten oder andere Pflanzenschutzmaßnahmen zu unterdrücken. Die wichtigsten Pflanzen für die menschliche Ernährung gehen auf nur 20 verschiedene Arten zurück.

Die *Weidewirtschaft* nutzt die Folgephase der Sukzession. Das weidende Vieh verhindert das Wachstum von Arten der Klimaxgesellschaft. Einige charakteristische und durchaus artenreiche Kulturlandschaften (z. B. die Heidelandschaft) sind auf diese Weise entstanden. Wälder wurden durch eintönige *Forste* ersetzt, um das wenig produktive Klimaxstadium zu beenden und die Sukzession neu zu starten. Die Folge der meisten Eingriffe ist eine zunehmende Artenverarmung. Dabei sind die Eingriffe in die artenreichen tropischen Regenwälder besonders schwerwiegend. Mit dem Lebensraum vernichtet der Mensch gleichzeitig die genetischen Reserven für eine natürliche Erneuerung der Lebensvielfalt.

In sogenannten „Roten Listen" werden ausgestorbene und als gefährdet angesehene Arten in Deutschland aufgeführt. Danach gelten derzeit rund die Hälfte aller Wirbeltierarten in den alten Ländern als „in ihrem Fortbestand gefährdet", bei den Farn- und Blütenpflanzen ist ebenfalls ein großer Teil bedroht (Abb. 1).

Verursacher dieses Artenrückgangs sind vor allem Landwirtschaft, Tourismus und Industrie. Besonders groß ist die Belastung durch die Überbauung der Landschaften mit Siedlungen und Industrieanlagen, da Pflanzen in Gärten, Friedhöfen und Parkanlagen oft in erster Linie nach optischen und nicht nach ökologischen Gesichtspunkten ausgewählt werden. Hier sind der Einzelne und die Allgemeinheit gefordert, Rückzugsräume für eine standortgerechte Fauna und Flora zu erhalten. Die Anlage von Teichen, Wiesen, Trockenmauern, die Begrünung von Dächern und Fassaden sowie die Vermeidung von Schadstoffemission bedeuten persönliche Beiträge zur naturnahen Umwelt.

Nur in intakten Ökosystemen können Arten vor dem Aussterben geschützt werden. Den bedrohten Schmetterlingen ist wenig geholfen, wenn man die schönen Falter verschont, die Raupen jedoch mit Insektiziden verfolgt oder ihre Futterpflanzen ausrottet. Fledermäuse brauchen nicht nur Insektennahrung, sondern auch geeignete Höhlen für die Überwinterung. Auerhühner benötigen vielgestaltige Mischwälder. *Artenschutz* heißt immer auch *Biotopschutz*. Deshalb sind z. B. Moore, Feuchtgebiete, Heideflächen und Trockenrasen schützenswerte Biotope.

Der staatliche Naturschutz wird in der Bundesrepublik durch das Bundesnaturschutzgesetz geregelt. Die gesamte Land- und Wasserfläche der *Naturschutzgebiete* betrug in Deutschland 1991 rund 680 000 ha (1,91 % der Gesamtfläche). Hier sind Eingriffe und Nutzungen nur zur Erhaltung des natürlichen Zustandes erlaubt.

Nationalparks entsprechen großräumigen Naturschutzgebieten, die sich in einem von Menschen möglichst unbeeinflussten Zustand befinden. Allerdings kommt es zum Konflikt zwischen Nutzung und Schonung. Im norddeutschen Wattenmeer stehen z. B. Tourismus, Erdölförderung, militärische Übungen, Fischerei und Jagd den Interessen des Naturschutzes gegenüber. *Biosphärenreservate* sind eine internationale Schutzkategorie der UNESCO (vgl. S. 96 / 97). Landschaftsschutzgebiete sind naturnahe Flächen, die nicht überbaut oder verändert, aber standortgemäß genutzt werden dürfen. Hier soll vor allem die Schönheit des Landschaftsbildes und der Erholungsraum für den Menschen erhalten werden. Bei *Naturparks* steht ebenfalls der Erholungswert im Vordergrund.

Die Umsetzung des Naturschutzgedankens erfordert nicht nur gesetzliche, finanzielle und personelle Mittel, sondern auch ein verändertes Naturverständnis der Bevölkerung. „Was geht uns der Artenrückgang an? Wer vermisst schon Auerhuhn, Flussneunauge oder Schachblume? Vorher hat man sie doch auch nicht gesehen oder erkannt!" So lautet überspitzt die Ansicht vieler Menschen. Wenn sich inzwischen ein besseres Umweltbewusstsein durchgesetzt hat, liegt das vor allem an der Erkenntnis, dass eine geschädigte Umwelt auch dem Menschen schadet. Unser Planet Erde ist zwar größer als ein Flaschengarten, aber auch hier treffen Veränderungen der biotischen und abiotischen Bedingungen alle Teile gleichermaßen.

Der Mensch besitzt keine Sonderstellung im Ökosystem, auch wenn er aufgrund seiner Bevölkerungszahl und der technischen Möglichkeiten besonders stark auf die Umwelt einwirkt. Luft, Wasser, Boden und Energiestoffe braucht der Mensch in einer Qualität, die nicht nur das Überleben ermöglicht, sondern auch lebenswert macht.

Biosphärenreservate in Deutschland:

1 Niedersächsisches Wattenmeer,
2 Hamburgisches Wattenmeer,
3 Schleswig-Holsteinisches Wattenmeer,
4 Südostrügen
5 Schorfheide Chorin,
6 Mittlere Elbe,
7 Spreewald,
8 Rhön,
9 Vessertal,
10 Pfälzer Wald,
11 Bayerischer Wald,
12 Berchtesgaden

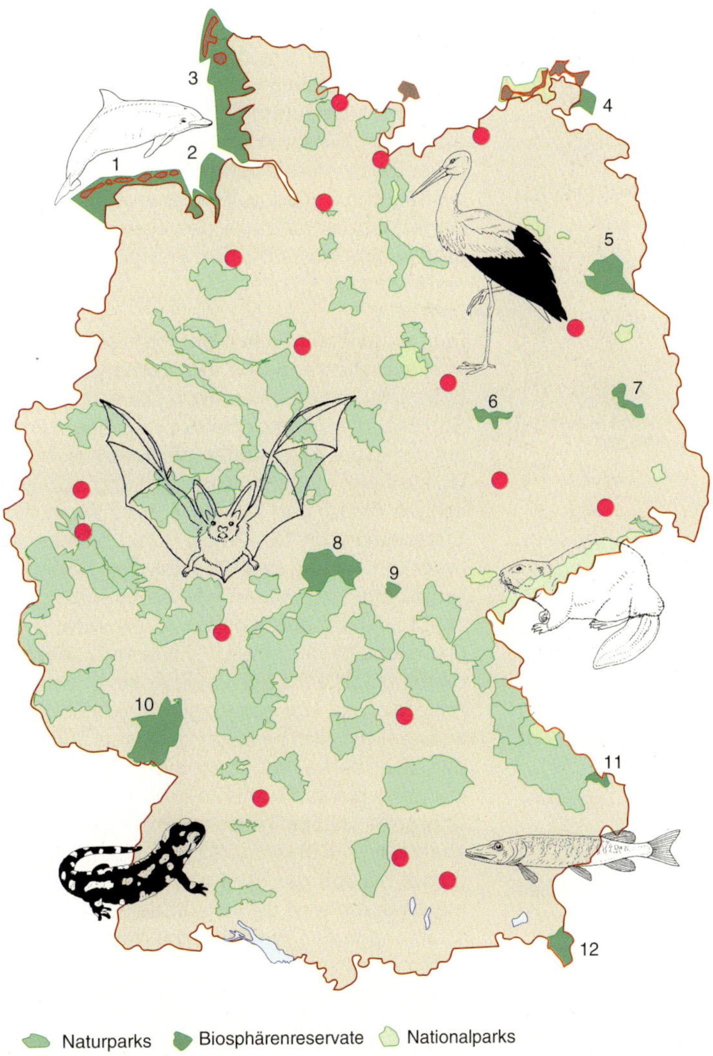

1 Natur-, Nationalparks und Biosphärenreservate in Deutschland

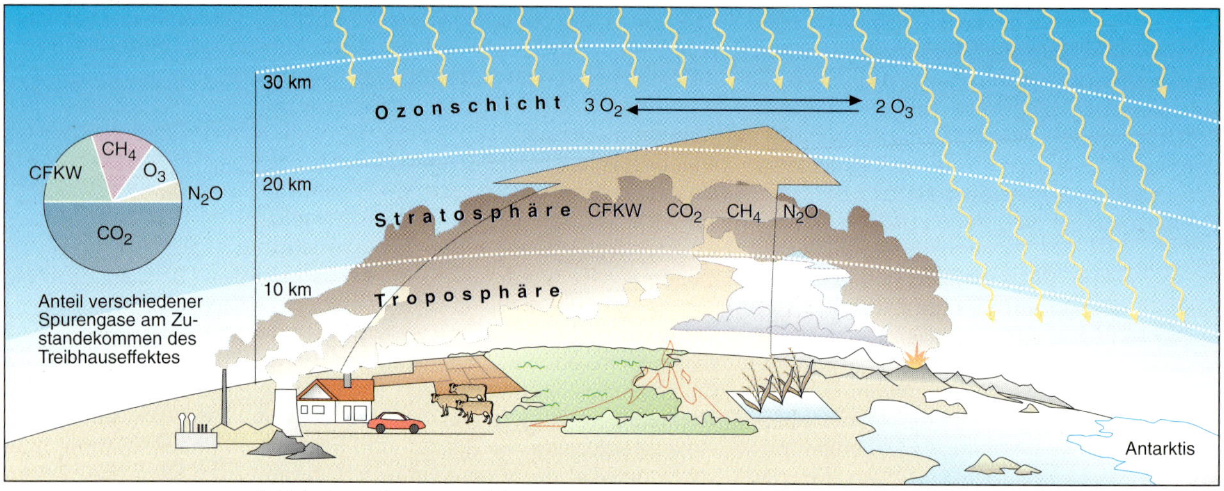

1 Belastung der Atmosphäre

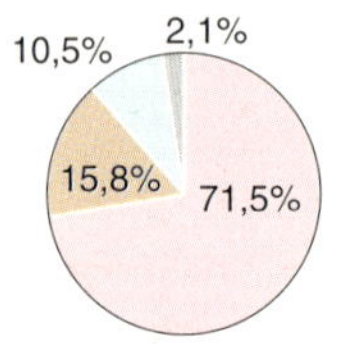

Schwefeldioxid (SO_2)
2,6 Mt/Jahr

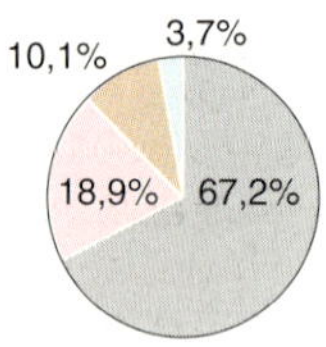

Stickstoffoxide (NO_X)
3,0 Mt/Jahr

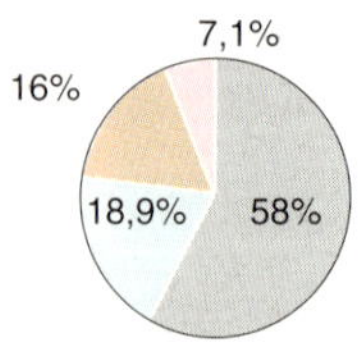

Kohlenstoffmonooxid (CO)
7,4 Mt/Jahr

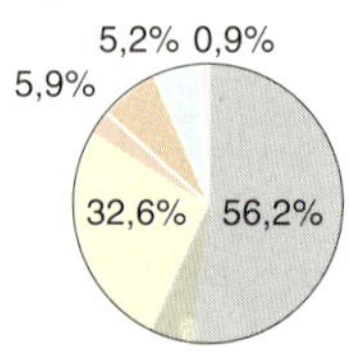

organische Verbindungen
1,8 Mt/Jahr

Industrie
Kraftwerke
Verkehr
Haushalte
Lösemittel
(Stand 1990)

Globale Umweltprobleme: Luft

Durch Industrie, Kraftfahrzeugverkehr, Kraftwerke und Heizungsanlagen ist die Luft heute schwer belastet. Schwefeldioxid, Stickstoffoxide, Kohlenstoffmonooxid, Staub und organische Verbindungen zählen zu den wichtigsten Schadstoffen, aber auch veränderte Konzentrationen der Luftgase Stickstoff, Sauerstoff und Kohlenstoffdioxid beeinflussen die Ökosysteme.

Die Lufthülle der Erde (*Atmosphäre*) gliedert sich in mehrere, durch ihre Temperatur klar unterschiedene Stockwerke. Die erdnächste Schicht, die *Troposphäre*, prägt das Klima auf der Erde. Nach außen schließen sich die wolkenfreie, kalte *Stratosphäre* und schließlich die *Meso-* und *Thermosphäre* an. In der Stratosphäre (in 10 – 30 km Höhe) bildet sich unter Einwirkung des ultravioletten Sonnenlichtes atomarer Sauerstoff, welcher sich mit O_2-Molekülen zu Ozon (O_3) verbindet. Die Ozonschicht wirkt als UV-Filter und schirmt die Erdoberfläche vom kurzwelligen Spektralbereich ab. Nur das langwellige, sichtbare Sonnenlicht wird hindurchgelassen und von der Erdoberfläche absorbiert, wobei die Lichtenergie größtenteils in Wärmeenergie übergeht. In der Troposphäre (bis 10 km) absorbieren Kohlenstoffdioxid und Wasserdampf die von der Erde ausgestrahlte Wärme. Dadurch wird die vollständige Wärmeabstrahlung in das Weltall verhindert und eine durchschnittliche Erdoberflächentemperatur von 15 °C eingestellt. Alle Lebewesen sind in einem langwierigen Entwicklungsprozess an die so entstandenen Licht-, Temperatur- und Feuchtigkeitsbedingungen angepasst.

Der Verbrauch fossiler Brennstoffe, wie Kohle und Erdöl, setzte in wenigen Jahrzehnten Kohlenstoffdioxidmengen frei, die vor Jahrmillionen dem C-Kreislauf fotosynthetisch entzogen wurden. Die CO_2-Konzentration in der Atmosphäre ist seit 1850 von etwa 0,028 Vol.% auf heute 0,0355 Vol.% angestiegen. Zur Zeit steigt sie weiter um bis zu $^1/_{20}$ pro Jahr. Dadurch wird vermehrt Erdwärme in der Troposphäre gestaut, man spricht vom *Treibhauseffekt*. Eine Verdopplung des CO_2-Gehaltes kann nach wissenschaftlichen Prognosen einen Temperaturanstieg von 2 – 3 °C in den mittleren Breiten und 5 – 10 °C an den Polen bedeuten. Klimatische Veränderungen werden befürchtet, sind im Einzelnen aber schwer vorhersehbar. Die Ausbreitung der Wüsten könnte fortschreiten, die polaren Eiskappen könnten abschmelzen und zu einem schrittweisen Anstieg des Meeresspiegels führen, Klimakatastrophen, wie Orkane und Hochwasser, könnten sich häufen.

Bei gleich bleibender CO_2-Steigerungsrate sind solche Effekte in der Mitte des nächsten Jahrhunderts zu erwarten. Nur drastische Sparmaßnahmen beim Verbrauch fossiler Brennstoffe können sie verzögern.

Der Treibhauseffekt wird noch zusätzlich verstärkt, weil die Ozonschicht stellenweise verdünnt ist und mehr Licht als bisher passieren lässt. Als Verursacher des „Ozonloches" gelten in erster Linie *Chlor-Fluor-Kohlenwasserstoffe* (früher FCKW, heute der exakten chemischen Nomenklatur entspre-

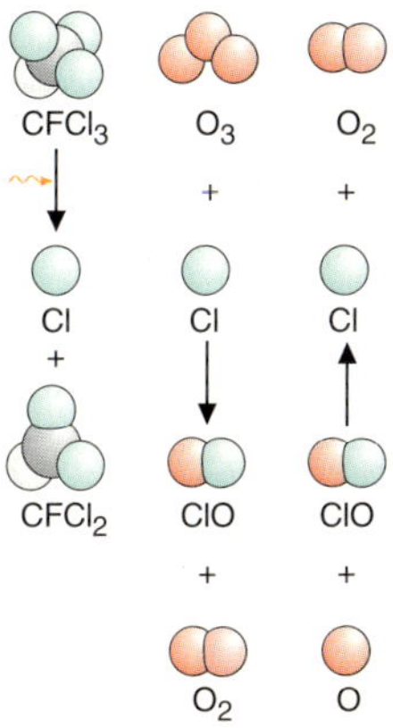

chend CFKW), Halone (bromierte Kohlenwasserstoffe), *Distickstoffmonooxid* (N_2O) und *Methan* (CH_4).

CFKW sind Bestandteile von Schaumstoffen, Kühl- und Reinigungsmitteln sowie Treibmitteln in Spraydosen. Sie werden in den untersten Luftschichten kaum abgebaut und haben in der Atmosphäre zum Teil eine Lebensdauer von 100 Jahren. Selbst bei einem Stopp der CFKW-Herstellung werden die bis dahin bereits in die Atmosphäre gelangten Moleküle die Ozonschicht weiterhin angreifen. UV-Licht setzt aus CFKW Chlor frei, welches das Ozon katalytisch abbaut. Nach der Reaktion wird das Chloratom also wieder frei und reagiert mit dem nächsten Ozonmolekül. N_2O entsteht im Boden bei der

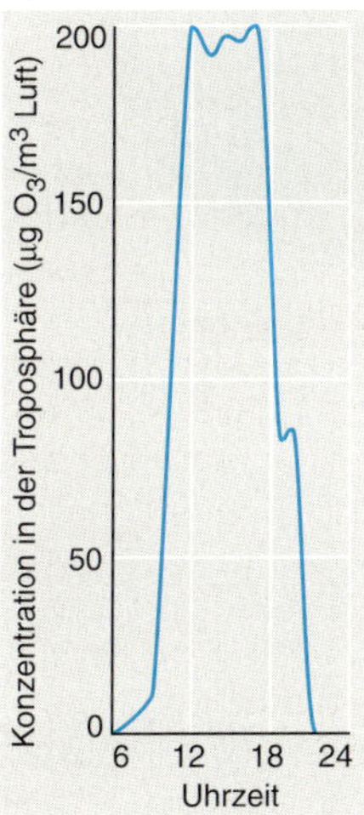

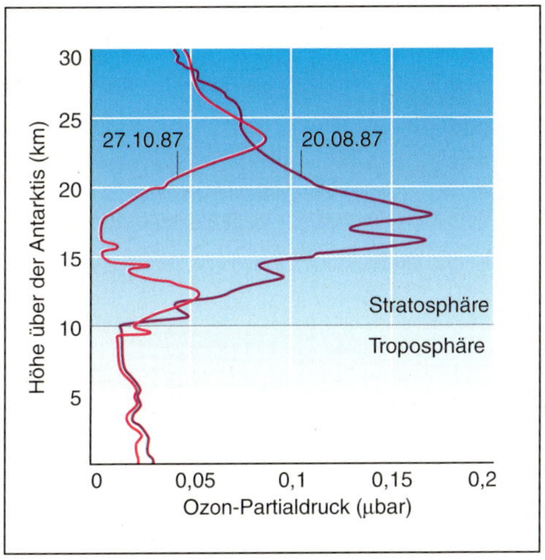

1 Ozon in der Troposphäre und Stratosphäre

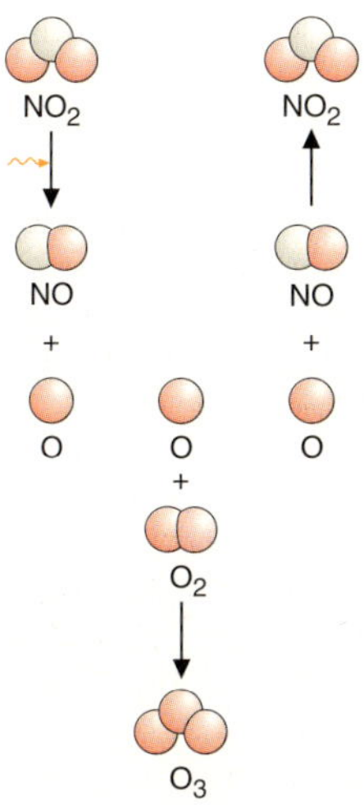

Reduktion der Nitrate durch denitrifizierende Bakterien. Es entweicht in die Atmosphäre, baut dort Ozon fotochemisch ab und wird dabei selbst wieder regeneriert. Überdüngung verstärkt die denitrifizierende Arbeit der Bakterien und damit den Ozonschwund in der Stratosphäre. Zusätzlich steigt Methan vor allem in Gebieten intensiven Reisanbaus aus dem Boden sowie aus Ställen auf und greift die Ozonschicht an.

Die veränderte Ozonschicht wirkt sich nicht nur auf das Klima aus, sondern auch auf die Gesundheit des Menschen. Bereits 1 % Ozonabnahme führt zu 2 % mehr ultravioletter Strahlung (UV-B) auf der Erde, wodurch das Krebsrisiko erhöht und die Immunabwehr geschwächt wird. Daher wurden in der letzten Zeit verschiedene gesetzliche Maßnahmen zum Schutz der Ozonschicht ergriffen: CFKW sind als Treibmittel in Spraydosen (bis auf medizinische Bereiche) inzwischen verboten, geplant ist ein Ersatz dieser Stoffe in Schaumstoffen und Kühlmitteln. Nach Vereinbarungen von Politik und Industrie soll die Herstellung und Verwendung von CFKW bis zum Jahre 1997 EG-weit verboten werden. Daneben gibt es im Rahmen des Bundesimmissionsschutzgesetzes verschiedene Verwaltungsvorschriften. Diese kontrollieren die *Emission*, also das Ablassen von Schadstoffen, und begrenzen die *Immission*, die Einwirkung von Schadstoffen. In der Technischen Anleitung zur Reinhaltung der Luft (TA-Luft) sind Grenzwerte der Luftschadstoffkonzentration festgelegt, die nach heutigem medizinischen Kenntnisstand für den Menschen gesundheitlich unbedenklich sein müssen.

Im Gegensatz zum Mangel an Ozon in der Stratosphäre sind die Ozonwerte in der Troposphäre oft überhöht. In Bodennähe ist Ozon jedoch ein unerwünschtes Gas, denn es reizt die Schleimhäute, beeinträchtigt die Lungenfunktion und scheint Mitverursacher des Waldsterbens zu sein. Vor ungewohnter körperlicher Belastung wird gewarnt, sobald ein Halbstundenmittelwert von 180 $\mu g/m^3$ Ozon überschritten ist. Die Ozonkonzentrationen sind in den Sommermonaten am höchsten und haben einen typischen Tagesgang, da Ozon nur unter Lichteinwirkung gebildet wird (Abb. 1). Je stärker die Luft mit Stickstoffdioxiden (NO_2) und Kohlenwasserstoffen verunreinigt ist, desto schneller entsteht bodennahes Ozon. Diese stammen in erster Linie aus den Autoabgasen und der Lackfarbenproduktion.

Nicht immer steigt die Ozonkonzentration proportional zum Verkehrsaufkommen, denn bei Dunkelheit wird Ozon durch die Stickstoffoxide aus den Autoabgasen teilweise wieder abgebaut. In ländlichen Regionen ist die Ozonkonzentration daher gelegentlich höher als in der Stadt, denn bei ungünstiger Windlage sammelt sich das Ozon hier, wird nachts jedoch in der stickstoffoxidarmen Luft kaum abgebaut.

Ein Schritt in die richtige Richtung ist die Entgiftung der Autoabgase durch Katalysatoren und die Verringerung des Kraftstoffverbrauches durch technische Neuerungen und „intelligentes" Fahren, was die Anzahl der Strecken und die Höhe der Geschwindigkeit angeht.

Ozon

Fotochemische Reaktionen und Transportvorgänge bestimmen die Ozonkonzentration in der *Stratosphäre*. Infolge meteorologischer Bedingungen wird das Ozon aus der äquatorialen Stratosphäre stärker zum Nordpol als zum Südpol transportiert. Die besonders niedrigen Temperaturen in der antarktischen Stratosphäre begünstigen dort einen fotochemischen *Ozonabbau*. Die fotochemische *Ozonbildung* in der *Troposphäre* wird durch Abgase beeinflusst.

Aufgaben

① Erklären Sie den Zusammenhang zwischen den Konzentrationsveränderungen an Chlorverbindungen und Ozon in Abbildung 1 und interpretieren Sie Abbildung 2.

② Entscheidend für die Ozon zerstörende Wirkung einer Chemikalie ist die Verweildauer in der Stratosphäre sowie die Menge der durch UV-Strahlung freisetzbaren Chlor- und Bromatome. Beurteilen Sie die Wirksamkeit der Emissionsbegrenzungen bei CH_3Br oder $CFCl_3$ (Tabelle unten).

③ Weshalb unterscheiden sich ländlicher und städtischer Raum im Ozon-Tagesgang (Abb. 3)?

Ozonabbauende Stoffe	Trichlorfluormethan ($CFCl_3$)	Methylbromid (CH_3Br)
Hintergrundkonzentration	0,280 ppb*	0,015 ppb*
Jährliche Zunahme	4 %	15 %
Atmosphärische Verweildauer	65 Jahre	1,5 Jahre
relatives O_3-Zerstörungspotential		
nach 10 Jahren	1	5,4
nach 40 Jahren	1	1,2

ppb* entspricht 1/1 000 000 000

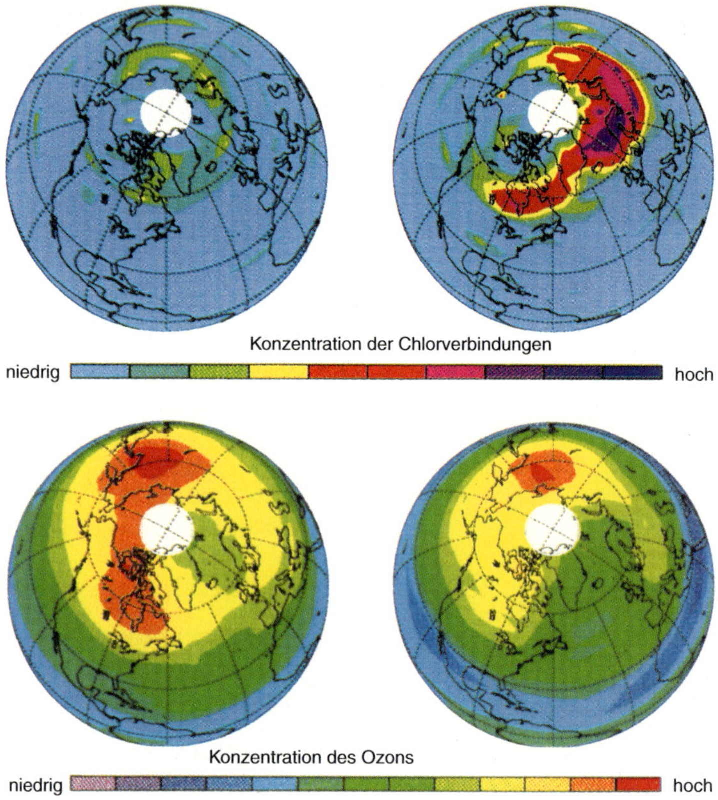

1 Satellitenfotos von der ClO- und Ozonschicht (Nordhalbkugel im Februar 1992 und 1993)

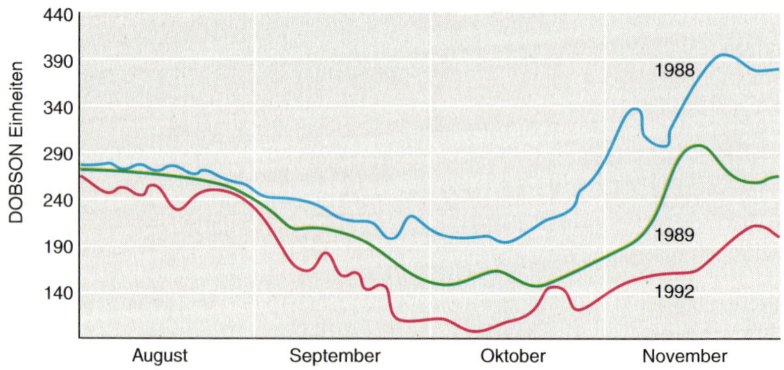

2 Stratosphärische Ozondichte im antarktischen Frühling (Südhalbkugel)

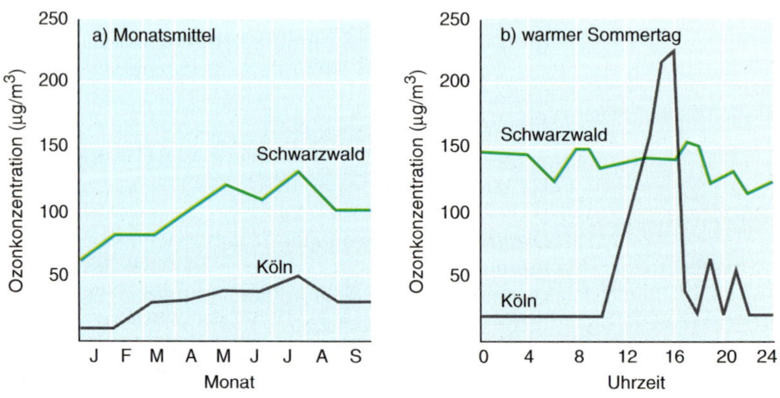

3 Troposphärische Ozonkonzentration

Lexikon
Lexikon
exikon
xikon
ikon
kon
on

Umweltpolitik und Umweltrecht

Der Grundgedanke im Umweltschutz ist die Verantwortung für die Natur als Lebensgrundlage für den Menschen und um ihrer selbst willen.

1. Leitlinien

Vorsorgeprinzip
Gefahren für die Umwelt müssen möglichst im Vorfeld erkannt und vermieden werden. Das schließt eine Risikovorsorge bei bloßem Gefahrenverdacht mit ein. Die Vorsorge sollte auch in die Zukunft reichen: Neue umweltverträgliche technische Entwicklungen müssen gefördert und finanziell unterstützt werden.
Beispiele: Durch eine Produktnormung kann man bestimmte ökologische Anforderungen an Produkte stellen. Die *Umweltverträglichkeitsprüfung* (UVP) muss seit 1990 bei der Prüfung von genehmigungspflichtigen privaten Anlagen, Industriebetrieben und allen öffentlichen Baumaßnahmen berücksichtigt werden. Die UVP wird jeweils an den aktuellen Stand der Technik angepasst.

Verursacherprinzip
Für die Kosten zur Vermeidung oder Beseitigung von Umweltschäden muss der Verursacher aufkommen, er übernimmt die Umwelthaftung. Umweltkriminalität wird strafrechtlich verfolgt.
Beispiele: Abwasserabgaben werden nach Menge und Schädlichkeit vom Einleiter erhoben. Der Kauf bleifreien Benzins wird steuerlich begünstigt, schadstoffarme Wagen werden von Fahrverboten bei bestimmten Wetterlagen ausgenommen. Der CO_2-Ausstoß soll künftig finanziell belastet werden, um die Emissionsbegrenzung zu fördern. Nur wenn die Haftungskosten die Mehrkosten für eine umweltverträgliche Produktion übertreffen, besteht ein Anreiz für umweltverträgliches Wirtschaften. Werden die Mehrkosten nur auf die Verkaufspreise umgelegt, trägt letztlich der Verbraucher die Umwelthaftung.

Kooperationsprinzip
Nur durch eine möglichst weitgehende Beteiligung der gesellschaftlichen Gruppen an der Formulierung und Durchsetzung umweltpolitischer Ziele lassen sich diese einvernehmlich verwirklichen. Bürger, Umweltorganisationen, Wissenschaft und Wirtschaft sind gemeinsam für die Umwelt verantwortlich.

2. Zuständigkeiten von Bund, Ländern und Gemeinden

Bund
Nach dem Grundgesetz hat der Bund die sogenannte konkurrierende Gesetzgebungszuständigkeit für die Luftreinhaltung, die Abfallbeseitigung und die Lärmbekämpfung. „Konkurrierend“ heißt in diesem Zusammenhang, dass die Länder Gesetze erlassen können, wenn der Bund von seinem Recht keinen Gebrauch macht.
Beispiele: Das *Bundesimmissionsschutzgesetz* dient dem Schutz von Mensch und Umwelt vor schädlichen Einwirkungen. Gestützt auf dieses Gesetz wurden verschiedene Rechtsverordnungen und Verwaltungsvorschriften erlassen. Die *Technische Anleitung zur Reinhaltug der Luft* (TA Luft) ist eine Verwaltungssvorschrift, die Auflagen für die Betreiber genehmigungspflichtiger Industrie- und Gewerbeanlagen enthält. Die TA Luft beschreibt die nach dem aktuellen Stand der Technik vorgeschriebenen emissionsvermindernden Einrichtungen und die zugelassenen Emissionswerte für staub- und gasförmige Stoffe. Vom Umweltbundesamt werden Immissionsmessungen in einem bundesweiten Netz durchgeführt. Sie geben Aufschluss über Verschmutzungstrends und sind in das Smogfrühwarnsystem eingebunden.

Bundesländer
Für Naturschutz und Landschaftspflege erlässt der Bund nur Rahmenvorschriften, die durch Landesgesetze ausgefüllt werden müssen. Die Ausübung der gesetzlichen Befugnisse und damit der Vollzug des Naturschutzes ist grundsätzlich Sache der Länder. Nur im Bereich des Artenschutzes hat auch der Bund Vollzugskompetenzen *(Artenschutznovelle)*. Über den Bundesrat wirken die Länder an der Gesetzgebung des Bundes mit.

Gemeinden
Im Rahmen der kommunalen Selbstverwaltung übernehmen die Gemeinden folgende Aufgaben im Umweltschutz: Bebauungskontrolle und Schutz von Freiräumen, Unterhaltung der Grünflächen, Stadtreinigung, ökologische Abfall- und Abwasserbeseitigung, umweltgerechte Verkehrsplanung, Sanierung verunreinigter Böden (Altlasten), Lärmschutzmaßnahmen und Umweltberatung.

3. Internationale Zusammenarbeit

Aus ökologischen und ökonomischen Gründen ist auch im Umweltschutz eine internationale Zusammenarbeit notwendig: Umweltverschmutzungen machen nicht an Grenzen Halt, umweltverträgliche Technologie ist ein Exportartikel und unterschiedliche Umweltanforderungen an Produkte stellen Handelshemmnisse dar.

Europäische Gemeinschaft
Im Rahmen der EG werden Richtlinien zur Harmonisierung der nationalen Regelungen verabschiedet.
Beispiele: Der EG-Umweltministerrat hat im Dezember 1987 Grenzwerte für gasförmige Schadstoffe in den Abgasen von Lastkraftwagen beschlossen. Danach werden die Emissionen von Kohlenstoffmonooxid und Stickstoffoxiden um 20 % und bei Kohlenwasserstoffen um 30 % herabgesetzt. Der Umwelt- und Energierat der EU beschloss 1990 die CO_2-Emissionen auf dem Stand von 1990 zu stabilisieren und ab dem Jahr 2000 zu vermindern.

Vereinte Nationen
Aufgrund unterschiedlicher Interessen sind weltweite Abkommen besonders schwierig durchzusetzen. In Rahmenkonventionen werden vor allem Ausstiegszeiträume für belastende Stoffe festgelegt. Den Industrieländern als Hauptemittenden kommt hier eine besondere Verantwortung zu.
Beispiele: Die UNESCO, eine Sonderorganisation der Vereinten Nationen, setzt sich mit dem Programm „Mensch und Biosphäre“ weltweit für den Umweltschutz ein. Ziel ist die Ausweisung von Biosphärenreservaten in aller Welt. Im Montrealer Protokoll (1987) wurde der vollständige Verzicht auf Ozon schädigende Stoffe im Rahmen eines Zeitplans völkerrechtlich festgelegt. Demnach sollte bis zum 1.1.1994 die Produktion und der Verbrauch von Halonen gestoppt werden, für CFKW wurde der 1.1.1996 festgelegt. In Deutschland wurde diese Konvention bereits am 6. 5.1991 erfüllt.

Globale Umweltprobleme: Wasser

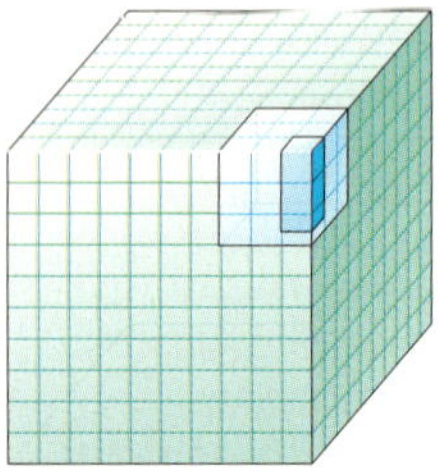

Von den gesamten Wasservorräten auf der Erde sind:

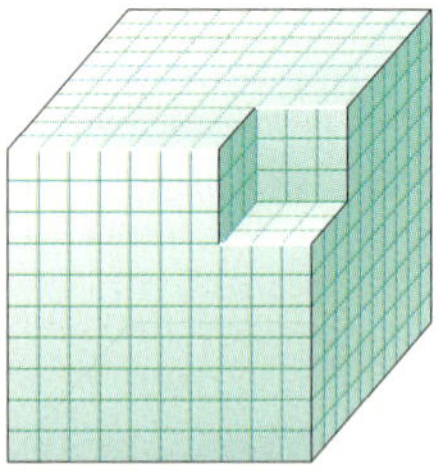

97,4% Salzwasser in den Ozeanen

2,6% Süßwasser

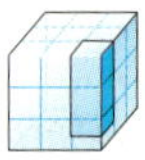

0,26 % Trinkwasser

Der blaue Planet Erde verdankt seine Farbe einem Wasservolumen von 1,38 Milliarden km^3. Das Wasser zirkuliert in einem geschlossenen Kreislauf zwischen den Ozeanen, der Atmosphäre und dem Land (Abb. 1). Auf die Ozeane entfallen etwa 97,4 % des Gesamtvolumens (1,344 Milliarden km^3), die Wasservorräte des Landes machen nur 2,6 % oder 36 Millionen km^3 aus. Davon ist ein Großteil in Form von Eis auf den Polkappen und Gletschern für die Organismen schwer erreichbar. Nur 0,26 % oder 3,6 Millionen km^3 lassen sich weltweit als Trinkwasser nutzen. Sie sind in den geografischen Regionen jedoch ungleichmäßig verteilt.

Ein Mensch benötigt täglich 2 bis 3 Liter Trinkwasser, das ist mehr, als in vielen Gebieten der Erde verfügbar ist: Allein in Afrika leiden 240 Millionen Menschen unter Wassermangel. In den Industrieländern steigt der individuelle Wasserverbrauch dagegen durch veränderte Gewohnheiten auf weit über 100 Liter pro Kopf und Tag (siehe Randspalte). Zusätzlich wird Wasser für Bewässerungsmaßnahmen, für Reinigungs- und Kühlprozesse in der Industrie verbraucht. Im Jahre 1991 wurden in Deutschland 47,9 km^3 Wasser entnommen, davon 28,8 km^3 als Kühlwasser für Wärmekraftwerke, 11 km^3 für die Industrie, 1,6 km^3 für die Landwirtschaft und 6,5 km^3 für die öffentliche Wasserversorgung.

Für die *Trinkwassergewinnung* wird vorzugsweise Grundwasser genutzt, denn es ist durch die Filterwirkung des Untergrundes hygienisch meist einwandfrei. Der steigende Wasserverbrauch zwingt jedoch zunehmend dazu, auf das Oberflächenwasser aus Flüssen und Seen zurückzugreifen. Außerdem errichtet man in Flussufernähe Brunnenanlagen. Infolge der Grundwasserabsenkung fließt das Oberflächenwasser unterirdisch zur Brunnenanlage und wird dabei durch den durchlässigen Untergrund filtriert. Im Wasserwerk werden anschließend durch Chlor und Ozon Krankheitserreger abgetötet und organische Verbindungen ausgefällt. Danach wird das Wasser durch Kies und Aktivkohle gefiltert. In Deutschland stammen 72 % des Trinkwassers aus dem Grund- und Quellwasser, 22 % sind Oberflächenwasser und 6 % Uferfiltrat (Abb. 119.1). In der Trinkwasserverordnung sind Qualitätsanforderungen und Grenzwerte festgelegt: Der Grenzwert für Nitrat beträgt z. B. 50 mg pro Liter, der für Blei 0,04 mg pro Liter.

Die Bereitstellung von sauberem Trinkwasser wird immer aufwendiger und teurer, denn dem wachsenden Wasserbedarf steht die zunehmende Wasserbelastung gegenüber: Flüsse dienen als Verkehrs- und Abwasserwege, in die Meere werden von Schiffen aus Klärschlämme und Industrieabfälle eingebracht. Zusätzlich überdüngen Stickstoff- und Phosphorverbindungen aus landwirtschaftlichen und häuslichen Abwässern die Binnengewässer. Diese *Eutrophierung* verlängert und verstärkt die Planktonblüten, bei deren bakterieller Zersetzung Sauerstoff verbraucht wird. Was bisher nur an kleinen Gewässern zu beobachten war, zeigt sich

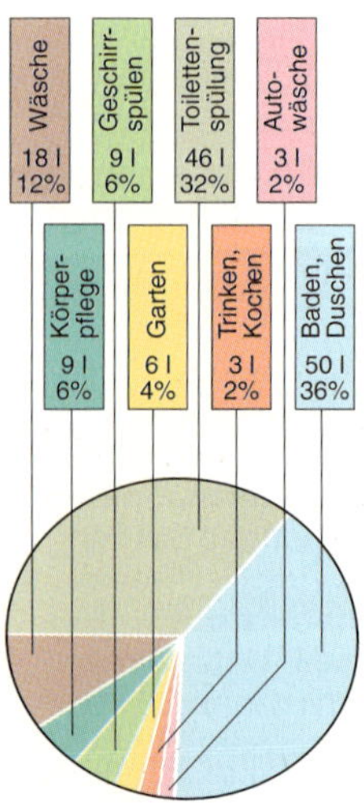

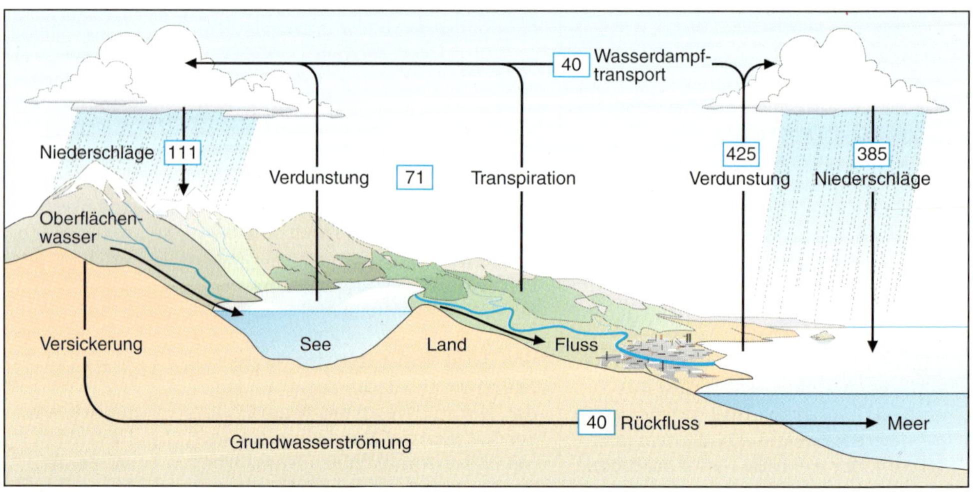

1 Wasserkreislauf (Angaben in 1000 km^3/Jahr)

inzwischen bereits in Meeren mit geringem Wasseraustausch, z. B. in der Ostsee und im Mittelmeer: Von Jahr zu Jahr dehnen sich die sauerstofffreien Zonen weiter aus. Der Meeresgrund ist durch giftigen Schwefelwasserstoff aus anaeroben Zersetzungsprozessen schwarz verfärbt und nur noch von anaeroben Bakterien bewohnt. Solche Gebiete regenerieren nur, wenn sich die Sauerstoffverhältnisse bessern und aus benachbarten Lebensräumen Tiere und Pflanzen nachrücken können.

Eine Möglichkeit, den Schadstoffeintrag in die Gewässer zu vermindern, ist die Einrichtung von Kläranlagen, die die Abwässer auf mechanischem, biologischen und chemischen Wege reinigen. Ein internationaler Vergleich zeigt, dass der Anschlussgrad in vielen Ländern noch nicht ausreichend ist (Abb. 2).

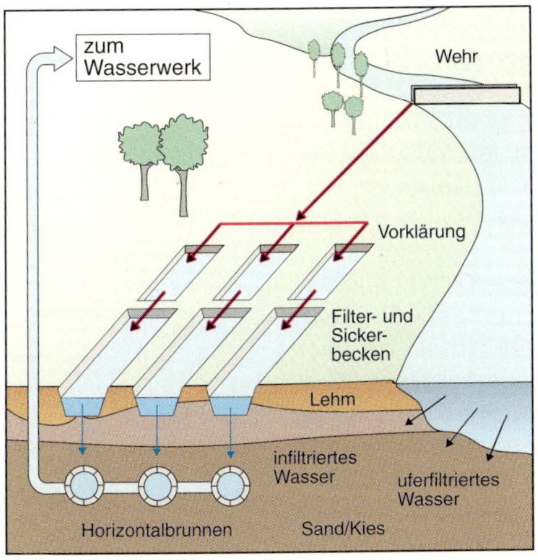

1 Trinkwassergewinnung aus Uferfiltrat

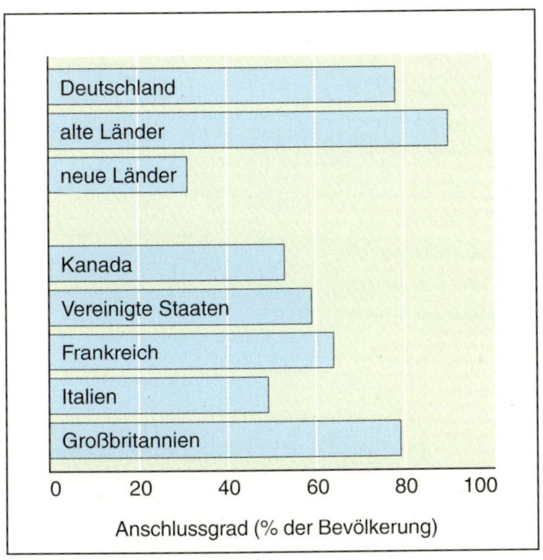

2 Kläranlagenanschluss

Aufgaben

① Beschreiben Sie den Wasserkreislauf anhand Abbildung 118.1.

② Berechnen Sie den Pro-Kopf-Wasserverbrauch in Ihrer Familie pro Tag. Legen Sie dabei die Verbrauchsabrechnung oder den Zählerstand der Wasseruhr zugrunde. Nennen Sie Bereiche, in denen Sie Wasser einsparen könnten.

③ Diskutieren Sie Vor- und Nachteile eines biologischen Frühwarnsystems, wie es beispielsweise der Dreissena-Monitor darstellt (s. Kasten).

Der Dreissena-Monitor

Die Dreikantmuschel *Dreissena polymorpha* ist eine häufige Muschelart unserer Seen und Flüsse. Ähnlich der marinen Miesmuschel heftet sie sich mit seideartigen Fäden an Schiffen oder Treibholz fest und wird so über weite Strecken verfrachtet. Die Dreikantmuschel erzeugt einen Atemwasserstrom durch ihren Kiemenraum, den sie gleichzeitig zum Abfiltrieren von Nahrungspartikeln nutzt. Bei ungünstigen Umweltbedingungen schließt sie die Schalenklappen. Das Öffnen und Schließen der Schalen gibt daher Aufschluss über die Wasserqualität. Befestigt man an der Schalenspitze einen kleinen Magneten, durch dessen Einfluss sich ein Schalter öffnet oder schließt, so lässt sich auf diese Weise die Muschelschalenstellung registrieren (s. Abb.). Ordnet man je 42 Muschel-Messeinheiten in einer Durchflussrinne mit Testwasser und einer Rinne mit Kontrollwasser an, so lassen sich die Klappenstellungen fortlaufend elektronisch überwachen. In Form dieses *Dreissena-Monitors* ist ein biologisches Frühwarnsystem entstanden, das giftige Einleitungen in ein Gewässer frühzeitig anzeigen soll.

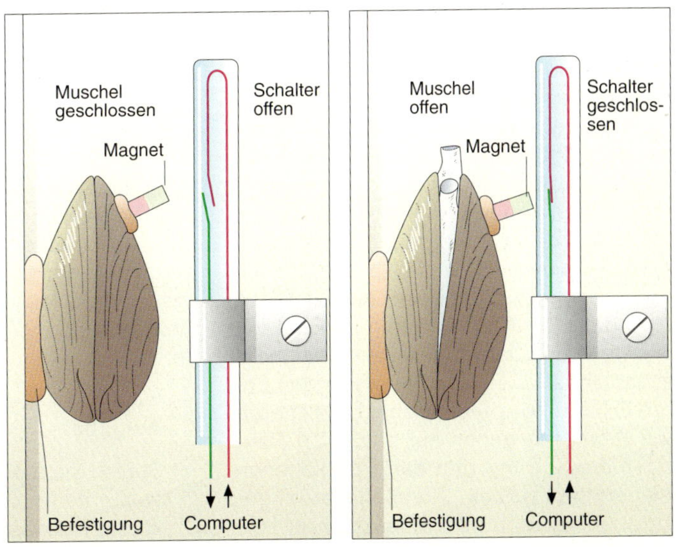

Globale Umweltprobleme: Boden

Neben Luft und Wasser ist der Boden das dritte Lebenselement für alle Organismen. „Muttererde“ ist als Rohstoffspeicher in die Stoffkreisläufe einbezogen, filtert, puffert und speichert das Wasser, beherbergt bis zu einer Milliarde Kleinstorganismen, liefert Mineralstoffe für die Produzenten und beeinflusst den Wärmehaushalt der Erde. Die vielfältigen Nutzungsansprüche des Menschen gefährden das Ökosystem Boden durch Überdüngung, Schadstoffeintrag, Erosion und Verwitterung.

Jahrhundertelanger Raubbau an der Vegetation hat ganze Landschaften, z. B. im Mittelmeerraum, verkarsten lassen: Der Wind hat den ausgedörrten Boden abgetragen. *Bodenerosion* ist in weiten Teilen Amerikas und Afrikas das Umweltproblem Nummer Eins. Künstliche Bewässerung führt in Trockengebieten leicht zur Bodenversalzung, da das Wasser verdunstet und steigende Mineralstoffkonzentrationen zurücklässt.

Düngemittel bestehen chemisch gesehen zwar aus Bodenbestandteilen, sie belasten den Boden aber bei übermäßigem Einsatz nach dem Prinzip „viel hilft viel“. Der Überschuss an Düngemittel gelangt in die Gewässer. Überdüngte Pflanzen sind anfälliger gegenüber Krankheiten und Schädlingen, sodass Düngung oft Pestizideinsätze nach sich zieht.

Pestizide sind Stoffe, die im Boden natürlicherweise nicht vorkommen. 30 000 t Pestizide werden zur Zeit jährlich in Deutschland eingesetzt. *Herbizide* spielen dabei die größte Rolle. Sie dienen der Wachstumshemmung und Ausmerzung sogenannter Unkräuter, also der Konkurrenten unserer Kulturpflanzen. Pestizide enthalten schwer abbaubare Substanzen, die über das Grundwasser und die Pflanzen in die Konsumenten gelangen können. Hier werden sie vor allem im Fettgewebe abgelagert. Inzwischen sind sie vom ewigen Eis bis zur Muttermilch in nahezu allen Bereichen nachweisbar. Mehr noch: Die Konzentration im Endkonsumenten, wie dem Menschen oder dem Fischadler, ist deutlich höher als in den unteren Ernährungsstufen. Denn 1 g körpereigene Biomasse gehen auf etwa 10 g Nahrungsbiomasse mit den darin enthaltenen Schadstoffen zurück. Die Schadstoffkonzentration hat sich bei diesem Schritt vervielfacht (Abb. 1).

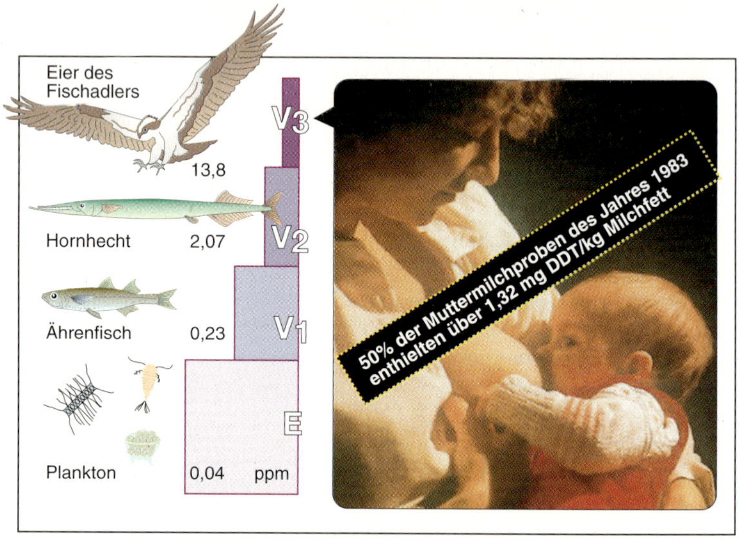

1 DDT-Anreicherung in der Nahrungspyramide (ppm entspricht mg/kg)

Eine besondere Form der Bodenbelastung stellt das *Abfallaufkommen* dar. 360 bis 380 kg Müll pro Kopf und Jahr fallen in Deutschland durchschnittlich an. Ein Güterzug zum Transport dieses Müllberges müsste 2 000 km lang sein. Allein die Hälfte davon sind ausgediente Verpackungen.

Seit 1986 gilt das Abfallgesetz, wonach Abfälle möglichst gar nicht erst entstehen sollen und nicht vermeidbare Abfälle stofflich *(Recycling)* oder zumindest thermisch (*Müllverbrennung*, *Fernwärme*) wieder verwertet werden sollen. Nicht verwertbare Abfälle sollen ohne Schaden für Mensch und Umwelt deponiert werden. *Vermeidung*, *Verwertung* und *Beseitigung* von Müll stellen eine Herausforderung für die Zukunft dar: Der Verbraucher kann durch umweltbewusstes Einkaufen Müll vermeiden, wenn unverpackte Artikel auch angeboten werden. Niedrigere Preise sollten den Kaufanreiz erhöhen.

Bei den Recyclingverfahren sind nicht nur neue Techniken erforderlich, sondern auch praktikable Wege der Mülltrennung und Rohstoffrückführung. Eine Müllbeseitigung durch Verbrennung darf keine giftigen Abgase und die Mülldeponie kein belastetes Grundwasser hinterlassen. Hier ist auch der Gesetzgeber gefordert.

Aufgabe

① Stellen Sie dar, wie sich eine konsequente Anwendung des Verursacherprinzips auf die Müllprobleme auswirken würde.

Biomüllkompostierung

In Deutschland fallen jährlich fast 5 Millionen Tonnen Hausmüll an. Allein durch die Verwertung der Bioabfälle könnte diese Menge um ca. 30 bis 40 % verringert werden. Das entlastet die Deponien nicht nur mengenmäßig, sondern unterbindet auch unvorhersehbare Reaktionen von organischen Stoffen mit anderen Bestandteilen des Mülls. Bei der *Kompostierung* steuert der Mensch den biologischen Umbauvorgang von organischen Abfällen zum humusartigen Kompost, indem er günstige abiotische Bedingungen für die Verrottung schafft. Die Kompostierung kann im Gartenkomposter oder in den Großmieten der Biokompostierungsanlagen stattfinden. 1993 betrug die Anlagenkapazität 807 000 Tonnen Biomüll pro Jahr, weitere 1,6 Millionen Tonnen Verarbeitungskapazität sind geplant oder im Bau.

Kompostierbare Stoffe

Grasschnitt, Laub, Baum- und Heckenschnitt, Küchenabfälle, wie Gemüsereste, Speisereste, Kaffeesatz, unbedrucktes Knüllpapier. Wichtig ist die ausgewogene Mischung.

Regeln für guten Gartenkompost

1) Kompost braucht Luft, weil sonst die anaeroben Fäulnisbakterien gegenüber den aeroben Bakterien überwiegen. Daher nicht in Gruben oder geschlossenen Behältern anlegen.
2) Kompost braucht Feuchtigkeit, damit die Zersetzer überleben. Daher abdecken oder bei Trockenheit befeuchten.
3) Kompost verträgt keine Staunässe, weil sich dann die Durchlüftung verschlechtert. Daher auflockerndes Material untermischen, z. B. Laub und klein geschnittenes Zweigwerk.
4) Kompost braucht Bodenkontakt, damit Regenwürmer und andere Zersetzer eindringen können. Daher nicht auf Betonunterlage setzen und regenwurmfördernde Pflanzen, wie Holunder und Phlox, in der Nähe pflanzen.

Einsatzmöglichkeiten von Kompost

Kompost hat Düngewirkung und belebt den Boden. Er erhöht die Wasser- und Mineralstoffspeicherung des Bodens, bindet schädigende Schwermetalle, lockert den Boden auf durch Vergrößerung des Porenvolumens und verbessert die Krümelstruktur. Er wird als Torfersatz oder als Zusatz von Rohböden benutzt, um die Bodenfruchtbarkeit zu erhöhen.

Aufgaben

① Beschreiben Sie das Kompostierungsverfahren in einem Kompostwerk und vergleichen Sie es mit der Gartenkompostierung.
② Von welchen Faktoren hängt die Qualität eines Komposts ab?

Biokompostieranlage

I. Aufbereitungshalle

1. Sichtkontrolle Zerkleinerung
2. Magnetabscheider
3. Stahlschrott
4. Homogenisierung in der Mischtrommel
5. Aussiebung von Fremdstoffen
6. Containerbefüllung

II. Intensivrotteplatz

7. Belüftung mit Hallenluft
8. Intensivrotte im Container
9. Biofilter für Abluft
10. Nachbehandlung Nachrotte, Siebung

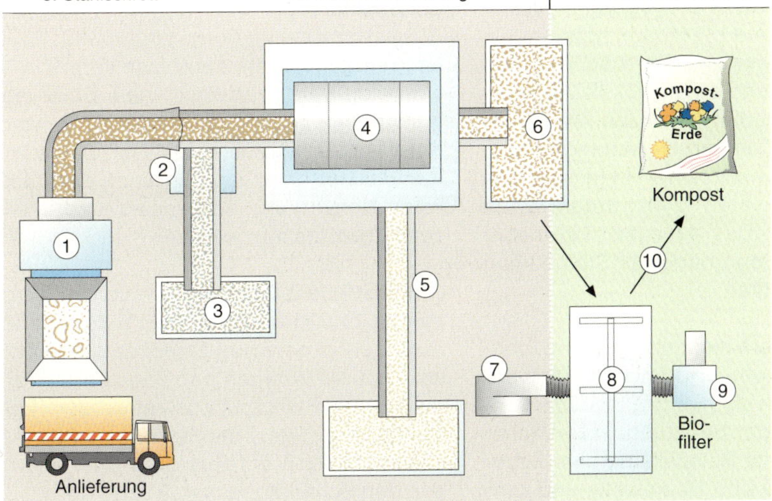

Grenzwerte für Kompost	
organische Substanz (% der Trockensubstanz)	≥ 25
C/N-Verhältnis	≤ 30
pH-Wert	≥ 5,5
Blei (mg/kg Trockensubstanz)	100
Quecksilber	1
Kupfer	75
Zink	300

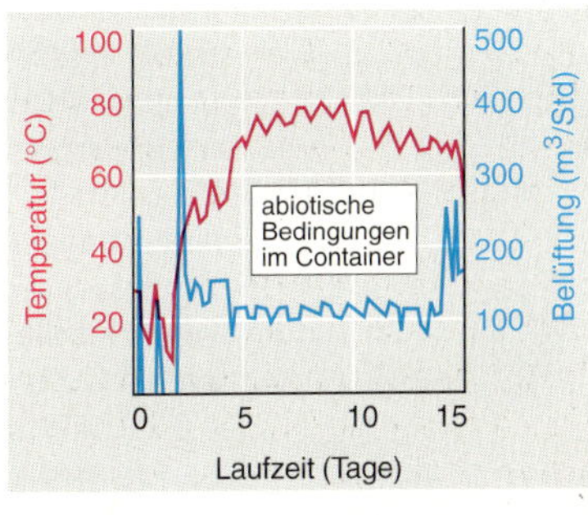

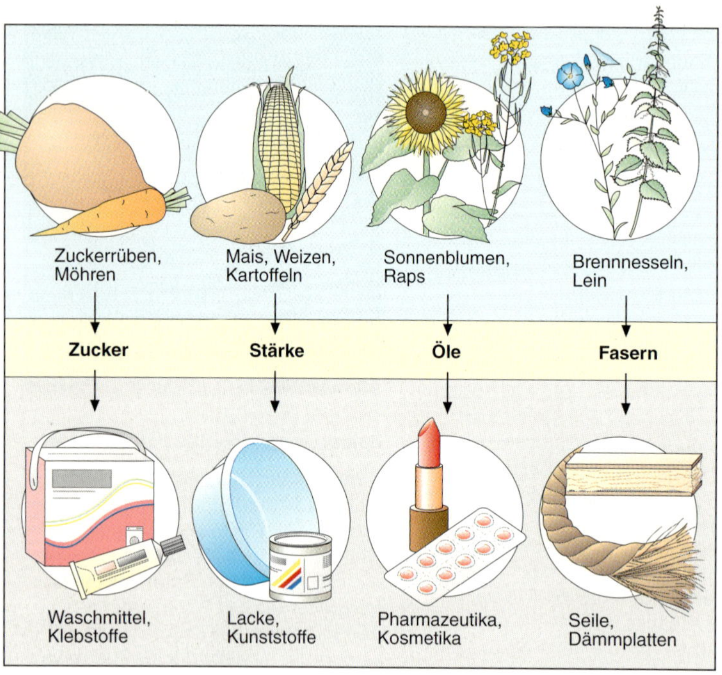

1 Nachwachsende Rohstoffe

Bodennutzung (1989)

alte Bundesländer:

Landwirtschaft	53,7 %
Wald	29,8 %
Siedlung, Verkehr	12,2 %
Wasser	1,8 %
Sonstiges	2,5 %

neue Bundesländer:

Landwirtschaft	56,9 %
Wald	27,6 %
Siedlung, Verkehr	9,9 %
Wasser	2,9 %
Sonstiges	2,7 %

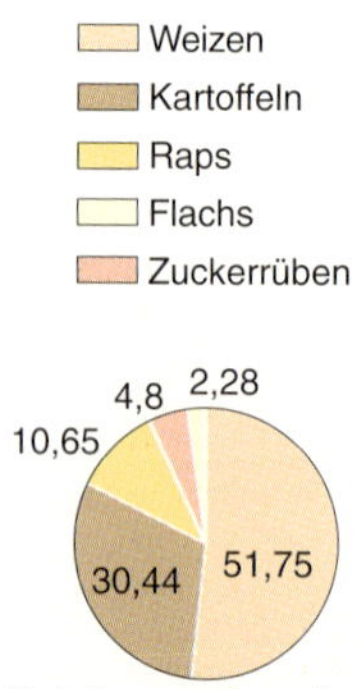

Verteilung nachwachsender Rohstoffe (BRD 1989)

Umweltschutz geht jeden an

Umweltschutz muss bei den Verursachern von Umweltbelastungen ansetzen: Das sind Landwirtschaft, Tourismus, Städte, Industrie, Verkehr, usw. Mit anderen Worten: Wir alle. Gefragt sind neue Konzepte und Ideen für ein Miteinander von Mensch und Natur.

In einer weitgehend versiegelten oder intensiv genutzten Landschaft (s. Randspalte) wirken die wenigen naturnahen Biotope wie vereinzelte Inseln: Straßen, Kanäle und bewirtschaftete Flächen sind für viele Organismen unüberwindbare Barrieren. Erst durch die Erhaltung naturnaher Wegränder, Waldsäume, Hecken und Uferzonen entsteht ein *Biotopverbund*, der das Ein- und Auswandern ermöglicht und so das lokale Aussterben von Arten verhindern kann. Vernetzte Biotope, ausreichend große Naturschutzgebiete, verbunden mit einer extensivierten Landwirtschaft bieten gefährdeten Arten Rückzugsräume. Das Anlegen naturnaher Gärten und die Begrünung der Städte kann unterstützend wirken.

Nutzpflanzen liefern nicht nur Nahrung, sondern auch Rohstoffe und Energie. Man bezeichnet sie dann als *nachwachsende Rohstoffe* (Anteil an der bebauten Ackerfläche: 1,3 %). Altbekannte Beispiele für nachwachsende Rohstoffe sind Baumwolle und Lein für Kleidungsstücke, pflanzliche Pigmente zum Färben sowie Zellulose zur Papierherstellung. Moderne *Industriepflanzen* liefern organische Stoffe für eine industrielle Verarbeitung (Abb. 1). Von *Energiepflanzen* erhofft man sich einen nachwachsenden Ersatz für Dieselkraftstoff und Benzin. Rapsöl wird zur Zeit hauptsächlich in der Forstwirtschaft als umweltverträgliches Sägekettenöl eingesetzt. Ein Mehrverbrauch von 15 % und ein gewisser Leistungsabfall wird dabei in Kauf genommen. In Brasilien läuft schon jetzt jedes dritte Auto mit Ethanol, das als Benzinersatz aus Zuckerrohr gewonnen wird. Voraussetzung dafür sind niedrige Zuckerpreise.

Man kann Pflanzen ähnlich wie bei Holzfeuerung auch komplett verbrennen, wenn sie eine Trockensubstanz von mindestens 50 % aufweisen, wie zum Beispiel schnell wachsende Hölzer, Schilfgras, Restholz oder Stroh. Eine dezentrale Nahwärmeversorgung vermindert die Transportkosten. Das bei der Verbrennung frei werdende Kohlenstoffdioxid wird durch die nachwachsenden Pflanzen wieder verbraucht.

Biogas entsteht beim bakteriellen Abbau organischer Materie, es wird bisher vor allem in Kläranlagen genutzt. Will man dafür spezielle Pflanzen anbauen, kommen solche mit hohem Grünanteil in Frage, beispielsweise Mais oder schnell wachsende Gräser. Da nachwachsende Rohstoffe wegen der petrochemischen Konkurrenz sehr billig sein müssen, sind Massenerträge wie bei den bisherigen Kulturpflanzen gefragt. Nachwachsende Rohstoffe werden dann nur schwerlich zur Erhöhung der Artenvielfalt oder Extensivierung der Landwirtschaft beitragen. Energiepflanzen können das Energiesparen ganz sicher nicht ersetzen.

Im Fremdenverkehr setzt man vermehrt auf einen *sanften Tourismus*. Viele Erholungsgebiete haben erkannt, dass eine intakte Natur ihr wichtigstes Kapital ist. Daher werden die Bettenzahlen begrenzt, der öffentliche Nahverkehr verbessert und Naturschutzgebiete ausgewiesen.

Jeder Bundesbürger legt jährlich im Durchschnitt 11 500 km zurück, 50 % der mit dem Auto zurückgelegten Strecken sind kürzer als 5 km, sie könnten also bequem per Fahrrad oder zu Fuß zurückgelegt werden. Sparsame Fahrzeuge, Fahrgemeinschaften oder das Umsteigen auf Bus oder Bahnen können den Schadstoffausstoß verringern.

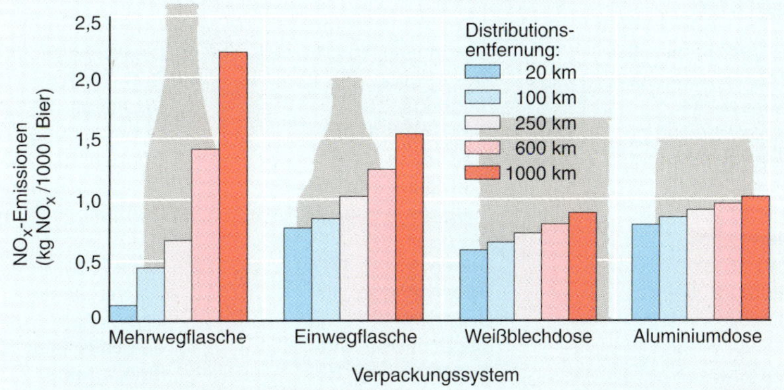

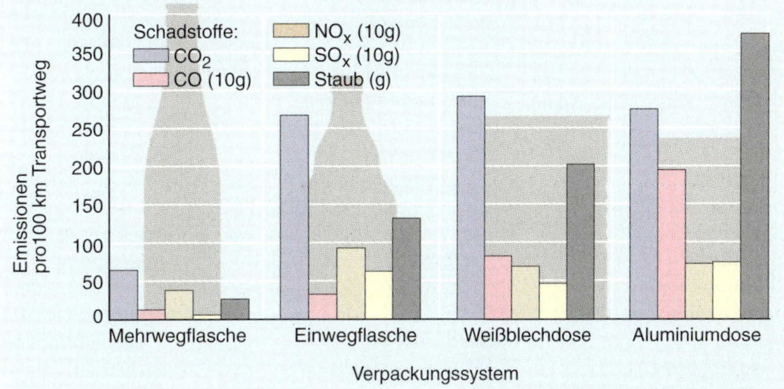

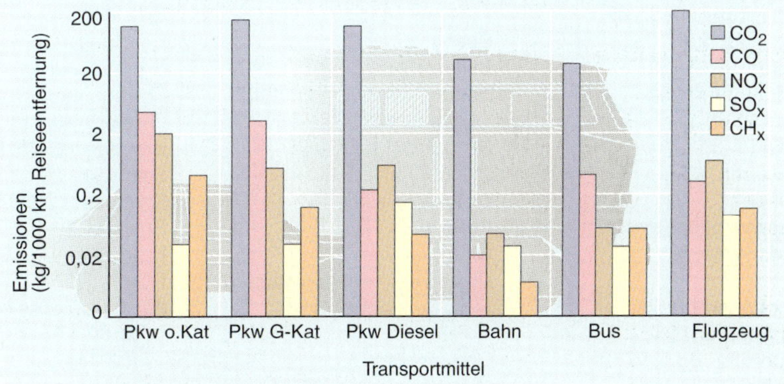

Ökobilanzen

Um die Umweltverträglichkeit verschiedener Produkte und Verfahren vergleichen zu können, müssen Schadstoffemission, Rohstoff- und Energiebedarf von der Herstellung über den Transport bis zur Entsorgung des Produktes quantifiziert und verglichen werden.

Aufgaben

① Vergleichen Sie die Emissionsbelastung pro Person bei einer Fahrtstrecke von 1000 km bei Bahn und PKW mit geregeltem Katalysator.

② Erklären Sie, warum Mehrwegflaschen im Nahbereich, Dosen jedoch im Fernbereich geringere Emissionen verursachen.

③ Entwickeln Sie anhand der Angaben einen Maßnahmenkatalog für umweltbewußtes Verhalten im Straßenverkehr, im Haushalt, beim Einkauf und bei der Ernährung.

④ Zu welchen persönlichen Einschränkungen sind Sie zum Schutz der Umwelt bereit? Machen Sie eine Umfrage an Ihrem Wohnort.

Straßenverkehr

Zurückgelegte Strecken pro Jahr und Bundesbürger

280 km zu Fuß
250 km per Fahrrad
5 100 km als PKW-Fahrer
2 500 km als Beifahrer
2 500 km per U-Bahn, Bus
630 km per Bahn, S-Bahn
190 km per Flugzeug
(bis zur deutschen Grenze)

Fahrtzwecke

Beruf	21,0%
Ausbildung	4,0%
Dienstreisen	12,6%
Einkauf	9,9%
Freizeit	43,5%
Urlaub	9,0%

Haushalt

Eine 1 cm dicke Eisschicht im Kühlschrank verdoppelt den Strombedarf.

Spartasten am WC-Spülkästen sparen 30% Wasser ein.

Stand-by-Betrieb:

PC mit Bildschirm:	160 kWh/Jahr = 40 DM
Drucker:	120 kWh/Jahr = 53 DM
Fernseher:	70 kWh/Jahr = 23 DM
HiFi-Anlage:	70 kWh/Jahr = 23 DM

Bei gleicher Lichtstärke verbraucht eine Glühbirne 70 Watt, eine Energiesparlampe 15 Watt.

Ernährung

1 kg Freilandtomaten benötigen 1 000 kJ Primärenergie und erzeugen 98 g CO_2.

1 kg Treibhaustomaten benötigen 50 000 kJ Primärenergie und erzeugen 3 190 g CO_2.

1 kg Erdbeeren aus Israel verbrauchen für den Transport 1,3 l Kerosin und erzeugen 3 200 g CO_2.

1 kg Keniabohnen verbrauchen für den Transport 3,1 l Kerosin und erzeugen 7 600 g CO_2.

1 kg Spargel aus Südafrika verbrauchen für den Transport 4,3 l Kerosin und erzeugen 10 600 g CO_2.

Register

Abfallaufkommen 120
Absorptionswasser 17
Abwasser 84
Abwasserbelastung 84, 85
Abwasserklärung 85
Abyssal 90
Adeliepinguin 20
Adhäsion 67
Agrarsteppe 106, 107
Algenblüte 84
Algenzonierung 10
ALLEN, J. A. 20
Allen-Regel 20
Alpendohle 13
Alpin 13
Aluminiumion 56
Ameise 46, 60
Ammonium 65
Analogie 23
Andel 19
Anhydrobiose 103
Anlandung 88
Anpassung 22
Apollo 13
Art, stenöke 24
Artenrückgang 112, 113
Artenschutz 113
Artenschutznovelle 117
Aspektfolge 52
Asplanchna spec. 69
Assoziation 67
asymptotisch 32
Atmosphäre 114
Aue 88, 89
Auftrieb 66
Aufwuchs 65
Ausschluss 28
Austauschkapazität 17
Autökologie 8

Bachflohkrebs 78
Bachforelle 78
Bakterium 38
Bärenspinner 12
Bärtierchen 103
Bathyal 90
Benthal 62, 90
Bergmann-Regel 20
Berlese-Apparat 49
Besenheide 14
Bestandsrückgang 94
Beute 34, 60, 68, 78
Beutewechsel 35
Bevölkerungsdichte 105
Bevölkerungswachstum 104
Beziehung, innerartliche 29
Biomanipulation 69
Biomasse 33, 42, 50, 52, 59, 77, 108
Biomüll-Kompostierung 121
Biosphäre 6, 7
Biosphärenreservat 96, 97, 113
Biotop 6
Biotopschutz 113
Biotopverbund 111, 122
Bioturbation 83
Biozönose 6
Bitterling 68
Blatt 61
Blattnachahmer 39
Blattquerschnitt 14
Blüte 61
Boden 16, 17, 120
Bodenanalyse 48
Bodenart 16
Bodenbesiedlung 48
Bodenbildung 16
Bodenerosion 120
Bodengefüge 17
Bodenluft 17
Bodenprobe 48
Bodenschichtung 16
Bodenversauerung 56
Bodenwasser 16
Bodenzeiger 17
Böschungswinkel 80
Brachionus calyciflorus 69
Brachionus rubens 69
Brackwasser 99
Brettwurzel 61
Brutfürsorge 29
Brutpflege 29, 60
Bruttoprimärproduktion 41, 43
Buche 15
Bulten 74
Bundesimmissionsschutzgesetz 117
BUTENANDT, ADOLF 38

Calluna vulgaris 14
Carnivore 77
Chironomus 73
Chlor-Fluor-Kohlenwasserstoffe (CFKW) 114, 115, 117
Chlorohydra 68
Chromatophore 39
Clunio 91
Cluster 67
Cyprislarve 92

Daphnia 11
DARWIN, CHARLES 59
Daten, abiotische 80
Daten, biotische 81
Deckungsgrad 108
Demökologie 32
Denitrifikation 72
Deposition, nasse 56
Deposition, trockene 56
Destruent 6, 45, 77
Detritus 63
Dichteanomalie 67
Dichtefluktuation 34
Dichteregulation 32, 33
Distickstoffmonooxid 115
Dreifelderwirtschaft 106
Dreissena polymorpha 119
Dreissena-Monitor 119
Drift 9
Dromedar 21
Dünenbildung 98
Düngemittel 120
Düngung, mineralische 107
Düngung, organische 106

Ebbe 91
Echinococcose 46
Egel 78
Eichenwickler 50
Einnischung 27, 28, 103
Einsiedlerkrebs 92
Eintagsflügler 9
Ektoparasit 30
Elaiosom 46
Emission 115
Emittenten 56
EMPEDOKLES 4
Endoparasit 30
Endotoxin 37
Endwirt 46
Energiefluss 50, 82
Energiekonsum 105
Energiepflanze 122
Entwicklungszone 97
Epilimnial 70
epiphytisch 58
Erft 86
Erholungsfunktion 44
Ernteschädling 36, 107
Erstkonsument 45, 77
Erstverbraucher 45, 77
Erzeuger 6, 45, 77
Eselhase 20
Etiolement 11
Eulitoral 91
Eutrophierung 84, 95, 118

Faktor, abiotischer 44, 45, 48, 62–65, 76, 77, 90, 91, 102, 111
Faktor, biotischer 7, 44, 45, 62, 63, 76, 77, 90, 91
Faktor, limitierender 25
Fassade 111
Fäulnis 16
Fehlwirt 46
Feigenkaktus 15
Feind 34, 38
Feinsand 96
Feldhase 20
Fennek 21
Fernwärme 120
Fettgewebe, braunes 12
Feuchtigkeit 14
Filzlaus 30
Fingerprobe 48
Fisch 68, 78
Fischegel, Gemeiner 78
Flaschengarten 6
Fledermausfliege 30
Fließgeschwindigkeit 76
Fließgewässer 80, 81
Flohkrebs 78
Flussaue 88
Flussflohkrebs 78
Flusskrebs, Amerikanischer 78
Flusskrebs, Europäischer 78
Flussnapfschnecke 78
Flussregulierung 89
Flut 91
Folgephase 52
Forelle 78
Forst 44, 112
Fotomorphose 8
Fotooxidantien 56
Fotooxidation 56
Fotoperiodismus 10
Freilanduntersuchung 48, 64
Frequenz 108
Frischmasse 48
Fruchtwechselwirtschaft 106
Frühjahrszirkulation 71
Fuchs 46
Fuchsbandwurm 46
Fungizid 36

Galapagospinguin 20
Garnele 93
GAUSE, G. F. 28
Geburtenrate 32, 104
Gefälle 80
Gefrierpunktserniedrigung 18
Gemse 13
Generationswechsel 46
Gewässer 64, 65
Gewässergüteklasse 81
Gezeitenseepocke 92
gleichwarm 12
Gleithang 76
Gletscherfloh 13
Glochidie 68
Goldhähnchen 29
Grundregel, Biozönotische 87
Grundwasser 17
Guttation 14

Haarling 30
Hadal 90
HAECKEL, E. 6
Haftwasser 17
Haftwurzel 61
Halophyten 18, 19
Hartholzaue 88
Herbivore 77
Herbizid 36, 120
Herbstzirkulation 70
Hering 29
Hitzewüste 21
Hochmoor 74
Höhenzonierung 13
homoiohydrisch 14
homoiosmotisch 18
homoiotherm 12
Hornissenschwärmer 39

Hornviper 21
Humboldtpinguin 20
Humus 16
Hydrobia ulvae 93
Hydrobia ventrosa 93
hydrophil 67
hydrophob 66, 67
hypertonisch 18
Hypertrophierung 73
Hypolimnial 70
hypotonisch 18

Imago 9
Immission 56, 115
Individuenanzahl 33
Induktion 10
Industriepflanze 122
Initialphase 52
Insektizid 36
Interstitialwasser 71
Interzeption 56
Inversionswetterlage 110
Isolation 11

Jahresperiodik 58
Jakobskrautbär 39

K-Stratege 33
Kahlfraß 50
Kaiserpinguin 20
Kapazität der Umwelt 33
Kapillarwasser 17
Kaste 60
Kauliflorie 61
Kernzone 97
Kläranlage 85, 119
Kleinkrebs 11, 68
Kleintier 78
Kletterwurzel 61
Klimax 52
Knöllchenbakterien 31
Köcherflügler 78
Koexistenz 28
Kohäsion 67
Kohlenstoffdioxidgehalt 67
Kohlenstoffkreislauf 51
Kompensationsebene 63
Kompostierung 121
Königspinguin 20
Konkurrenz 26, 28, 61, 78, 92, 93, 103
Konkurrenz, innerartliche 26
Konkurrenzausschlussprinzip 26, 28
Konsument 6
Konsument höherer Ordnung 45
Konvergenz 23, 30
Kooperationsprinzip 117
Korallenriff 100
Krebspest 78
Krümelbildung 17
Kulturfolger 107
Kulturpflanze 107
Kurztagblüher 10

Laboruntersuchung 48, 65
Landschaftsmosaik 52
Landschaftsschutzgebiet 113
Landwirtschaft, ökologische 107
Langtagblüher 10
Lebender Stein 39
Lebensgemeinschaft 6
Lebensraum 6
Lehm 49
Liane 61
Libelle 79
Licht 9, 10, 48
Lichtexperiment 11
LIEBIG, JUSTUS VON 106, 107
Litoral 62, 91
Litoralpflanze 65
Löffelente 27
LOTKA 34
Luchs 35
Luft 114, 115
Luftschadstoffe 54
Luftwurzel 61

Macaranga 60
Magellanpinguin 20
Magnesiumaufnahme 56
Massenwechsel der Arten 32, 34
Mauer 111
Meeresströmung 90
Mesosphäre 114
Metalimnial 70
Methan 115
Miesmuschel 92
Milbe 46
Mimese 39
Mimikry 39
Minimalareal 108
Mistkäfer 46
Mittellauf 76
Modell 7
Modifikation 8
Monokultur 54, 107
Montan 13
Mosaikzyklus 53
Mull 47
Müllbeseitigung 120
Müllverbrennung 120
Müllvermeidung 120
Müllverwertung 120
Murmeltier 13
Muschelwächter 92
Mykorrhiza 46, 59

Nachahmungstracht 39
Nachtfalter 39
Nacktmull 29
Nagetier 46
Nahrungsnetz 42, 45, 63, 72, 73, 77, 82, 91, 103
Nahrungspyramide 42, 43
Nashornvogel 60
Nationalpark 97, 113
Naturpark 113
Naturschutz 112, 113
Naturschutzgebiet 113
Naturstoff 38
Nekton 66
Nesseltier 100
Nettoprimärproduktion 41, 43
Niedermoor 74
Nippflut 91
Nische, ökologische 24, 25
Nischenmodell, mehrdimensionales 28
Nitrat 65, 109
Nitratammonifikation 72
Nitrifikation 72
Nitrit 65, 109
Nitrosamine 109
Nival 13
Nordsee 94
Nordseegarnele 93
Nutztierhaltung 106

Oberboden 48
Oberflächenspannung 67
Oberlauf 76
Ökobilanz 123
Ökologie 6
Ökosystem 7
Ökosystem, stabiles 54
Oleander 15
Ostsee 99
Oxidationsschicht 96
Ozon 110, 116
Ozonabbau 116
Ozonbildung 116

Paläolimnologie 83
Parabiose 46, 78, 92
Paramecium aurelia 28
Paramecium bursaria 28
Paramecium caudatum 28
Parasit 30
Parasitismus 30, 46, 68, 78, 92
Parasitoide 30, 50
Pelagial 62, 63, 90
Pestizid 36, 107, 120
Pfeilgiftfrosch 60
Pflanze, euryöke 24
Pflanze, transgene 38
Pflanzenschutzmittel 38
Pflegezone 97
pH-Wert 48, 65
Pheromon 38
Phosphat 65
Phosphorkreislauf 71
Phytochromsystem 10
Phytoplankton 95
Pillendreher 29
Plankton 65, 66
Planktonfiltration 100
Planktonnetz 65
Pleuston 66
poikilohydrisch 14
poikilosmotisch 18
poikilotherm 12
Pollen 31
Population 24
Populationsdynamik 32
Populationsökologie 32
Populationswachstum 32, 33, 36
Populationswachstum, exponentielles 32
Pore 16
Potenz, ökologische 24, 28
Potenz, physiologische 28
Präferenzbereich 25
Prallhang 76
Primärdüne 98
Primärproduktion 42, 43, 50, 59
Primärproduzent 96
Prinzip der kommunizierenden Röhren 80
Produkt 43
Produktion 52, 82
Produktivität 42, 43
Produzent 6, 45, 77
Profundal 62
Pyrethroide 38
Pyrethrum 38

Queller 19

r-Stratege 33
Räuber 60, 68, 69, 78
Reaktionsgeschwindigkeit-Temperatur-Regel 12
Recycling 120
Reduktionsschicht 96
Reduzent 45, 77
Regen, saurer 56
Regenbogenforelle 78
Regenwald, tropischer 58, 59
Reiherente 27
Reinigungsstufe, biologische 85
Reinigungsstufe, chemische 85
Reinigungsstufe, mechanische 85
REMANE, A. 99
Renaturierung 75, 89
Resistenzzüchtung 38
Riffbildner 100
Rinderbandwurm 30
Ringelwurm 78
Rohhumus 47
Röhrenwurm 101
Röhrichtzone 62
Rohstoff, nachwachsender 122
Rudel 29

Salpetersäure 56
Salzausscheider 19
Salzausschließer 19
Salzgehalt 18, 19, 91
Salzpflanze 18, 19
Salzsäure 56

Salzspeicherer 19
Salzsukkulent 19
Salzverträglichkeit 19
Samenpflanze 46
Sand 49
Sandskink 21
Saprobiensystem 81
Sättigungswert 108
Sauerstoffbedarf, biochemischer (BSB) 80
Sauerstoffgehalt 65, 67, 76
Säulenwurzel 61
Säure, salpetrige 56
Schadensbild 57
Schadensweg 56
Schädlingsbekämpfung, biologische 36, 37
Schädlingsbekämpfung, chemische 36
Schädlingsbekämpfung, gentechnische 37
Schädlingsbekämpfung, integrierte 37
Schädlingsbekämpfung, mechanische 36
Schädlingsbekämpfung, ökologische 37
Schattenblatt 8
Scheinwarntracht 39
Schicht, trophogene 63
Schicht, tropholytische 63
Schichtung, vertikale 44
Schlämmanalyse 48
Schlenken 74
Schlickgras 19
Schluff 96
Schneehase 20
Schneeschuhhase 35
Schrecktracht 39
Schuppenhaar 61
Schüttellaub 61
Schutzfunktion 44
Schwammspinner 50
Schwarm 29
Schwebfliege 39
Schwefelsäure 56
Schwermetallablagerung 83, 84
Schwimmblattpflanzenzone 62
Schwimmente 27
Schwimmkrabbe 92
Secchischeibe 65
Sediment 83
Sedimentation 83
See, dimiktischer 71
See, eutropher 73
See, monomiktischer 71
See, oligotropher 72
Seepocke 92
Seerose 15
Sekundärdüne 98
Sekundärproduktion 42
Selbstreinigung 84, 85
Sexuallockstof 38
Sexualpartnerschaft 29
Sichttiefe 65
Sickerwasser 16. 109
Siliziumkreislauf 71
Sinkgeschwindigkeit 66
Sommerstagnation 70
Sonnenblatt 8
Sorption 17
Springflut 91
Spross 61
Sprungschicht 91
Staatenbildung 29, 60
Stabilität 7
Stachelpolyp 92
Stationsdaten 80
Stauwasser 17
Steinkoralle 100
Steinkrebs 78
Stellenäquivalenz 23, 60
Sterberate 32, 104
Sternseepocke 92
Stickstoff-Eutrophierung 56
Stickstoffkreislauf 109
Stickstoffoxid 56
Stoffkreislauf 40, 59, 106
Strand-Grasnelke 19
Strandflieder 19
Strandschnecke, Rauhe 102
Strandschnecke, Spitze 102
Strategie 33
Stratosphäre 114, 116
Streu 47
Streuschicht 48
Stromlinienform 23
Strömung 76
Strömung, laminare 67
Strömungsschatten 67
Strömungsverhalten 67
Subalpin 13
Sublitoral 91
Subnival 13
Sukzession 52, 74, 98
Sümpfungswasser 86
Supralitoral 91
Süßwasserpolyp 68
Symbiose 31, 46, 60, 68, 92
Synökologie 26
System, offenes 7

Tagesperiodik 58
Tagesrhythmik 10
Tanytarsus 72
Tarnung 39
Tauchente 27
Technische Anleitung zur Reinhaltung der Luft 117
Teich 62
Teichmuschel 68
Temperatur 12, 48, 65
Temperaturtoleranzkurve 24
Temperaturmaximum 24
Temperaturminimum 24
Temperaturoptimum 24
Termiten 60
Tertiärdüne 98
Thermosphäre 114
Tide 91
Tiefsee 101
Toleranz, ökologische 24, 93, 102
Toleranzbereich 24
Tonboden 49, 96
Torf 74
Torfmoos 74
Tourismus, sanfter 122
Tracheenkiemen 79
Tracht 39
Transmission 56
Transpiration 14
Träufelspitze 61
Treibhauseffekt 114
Trinkwassergewinnung 118
Trockenmasse 49
Trophosom 101
Troposphäre 114
Tubifex 83
Tukane 60

Überfischung 94
Übersandung 98
Umgebungstracht 39
Umweltfaktor, abiotischer 7
Umweltkapazität 32, 33
Umweltpolitik 117
Umweltrecht 117
Umweltschutz 122
Umweltverträglichkeitsprüfung (UVP) 117
Unkraut 107
Unterboden 48
Unterlauf 76
Urlandschaft 106
Urwald 44

Variabilität 22
Vegetationsaufnahme 48, 64, 108, 111
Vegetationsgeschichte 53
Velamen radicum 61
Verbraucher 6
Verlandung 88
Vermehrung, ungeschlechtliche 46
Verrottung 16
Versauerung 84
Verursacherprinzip 117
Viskosität 67
VOLTERRA 34
Vorsorgeprinzip 117

Wald 48, 49, 53—55
Waldbaum 46
Waldnutzung 44
Waldsauerklee 8
Waldsterben 54
Waldstreu 47
Wanderfeldbau 59
Wärmebelastung 85
Wärmeexperiment 11
Wärmekapazität, spezifische 67
Wärmeleitfähigkeit 67
Wärmespeicherung 67
Warntracht 39, 60
Warnung 39
Wasser 118, 119
Wasserassel 68
Wassereigenschaft 67
Wassergehalt 48, 49
Wasserkapazität 49
Wasserknöterich 15
Wasserkreislauf 118
Wasserschichtung 90
Wasserschlauch 68
Wasserspinne 68
Wassertemperatur 76
Wattenmeer 96, 97
Wattschnecke 93
wechselwarm 12
Weichholzaue 88
Weide 108
Weidewirtschaft 112
Weiher 62
Wiese 108
Winterruhe 12
Winterschläfer 12
Winterstagnation 70
Wirkung, synergetische 56
Wirkungsgesetz der Umweltfaktoren 25
Wirkungsgrad, ökologischer 43
Wirtswechsel 46
Wurzelkrebs 92
Wüstenheuschrecke 21
Wüstenspringmaus 21

Zecke 30
Zehrschicht 63
Zeigerorganismus 72
Zeigerpflanze 17
Zerfallsphase 52
Zersetzer 6, 77
Zersetzung 47
Zone 13
Zone, Schwarze 102
Zonierung 62
Zoochlorelle 68
Zooplankton 69
Zooxanthellen 100
Zuckmücke 103
Zuwachsrate 32, 33
Zweignachahmer 39
Zweipunktmarienkäfer 22
Zweitkonsument 45, 77
Zweitverbraucher 45, 77
Zwischenwirt 46

Bildnachweis

Fotos: 4.1 Okapia (Hans Reinhard), Frankfurt — 4. 2 Mauritius (K. Walter Gruber), Stuttgart — 5.1 Silvestris (Harald Lange), Kastl — 5. 2 Thomas Raubenheimer, Stuttgart — 5. 3 Okapia (Bernd Kunz) — 6. K Inge Kronberg, Hohenwestedt — 7.1 Silvestris (Telegraph Colour Library) — 12. Rd. Eckart Pott, Stuttgart — 13.1 Harald Lange, Leipzig — 13.2 Okapia (Eric A. Soder) — 13.3 Okapia (Stefan Meyers) — 13.4 Okapia (Dr. Eric Dragesco) — 13.5 Okapia (Patrick Da-Costa) — 14.1 Werner Layer, Mannheim — 14.2 Okapia (Fritz Hanneforth) — 16.3 Lichtbild-Archiv Dr. Keil, Neckargemünd — 22.1 Okapia (Herbert Schwind) — 29.1 Johannes Kinzer, Neuwittenbek — 29.2 Okapia (Wolfgang Lummer) — 29.3 Okapia (Maks Kunc) — 29.4 Okapia (NAS, G. Dimijian) — 36. Rd. Reinhard-Tierfoto, Heiligkreuzsteinach — 39.1 Okapia (Horst Moosleitner) — 39. 2 Save-Bild (G. Ramm), Augsburg — 39. 3 Reinhard-Tierfoto — 39. 4 a/b Save-Bild (Schubert) — 39.5 Silvestris (Volkmar Brockhaus) — 46.1 Aribert Jung, Hilchenbach — 46. 3 Ingrid Kottke, Eberhard-Karls-Universität, Tübingen — 46. 4 Lichtbild-Archiv Dr. Keil — 49.1 Uwe Lochstampfer, Langenhagen — 55.1 Horst Hooge, Herzberg-Pöhlde — 57.1 Okapia (Hans Reinhard) — 57. 2, 4 ZELMI (Prof. Hafner, Berlin) — 57. 3 aus „Die Düngung von Waldbäumen" (Baule/Fricker), BLV, München — 57. 5, 6 A. Schlüter (Haus für Biologie), Winnenden — 57. 7, 8 Ingrid Kottke, Eberhard-Karls-Universität, Tübingen — 58.1 NHPA (Stephen Dalton), Ardingly, GB — 59. Rd. Okapia (NAS, Gary Retherford) — 60.1 Okapia (NAS, T. McHugh) — 60. 2 Toni Angermayer (Günter Ziesler), Holzkirchen — 60. 3 Brigitte Fiala, Zoologisches Institut der Universität Würzburg — 60. 4 Reinhard-Tierfoto — 68.1 Okapia (G. I. Bernard, OSF) — 68. 2 Okapia (Roland Birke) — 68. 3 Okapia (Nuridsany & Perennou) — 68. 4 Toni Angermayer (Hans Pfletschinger) — 74.1 Okapia (M. Wendler) — 74.2 Reinhard-Tierfoto — 74. Rd. Joachim Wygasch, Paderborn — 78.1 Silvestris — 78.2 Toni Angermayer (Hans Pfletschinger) — 78. 3 Okapia (F. Sauer) — 78. 4 Fauna-Verlag (Frieder Sauer), Karlsfeld — 83. 3 Silvestris (Cramm) — 86. 3 Erft-Verband, Bergheim — 88. 2 Silvestris (Norbert Rosing) — 89.1 Burkhard Schäfer, Friedeburg — 89. 2 Bildarchiv Sammer, Neuenkirchen — 92.1 - 3 Klaus Janke, Dussendorf — 93.1 Georg Quedens, Norddorf/Amrum — 95.4 Okapia (R. Pinacee, OSF) — 100. 2a-d Toni Angermayer (Sigi Köster) — 101.1 Universität Hamburg, Prof. Thiel (R. R. Hessler, Scripps Institution of Oceanography, La Jolla, California) — 101.2 Bavaria (Green Directory), Gauting — 103. 2 Inge Kronberg — 106.1 Eckart Pott — 106. 2 Silvestris (Walter Geiersperger) — 106. 3 Agri Media (hapo), Pinneberg — 110.1 Silvestris (Josef Kuchelbauer) — 110. Rd. Okapia (Konrad Wothe) — 116.1 NASA, Washington, USA — 120.1 Münchner Bilderdienst, Archiv Dr. J. Müller — 121.1 Agri Media (U. Kröner)

Grafiken: Prof. Jürgen Wirth, Fachhochschule Darmstadt, Fachbereich Gestaltung (Mitarbeit: Matthias Balonier)